DESCRIPTION

DES

ANIMAUX INVERTÉBRÉS FOSSILES

CONTENUS

DANS L'ÉTAGE NÉOCOMIEN MOYEN DU MONT SALÈVE

GENÈVE, IMPRIMERIE RAMBOZ ET SCHUCHARDT

DESCRIPTION

ANIMAUX INVERTÉBRÉS FOSSILES

CONTENUS DANS L'ÉTAGE NÉOCOMIEN MOYEN

 DU MONT SALÈVE 

PAR

P. DE LORIOL

Membre de la Société de Physique et d'Histoire naturelle de Genève, de la Société géologique de France,
et de la Société helvétique des Sciences naturelles

H. GEORG, LIBRAIRE ÉDITEUR

GENÈVE | **BALE**
9, RUE DE LA CORRATERIE | A COTÉ DE LA POSTE

1861

DESCRIPTION

DES

ANIMAUX INVERTÉBRÉS FOSSILES

CONTENUS DANS

L'ÉTAGE NÉOCOMIEN MOYEN DU MONT SALÈVE

La montagne du Salève, à peu de distance de Genève, forme le premier chaînon des Alpes. Redressée brusquement et à pic du côté de la vallée du Léman, elle présente une pente assez douce sur le versant qui regarde la Savoie. La masse principale de la montagne appartient à l'époque jurassique. La base est formée par l'étage corallien caractérisé par de nombreux polypiers et le *Diceras arietina*, Lam. Au-dessus sont de puissantes assises de calcaire, assez pauvres en fossiles, généralement stratifiées d'une manière régulière. Elles appartiennent à l'étage portlandien. On n'a pas encore pu constater d'une manière précise la présence du kimméridgien.

Sur ces couches jurassiques qui forment l'escarpement de la montagne, et probablement en stratification concordante avec elles, se trouve l'étage néocomien; il occupe le sommet et le versant du côté de la Savoie et forme au mont Salève comme une véritable calotte.

Le mémoire de M. le professeur Favre, intitulé : *Considérations géologiques sur le mont Salève,* a fait connaître de la manière la plus complète et dans le plus grand détail la constitution géologique de cette montagne. Il a recueilli beaucoup de fossiles et il en a donné des listes aussi exactes que le permettait alors l'état de la science paléontologique. La lecture de ce beau travail m'a donné l'idée d'étudier d'une manière plus spéciale les fossiles de l'étage néocomien et d'entreprendre de nouvelles recherches.

L'étude faite avec soin des fossiles de chaque étage par monographies locales avec des descriptions suffisantes et des figures, représentant non-seulement les espèces nouvelles, mais encore toutes celles déjà connues qui peuvent donner lieu à quelque doute, me paraît un des moyens les plus assurés d'arriver à des résultats géologiques certains. Ce n'est que lorsqu'on possédera un nombre suffisant de ces monographies locales, groupées et résumées dans des travaux d'ensemble, que les géologues pourront arriver à fixer d'une manière toujours plus précise la succession des diverses périodes géologiques, leurs limites, leur importance, et, se basant sur des données paléontologiques positives, en déduire des conclusions géologiques infiniment plus certaines que ne pouvaient le leur permettre de simples listes de fossiles.

L'extension toujours plus grande des recherches et les progrès de la paléontologie tendent chaque jour à prouver d'une manière plus positive la spécialisation dans chaque étage des faunes et des flores fossiles. Chaque jour aussi leur connaissance exacte devient plus nécessaire au géologue. La stratigraphie bien établie et la paléontologie bien faite s'accorderont toujours; on n'arrivera à des résultats certains que lorsque ces deux branches de la science auront développé toutes leurs ressources.

Indépendamment de ces motifs, une question intéressante se présentait à moi et m'engageait à entreprendre ce travail monographique.

Le mont Salève, comme je l'ai dit plus haut, se rattache à la chaîne des Alpes, à laquelle il sert de sentinelle avancée, si l'on peut s'exprimer ainsi. Mais, en revanche, la faune du terrain néocomien qui le couronne offre la plus grande et la plus complète analogie avec celle qui caractérise ce même terrain dans la chaîne du Jura.

La faune du néocomien proprement dit ou néocomien moyen, présente deux facies parfaitement différents.

L'un, qui a été nommé le *facies alpin*, se rencontre exclusivement dans la chaîne des Alpes; c'est à lui qu'appartiennent les dépôts du Môle, des Voirons, de Châtel-Saint-Denis, du Stockhorn et des Alpes bernoises. On le retrouve en Provence, puis dans l'Italie septentrionale où il est connu sous le nom de *Biancone*. Ce facies alpin est caractérisé par une grande variété de mollusques céphalopodes et surtout par les fossiles suivants :

> *Belemnites Orbignyanus*, Duval.
> — *conicus*, Blainv.
> — *Grasianus*, Duval.
> *Ammonites Rouyanus*, d'Orb.
> — *difficilis*, d'Orb.
> — *subfimbriatus*, d'Orb.
> — *Tethys*, d'Orb.
> *Ancyloceras Emerici*, d'Orb.
> — *Tabarelli*, Astier.
> *Terebratula diphyoides*, d'Orb.
> *Aptychus Didayi*, Coquand.
> — *Seranonis*, Coquand.

Le second facies de la faune du néocomien moyen, qu'on pourrait appeler *facies jurassique*, est celui que présentent tous les dépôts néocomiens de la chaîne du Jura, ceux des environs de Salins, de Morteau, etc., ceux du Jura vaudois et du Jura neuchâtelois. Sa présence a été signalée aux environs d'Annecy et dans d'autres localités de la Savoie ; c'est à lui qu'appartiennent les riches dépôts des départements de l'Aube et de l'Yonne, etc., qui forment comme une ceinture au bassin parisien. Il s'étend en général à l'ouest et se retrouve dans le midi de la France, souvent côte à côte avec le néocomien *alpin*.

Ce facies jurassique de la faune néocomienne est tout à fait différent du facies alpin, il est surtout caractérisé par :

> *Belemnites dilatatus*, Blainv.
> *Nautilus pseudoelegans*, d'Orb.
> *Ammonites radiatus*, Brug.
> *Ostrea Couloni*, d'Orb.
> *Toxaster complanatus*, Agassiz.

Quelques espèces, mais en petit nombre, sont communes au néocomien alpin et au néocomien jurassique.

Les points de réunion de ces deux facies et leur parallélisme n'ont pas encore été étudiés d'une manière complète. On a cru avoir découvert des localités où ils s'intercalaient l'un dans l'autre mais ce fait n'est point encore prouvé d'une manière absolue.

Il reste encore là bien des questions à résoudre et des doutes à dissiper.

Le néocomien du mont Salève appartient au facies jurassique. Le néocomien du Môle et des Voirons, qui en sont si voisins, appartient au facies alpin; ses fossiles ont été décrits dans un des mémoires de la 2me série de la *Paléontologie suisse* publiée par M. le professeur Pictet.

Le Salève étant donc une localité où les deux facies se trouvent à peu de distance l'un de l'autre, il devenait intéressant d'étudier si ce rapprochement géographique exerçait une influence sur les caractères paléontologiques qui les distinguent, si les fossiles restaient spéciaux, s'il n'y avait pas des points de jonction.

C'est ce travail que j'ai entrepris.

M. le professeur Pictet a bien voulu s'intéresser à mon projet, et pendant quatre ans nous avons fait faire chaque été des fouilles considérables dans les divers points où se présente, au Salève, l'étage néocomien moyen. Ces fouilles ont été surtout pratiquées dans la gorge dite *Combe de la Varappe;* elle appartient à M. Beaumont de Collonges, qui, de la manière la plus gracieuse, nous a accordé la permission d'y faire creuser.

Nous avons également fait faire des recherches dans la Grande et la Petite Gorge, dans les champs au-dessous des Treize-Arbres, à la Croisette et au-dessous des Pitons.

Il est résulté de ces travaux une quantité de fossiles très-considérable. Je me suis mis à les étudier, aidé des conseils de M. Pictet, qui a eu l'extrême bonté de mettre à ma disposition tous les fossiles du Salève qui lui appartenaient et de me permettre d'examiner dans sa riche collection ceux qui, provenant d'autres gisements, pouvaient me servir comme termes de comparaison.

M. le professeur Favre de même a bien voulu me confier les nombreux fossiles qu'il a recueillis au Salève, parmi lesquels quelques espèces n'ont pas été retrouvées depuis.

Les collections du Musée académique et celle de M. E. Renevier à Lausanne m'ont présenté beaucoup d'échantillons qui m'ont été fort utiles.

En outre, grâce à l'obligeance de M. Louis Coulon, j'ai pu examiner avec soin la collection classique du musée de Neuchâtel, et plusieurs échantillons très-bien conservés que j'y ai rencontrés m'ont beaucoup aidé à comprendre quelques espèces dont je ne trouvais au Salève que des débris.

Généralement les fossiles néocomiens du Salève sont assez mal conservés et presque toujours à l'état de moules intérieurs; quelques-uns seulement présentent encore des débris de leur test. Un fait extraordinaire et qu'il ne m'est pas possible d'expliquer, c'est la présence de petites serpules et de certains bryozoaires sur la surface d'un grand nombre de ces moules, principalement sur ceux de mollusques acéphales. Il faut nécessairement qu'ils soient nés et qu'ils aient vécu sur ces mêmes moules, de même qu'ils vivaient sur les coquilles où on les trouve fréquemment. Je n'ai vu encore nulle part ailleurs des moules d'acéphales présenter cette particularité, et j'avoue qu'il m'est impossible de lui donner une explication satisfaisante. Le fait seul est certain et peut être vérifié sur un grand nombre d'échantillons.

Les trois étages, dont l'ensemble forme le terrain néocomien, se trouvent représentés au mont Salève.

L'inférieur, ou valangien, nommé calcaire roux par M. Favre, est superposé directement à l'étage portlandien; il contient très-peu de fossiles. C'est un calcaire très-dur, d'une couleur jaunâtre, dont les bancs ont une puissance considérable. Nous y avons découvert dernièrement, M. Favre et moi, des radioles de *Cidaris* et des *Pentacrines*. M. Desor, qui a eu l'obligeance de les déterminer, a reconnu le *Cidaris pretiosa*, Desor, et une *pentacrine* qu'il avait déjà nommée, mais qui n'est pas encore publiée; il m'écrit que ces deux fossiles sont caractéristiques du valangien dans le canton de Neuchâtel.

Le néocomien moyen ou marnes d'Hauterive, acquiert également une puissance considérable.

Le néocomien supérieur, ou urgonien, se présente sous la forme d'un calcaire blanc, saccharoïde. On y rencontre de rares Caprotines, des Térébratules et quelques autres fossiles. On n'a pu encore le découvrir sur le sommet de la montagne. Il se trouve assez développé sur le versant sud.

Le néocomien moyen présente au mont Salève des couches nombreuses de composition diverse. Il est facile de les séparer en ne considérant que leurs caractères pétrographiques. Leur distinction est beaucoup plus difficile au point de vue paléontologique. Quelques-unes présentent un petit nombre de fossiles qui m'ont paru jusqu'à présent spéciaux, mais généralement ce ne sont que des espèces dont je ne connais encore qu'un très-petit nombre d'individus. Il est par conséquent fort possible qu'on les rencontre plus tard dans d'autres couches que celles où elles m'ont paru limitées.

Il n'est que très-peu d'espèces, abondantes en individus, qui puissent, jusqu'à un certain point spécialiser ces diverses couches. Pour quelques-unes toutefois, l'ensemble des fossiles qui s'y rencontrent présente des caractères assez particuliers.

Comme tous les renseignements sur la composition des divers étages géologiques peuvent être utiles, je vais donner ici ce que j'ai pu observer sur ce sujet.

Voici la succession des couches du néocomien moyen au mont Salève, en allant de bas en haut.

1º Calcaire jaune à *Ostrea rectangularis*, Rœmer (*Macroptera* d'Orb., non Sow.), reposant sur le valangien.

2º Marnes argileuses panachées, bleues et jaunes, avec grands Peignes, *Lima Picteti*, etc.

3º Petite couche de marne verte remplie de fossiles.

4º Marnes argileuses, panachées, très-fossilifères, semblables au nº 2.

5º Calcaire marneux à rognons, avec grands Céphalopodes.

    N.B. Ces couches 2, 3, 4, 5, forment le calcaire marneux (*b*) de M. Favre.

6º Calcaire jaune, avec de rares fossiles, couches *c d e* de M. Favre.

C'est dans la gorge dite Combe de la Varappe qu'il est le plus facile de bien voir la superposition de ces diverses assises; elles y ont été mises au jour par nos fouilles. C'est là aussi qu'ont été trouvés le plus grand nombre de fossiles.

N° 1. — Calcaire jaune à *Ostrea rectangularis*, Rœm.

J'ai pu découvrir au Salève la couche intéressante que cette huître caractérise, dans deux endroits : au sommet de la Petite Gorge, où, par suite d'un plissement remarquable, elle se montre à la surface avec beaucoup de fossiles, puis au pied des Pitons, où nous l'avons découverte, M. Favre et moi, en montant le sentier de la Traversière. Cette couche, composée d'un calcaire jaune fort dur, très-ferrugineux, repose sur le calcaire roux valangien; elle ne paraît pas avoir une grande épaisseur et renferme beaucoup de fossiles, mais appartenant à un petit nombre d'espèces. La plupart sont altérés et paraissent avoir été charriés.

L'*Ostrea rectangularis,* Rœmer (*Macroptera* d'Orb., non Sow.), est l'espèce la plus abondante et la plus caractéristique; on en trouve des exemplaires fort bien conservés, et ses débris remplissent parfois tellement la roche, qu'elle devient une véritable lumachelle.

Les fossiles que j'ai rencontrés dans cette couche sont :

Pleurotomaria neocomiensis, d'Orb.,
     —   *Bourgueti,* Ag., } très-rares.
Pecten Archiacianus, d'Orb., assez nombreux.
Ostrea rectangularis, Rœmer, très-commune.
    —   *Leymerii,* d'Orb., rare.
Terebratula prælonga, Sow., commune.
Toxaster complanatus, Ag., très-rare.
Pyrina pygea, Desor, très-rare.

Sauf quelques débris de bélemnites indéterminables, je n'y ai pas jusqu'ici trouvé de céphalopodes.

N° 2 et N° 4. — Marnes argileuses panachées.

L'assise n°. 2 est composée d'environ 1^m,50 de marnes argileuses très-tendres, panachées de bleu et de jaune, fossilifères. L'assise n° 4 ne peut en être distinguée; ce sont les mêmes marnes; les fossiles qu'elles renferment passent de l'une à l'autre. Elles sont seulement séparées, par l'assise n° 3, de marnes vertes dont je parlerai ci-après. Il faut toutefois remarquer que, généralement, c'est dans l'assise n° 2 que se rencontrent :

> *Pecten Goldfussi,* Desh.,
> *Pecten Carteronianus,* d'Orb.,
> *Lima Picteti,* de Loriol.

Ces espèces sont beaucoup plus rares dans l'assise n° 4 et ne se trouvent pas dans les autres, ou y sont du moins très-rares. Ces coquilles sont généralement en place.

On rencontre peu de céphalopodes dans ces marnes, sauf des bélemnites; beaucoup de pleurotomaires, peu d'autres gastéropodes; beaucoup d'acéphales, de térébratules, de bryozoaires et de spongiaires. Le *Toxaster complanatus* y est aussi fort abondant.

N° 3. — Marnes vertes.

L'assise n° 3 est un petit banc de marne verte d'environ 0^m,50 d'épaisseur, remplie de petites concrétions de calcaire dur et de petits fragments de silex noir. Elle contient une très-grande quantité de fossiles qui paraissent avoir été remaniés et agglomérés dans cette couche par quelques mouvements des eaux. Il est extrêmement rare d'y rencontrer des individus conservant quelques fragments de test. Les moules sont quelquefois très-nets, la plupart cependant paraissent avoir été roulés.

Le *Toxaster complanatus,* qui y est abondant, est toujours à l'état de de moule. On n'y rencontre point de grands céphalopodes, seulement de jeunes individus des *Ammonites Vandeckii*, d'Orb., et *Astierianus*, d'Orb., et l'*Ammonites Castellanensis*, d'Orb. Point ou très-peu de peignes, peu de térébratules et de bryozoaires. Il est bien difficile de comprendre comment cette petite couche a été ainsi intercalée dans les marnes panachées dont elle se distingue de la manière la plus évidente.

N° 5. — Calcaire bleu.

L'assise n° 5 est formée d'un calcaire marneux bleuâtre, dur, en lits assez régulièrement stratifiés, mais d'une consistance peu homogène, remplis de fissures, et paraissant formés de grosses concrétions arrondies en forme de rognons. Cet aspect concrétionné que présente cette couche au Salève, est fort remarquable; on l'observe également dans le canton de Neuchâtel. (Desor et Gressly : *Etudes géologiques sur le Jura neuchâtelois;* Mém. de la Soc. d'hist. nat. de Neuchâtel, tome IV, p. 34.)

A la partie supérieure de cette assise se trouve un banc d'argile d'un jaune rougeâtre, très-tendre, remplie d'*Ostrea Couloni* en place et très-bien conservée. Elle renferme très-peu d'autres espèces. J'y ai observé seulement en outre un échantillon d'une autre espèce d'huître et un petit Peigne indéterminable.

Ce banc est mis à nu et très-caractérisé dans le sentier qui conduit des Pitons au Sapey, sur le revers sud de la montagne; je ne l'ai pas encore découvert ailleurs. Le haut de la gorge de la Varappe est d'un accès si difficile, que je n'ai pu vérifier s'il s'y retrouve.

Cette assise n° 5 est le calcaire marneux par excellence. Elle renferme moins de fossiles que les marnes inférieures; ils sont assez bien conservés et généralement en place. C'est dans cette couche que se trouvent presque exclusivement les céphalopodes de grande taille. On n'y rencontre que peu d'acéphales, les sinupaléales, en particulier, y sont rares. Le *Toxaster complanatus* n'y est pas abondant non plus. En revanche, beaucoup de bryozoaires.

Nᵒ 6. — Calcaire jaune.

Il est directement superposé à l'assise précédente, et se compose de bancs nombreux et puissants d'un calcaire dur à cassure esquilleuse, souvent mélangé de grains verts.

Suivant l'abondance relative de ces grains, M. Favre avait distingué trois couches (*c, d, e*) dans son Mémoire sur le mont Salève. Nous avons reconnu ensemble que la présence de ces grains verts était variable et ne pouvait guère servir à distinguer des couches. Cette assise nᵒ 6 renferme donc tous les bancs du néocomien moyen supérieurs au calcaire marneux. On la voit particulièrement bien développée au sommet de la Grande-Gorge ; les Pitons appartiennent aussi entièrement au calcaire jaune.

Cette assise est pauvre en fossiles ; on n'y trouve que quelques échantillons d'espèces qui se rencontrent généralement dans le calcaire marneux et les marnes panachées.

Le calcaire jaune se retrouve dans beaucoup d'autres localités, entre autres dans le canton de Neuchâtel, où il acquiert une puissance considérable.

En résumé, nous trouvons qu'il y a eu trois périodes principales dans le dépôt des sédiments qui formèrent jadis le néocomien moyen du mont Salève :

1ᵒ Dépôt de l'assise nᵒ 1.

2ᵒ Dépôt des calcaires marneux.

3ᵒ Période du calcaire jaune ; peu d'êtres organisés vivaient dans les eaux qui le déposaient ; pas d'espèces spéciales.

Deux de ces périodes seulement peuvent être caractérisées par leurs fossiles. Nous n'avons donc que deux faunes spéciales :

1ᵒ Faune de l'assise nᵒ 1 inférieure.

2° Faune du calcaire marneux et du calcaire jaune, comprenant les assises nᵒˢ 2, 3, 4, 5, 6, présentant certaines modifications dans chaque assise, mais offrant un ensemble caractéristique.

Faune de l'assise inférieure Nᵒ 1.

Comme je l'ai déjà dit, la plupart des fossiles que renferme cette assise sont dans un mauvais état de conservation : l'*Ostrea rectangularis,* Rœm., y est très-abondante, et ses débris forment souvent lumachelle. J'ai déjà indiqué les espèces qui se rencontrent avec elle.

Cette faune me paraît correspondre assez exactement avec celle qui caractérise la division *inférieure* des marnes d'Hauterive, indiquée par M. Marcou (*Bibl. Univ.* de Genève, Archives, 1859, tome I, p. 122), et appelée par lui facies corallien des marnes d'Hauterive dans son Mémoire sur le Jura salinois, page 137. De même que dans notre assise nᵒ 1, la plupart des fossiles qu'il y a rencontrés sont charriés et brisés; l'*Ostrea rectangularis* s'y trouve également abondante et lui est spéciale. Seulement, au Salève, la faune est moins riche. Cette portion de la mer n'offrait pas aux êtres organisés des conditions d'existence aussi favorables que dans d'autres localités; peut-être était-elle plus profonde. Je n'ai pas encore rencontré les nombreux échinodermes cités par M. Marcou, entre autres le *Cidaris hirsuta,* non plus que le *Mytilus Couloni,* abondant dans le Jura salinois.

Ces couches à *Ostrea rectangularis,* Rœm., paraissent avoir une extension considérable et former très-généralement la partie inférieure du néocomien moyen. M. de Mortillet les a observées en Savoie, au mont du Chat, à la montagne de Saint-Innocent près d'Aix, au Vouache, etc. (*Géologie et minéralogie de la Savoie,* pag. 227-232). Cette *Ostrea* se retrouve dans plusieurs parties du Jura et dans le canton de Neuchâtel, où on la rencontre souvent associée à l'*Ammonites Astierianus.* Elle est indiquée aussi, en France, dans un grand nombre de localités, ainsi qu'en Hanovre, dans le Hils.

Faune du calcaire marneux.

Si nous examinons l'ensemble de la faune des diverses assises supérieures, voici ce que nous observons.

Les POISSONS n'ont laissé que peu de traces. On ne retrouve abondamment que des dents de *Lamna*.

Les MOLLUSQUES CÉPHALOPODES offrent un nombre relativement assez considérable d'espèces; deux ou trois seulement sont abondantes. En général, les Ammonites et les Nautiles se trouvent surtout dans l'assise supérieure n° 5, les Bélemnites dans les marnes inférieures.

Les GASTÉROPODES sont assez rares dans l'assise supérieure. En revanche, dans les marnes panachées, plusieurs espèces de Pleurotomaires et quelques Rostellaires sont très-abondantes. La *Pleurotomaria Bourgueti* peut être considérée comme l'espèce la plus répandue.

Les ACÈPHALES pullulàient, mais également dans les marnes panachées, car on en trouve relativement peu dans l'assise supérieure. Les Panopées, les Vénus, les Astartes, les Crassatelles, les Cyprines, les Arches, les Peignes, les Huîtres, paraissent avoir trouvé sur cette plage vaseuse des circonstances très-favorables à leur multiplication.

Les BRACHIOPODES sont représentés par quelques espèces : l'une d'elles, la *Terebratula prælonga*, foisonnait dans cette mer, au fond de laquelle de nombreux BRYOZOAIRES déployaient leurs rameaux et encroûtaient les cailloux.

Les ECHINODERMES ne comptaient que peu d'espèces; ce sont de celles qui aimaient à vivre sur des plages tranquilles. Le *Toxaster complanatus* s'y multipliait d'une manière remarquable. Les Oursins réguliers sont rares, le *Diadema rotulare* seul s'y trouvait avec quelque abondance.

Il faut encore ajouter deux ou trois espèces de SERPULES et quelques SPONGIAIRES. Je n'ai pas encore trouvé de polypiers.

Voici maintenant la liste des espèces qui, par leur abondance, peuvent être considérées comme caractérisant cette faune :

Belemnites pistilliformis, d'Orb.
— *dilatatus,* d'Orb.
Nautilus pseudoelegans, d'Orb.
Ammonites Castellanensis, d'Orb.
— *Astierianus,* d'Orb.
— *Leopoldinus,* d'Orb.
Pleurotomaria Bourgueti, Ag.
— *neocomiensis,* d'Orb.
— *Favrina,* de Loriol.
Rostellaria incerta, de Loriol.
Panopœa arcuata, Ag.
Venus subbrongnartina, d'Orb.
Astarte transversa, Leym.
Crassatella neocomiensis, de Loriol.
Corbis corrugata, Forbes.
Arca subgabrielis, de Loriol.
Lima Picteti, de Loriol.
Pecten Goldfussii, Desh.
— *Carteronianus,* d'Orb.
Janira neocomiensis, d'Orb.
Ostrea Couloni, d'Orb.
Terebratula prælonga, Sow.
Toxaster complanatus, Ag.

L'ensemble de cette faune correspond assez exactement avec celle que M. Marcou indique comme caractéristique de la partie *moyenne* des marnes d'Hauterive (*Bibl. Univ.*, Archives 1859, tome I, p. 124), division qu'il a désignée aussi sous le nom de facies à grandes Ostracées et à Corbis des marnes d'Hauterive, dans ses Recherches sur le Jura salinois, page 140.

Il faut remarquer toutefois que les Panopées, qui, suivant M. Marcou, seraient rares dans cette division, telle qu'il l'a observée dans le Jura salinois, sont, au contraire, abondantes au Salève.

A part quelques différences d'une importance secondaire, le caractère des deux faunes est parfaitement identique, et le parallélisme des deux couches me paraît devoir être admis avec certitude.

Les marnes d'Hauterive, ou néocomien moyen, se trouvent donc représentées au Salève par leur zone inférieure et par leur zone moyenne.

Jusqu'à présent la zone supérieure ne s'y serait pas rencontrée; mais je dois dire que ses fossiles me semblent la rapprocher singulièrement de la zone moyenne, à laquelle on pourrait facilement la réunir. Le mélange, au Salève, de leurs fossiles caractéristiques me paraît une preuve assez forte à l'appui de cette manière de voir.

Si nous comparons maintenant la faune du néocomien proprement dit du Salève avec celle du néocomien des Voirons, nous trouvons que les espèces suivantes se rencontrent également dans les deux gisements.

Belemnites pistilliformis, Blainv., abondant dans les deux localités.
— *bipartitus,* Catullo, abondant aux Voirons, très-rare au Salève.
— *dilatatus,* Blainv., un ex. très-douteux aux Voirons, très-abondant au Salève.
Ammonites Astierianus, d'Orb., très-rare aux Voirons, très-abondant au Salève.
— *ligatus,* d'Orb., un ex. au Salève, peu commune aux Voirons.
— *Cryptoceras,* d'Orb., espèce douteuse pour les Voirons, peu rare au Salève.

Aux Voirons, les Céphalopodes abondent et prédominent. Les mollusques des autres classes sont très-rares. Les *Aptychus* sont nombreux en espèces et en individus.

Au Salève, les Céphalopodes sont en nombre relativement restreint. Les mollusques Gastéropodes, Acéphales, Brachiopodes et Bryozoaires sont, au contraire, extrêmement abondants. La *Terebratula diphyoïdes* et les *Aptychus* n'ont point encore été rencontrés.

En présence de ces faits et de la liste donnée plus haut des fossiles du Salève, nous pouvons conclure avec certitude que :

1° La faune du néocomien du Salève ne présente presque aucune ana-

logie avec celle du néocomien des Voirons. Quatre espèces bien caractérisées seulement sont communes; une seule est également abondante dans
les deux gisements.

2° Cette même faune appartient au facies jurassique du néocomien
moyen; elle en offre tous les fossiles caractéristiques.

3° Le facies alpin n'existe pas au mont Salève. Ce n'est point là qu'il
faut espérer de trouver un point de réunion des deux facies. Malgré le voisinage, ils ne se sont nullement mélangés.

I. MOLLUSQUES

CLASSE DES MOLLUSQUES CÉPHALOPODES

Genre BÉLEMNITES, Agricola.

Je n'ai rencontré que quatre espèces de bélemnites au Salève. Deux seulement, *B. pistilliformis,* et *dilatatus,* sont abondantes, les deux autres sont, au contraire, extrêmement rares. Aucune n'est nouvelle.

Belemnites pistilliformis, Blainville.

(Pl. I, fig. 1-2.)

SYNONYMIE.

Belemnites pistilliformis, Blainville, 1827, Mém. sur les Bélemnites, p. 98, pl. 5, fig. 14 et 15.
      Id.   d'Orbigny, 1840, Paléont. franç., Terr. crét., t. I, p. 53, pl. 6, fig. 1-4.
Belemnites subfusiformis,   Id.   id.   id.   t. I., p. 50, pl. 4, fig. 9-16.
Belemnites pistilliformis, Duval, 1841, Obs. sur les Bélemnites, p. 72, pl. 8, fig. 10-16.
Belemnites subfusiformis,   Id.   id   p. 66, pl. 9-10.
Belemnites pistilliformis, d'Orbigny, 1850, Prodrome, t. II, p. 62.
      Id.   Pictet et de Loriol, 1858, Paléont. suisse, Fossiles des Voirons, p. 5, pl. 1, fig. 1-4.
      Id.   Pictet et Campiche, 1858, Paléont. suisse, Fossiles du terrain crétacé de Sainte-Croix, p. 100.

DIMENSIONS :

Longueur d'un individu complet . . . . 120 mm
Diamètre du même . . . . 10 »

Rostre très-allongé, fusiforme, acuminé à sa partie inférieure, renflé vers le tiers postérieur

3

de sa longueur, aminci vers la région alvéolaire, se terminant à sa partie supérieure par une sorte d'évasement.

Cône alvéolaire occupant une petite partie de la longueur du rostre. Siphon placé immédiatement au-dessus du canal qui sillonne la région alvéolaire (Gastrosiphite Duval). Sillon siphonal, variant de longueur, tantôt se prolongeant jusqu'aux deux tiers de la longueur du rostre, tantôt n'atteignant pas la ligne médiane. Je n'ai pu apercevoir les binervures latérales que sur un seul échantillon dans lequel, en revanche, on ne voit pas le sillon siphonal.

OBSERVATION. J'ai trouvé au Salève des échantillons très-complets de cette espèce qui y est abondante. Peu d'exemplaires présentent la déformation sur laquelle a été basé le genre Actinocamax. Je n'en ai trouvé encore aucun se terminant en massue. Les déformations accidentelles si nombreuses dans les échantillons des Basses-Alpes, comme nous l'apprend M. Duval, ne se présentent que très-rarement non plus au mont Salève.

LOCALITÉ. Cette espèce est très-commune à la Varappe; elle se retrouve à la Grande-Gorge et à la Croisette, généralement dans les assises 2 et 4.

Explication des figures.

Pl. I. *Fig. 1, a, b, c.* Individu complet et normal, de ma collection.
Fig. 2, a, b, c. Individu présentant à la fois un Actinocamax et une déformation, de la collection de M. Pictet.
Ces figures sont de grandeur naturelle.

BELEMNITES DILATATUS, Blainville

(Pl. I, fig. 3.)

SYNONYMIE.

Belemnites dilatatus, Blainville, 1827, Mém. sur les Bélemnites, pl. 3, fig. 13 et pl. 5, fig. 18.
Id. d'Orbigny, 1839, Paléont. franç., Terr. crét., t. I, p. 39, pl. 2 et pl. 3, fig. 1-5.
Id. id. t. 1, Supplém.. pl. 3, fig. 7-15.
Id. Duval, 1841, Bélem. des Basses-Alpes, p. 54, pl. 4.
Id. d'Orbigny, 1850, Prodrome, t. II, p. 63.

DIMENSIONS :

Longueur de mon plus grand individu . . . . 87 mm.
Largeur id. . . . . 20 »
Épaisseur id. . . . . 8 »

Rostre très fortement comprimé, allongé, se terminant en pointe obtuse à son extrémité inférieure. Flancs lisses (je n'ai pas de jeunes). Sur l'un des côtés, vers la partie supérieure du rostre, on remarque un léger canal fort court. Ce canal, d'après M. Duval, est du côté opposé au siphon; je ne puis le voir dans mes échantillons.

RAPPORTS ET DIFFÉRENCES. On ne peut guère confondre cette espèce qu'avec le *Belemnites binervius*, Raspail, dont le rostre est moins comprimé, les formes souvent anguleuses, le sillon encore plus court, et le cône alvéolaire plus long et plus évasé.

Les exemplaires du Salève sont très-bien conservés et se rapportent parfaitement aux types figurés par MM. d'Orbigny et Duval-Jouve.

Localité. Le *Bélemnites dilatatus* se trouve assez abondamment à la Varappe, dans les assises 2 et 4. Ma collection. Coll. Pictet, Favre.

Explication des figures.

Pl. I. Fig. 3. Individu normal, de grandeur naturelle, de ma collection.

Belemnites binervius, Raspail.

SYNONYMIE.

Belemnites binervius, Raspail, 1829, Ann. sc. d'obs., t. I., p. 32, pl. 6.
Belemnites hybridus, Duval-Jouve, 1841, Obs. sur les Bélemnites, p. 51, pl. 3.
Belemnites binervius, d'Orbigny, 1846, Paléont. franç., Terr. crét., Supplém., p. 6, pl. 3, fig. 1-6.
    Id.   d'Orbigny, 1850, Prodrome, t. II, p. 62.
    Id.   Pictet et Campiche, 1858, Paléont. suisse, Fossiles de Sainte-Croix, p. 107, pl. 13 fig. 12-13.

DIMENSIONS :

Longueur de l'échantillon le plus complet (la pointe manque)	60 mm.
Diamètre d'avant en arrière	12 »
Diamètre d'un flanc à l'autre	9 »

Rostre comprimé, coupe ovale, arrondie dans la région alvéolaire, formant un ovale toujours plus allongé en s'approchant de la pointe. Les flancs sont parfaitement parallèles, chacun d'eux est marqué au milieu d'une dépression longitudinale assez profonde, qui se prolonge jusqu'à la pointe. Les faces sont arrondies, un peu sinueuses, sur l'une d'elles est un canal assez profond, mais très-court. La pointe était excentrique. La région alvéolaire pénétrait profondément dans le rostre.

Rapports et différences. Les rapports très-grands qui existent entre cette espèce et le *Bel. dilatatus*, Blainv., ont été examinés dans le plus grand détail par M. Pictet (*Fossiles de Ste-Croix*, t. I, p. 108). Les deux seuls échantillons du *B. binervius* que je connais du Salève sont parfaitement semblables aux exemplaires de Ste-Croix, surtout à celui qui est figuré dans l'ouvrage précité, pl. XIII, fig. 13. Il faut dire qu'ils ressemblent aussi beaucoup aux jeunes des *Bel. dilatatus*, Bl., toutefois leur compression est bien moindre, leur cône alvéolaire est beaucoup plus ouvert et pénètre plus près de la pointe, celle-ci est excentrique, et le rostre est bien plus acuminé en arrière.

C'est depuis l'impression des planches de ce travail que cette espèce a été découverte au Salève ; je la ferai figurer dans un supplément.

Localité. La Varappe, très-rare. Coll. Pictet.

Belemnites bipartitus (Catullo), Blainville.

(Pl. I, fig. 4, a, b, c.)

SYNONYMIE.

Pseudobelus bipartitus,	Blainville, 1827, Mém. sur les Bélemnites, p. 113, pl. 5, fig. 19.
Belemnites bicanaliculatus,	Id. id. Supplém., p. 120, pl. 5, fig. 9.
Belemnites bipartitus.	d'Orbigny, 1840, Paléont. franç., Terr. crét., t. I, p. 45, pl. 3, fig. 6-12.
Id.	Duval, 1841, Bélemn. des terr. crét., etc., p. 41, pl. 1, fig. 1-8.
Id.	d'Orbigny, 1850, Prodrome, t. II, p. 62.
Id.	Pictet et de Loriol, 1858, Paléont. suisse, Fossiles des Voirons, p. 2, pl. 1 bis, fig. 1-5.
Id.	Pictet et Campiche, 1858, Paléont. suisse, Fossiles de Sainte-Croix, p. 99.

DIMENSIONS :

Longueur. . . . . 50 mm.
Diamètre transversal, mesuré vers la moitié . . . . 4 »

Rostre presque quadrangulaire à sa partie supérieure, allant en s'amincissant et en s'arrondissant insensiblement jusque vers la pointe. Ce rostre est orné de trois sillons, l'un ventral atteint à peine la moitié de la longueur totale ; les deux autres se trouvent sur les côtés, ils sont profonds, bien accusés et arrivent presque jusqu'à la pointe.

Rapports et différences. Par ses trois sillons, cette espèce se distingue facilement des autres, le *Bel. bicanaliculatus*, Bl., qui présente le même caractère devant probablement lui être réuni.

Observation. Je n'ai rencontré au Salève qu'un seul échantillon de cette Bélemnite qui se trouve assez abondamment aux Voirons. Cet exemplaire est jeune, mais bien conservé ; il présente nettement tous les caractères qui distinguent facilement l'espèce.

Localité. La Varappe, dans l'assise n° 4, très-rare.

Explication des figures.

Pl. I. *Fig. 4, a, b, c.* Individu de grandeur naturelle, de ma collection.

Genre NAUTILUS, Lamark.

Les nautiles ne sont pas rares au Salève, mais il est difficile de trouver des exemplaires bien conservés. Je n'ai à citer que deux espèces, déjà parfaitement connues, et que, par conséquent, je me suis abstenu de faire figurer de nouveau.

NAUTILUS PSEUDOELEGANS, d'Orbigny.

SYNONYMIE.

Nautilus pseudoelegans, d'Orbigny, 1840, Paléont. franç., Terr. crét., t. I, p. 70, pl. 8-9.
    Id.   d'Orbigny, 1850, Prodrome, t. II, p. 53.
    Id.   Pictet et Campiche, 1858, Paléont. suisse, Fossiles de Sainte-Croix, t. I, p. 123,
              pl. 14 et 14 bis.

DIMENSIONS :

Diamètre de mon plus grand individu . . . . 120 mm.
Epaisseur par rapport au diamètre, environ. 0,80
Hauteur de la bouche par rapport à la largeur . . . . de 0,58 à 0,77

Coquille très-renflée, ornée de sillons assez profonds, égaux, rapprochés, plus étroits que leurs intervalles. Ces sillons partent de l'ombilic, se contournent légèrement sur les côtés et passent sur le bord siphonal en s'infléchissant en arrière. Ombilic très-étroit. Siphon placé au tiers inférieur de la hauteur des cloisons, bien plus près du centre que du bord externe de la coquille. Cloisons plus larges que hautes, profondément échancrées par le retour de la spire.

RAPPORTS ET DIFFÉRENCES. Cette espèce diffère du *Nautilus neocomiensis*, d'Orb., qui en est voisin, par sa beaucoup plus grande épaisseur et son ombilic bien plus étroit. La position de son siphon la fera toujours distinguer des *Naut. Neckerianus*, Pictet, et *Saussureanus*, Pictet, du gault de la Perte-du-Rhône, auxquels elle ressemble par la disposition de ses sillons.

OBSERVATIONS. Les échantillons du *Naut. pseudoelegans*, quoique nombreux, sont très-rarement dans un bon état de conservation, toutefois leur détermination est presque toujours possible. Cette espèce a été étudiée de la manière la plus complète, et figurée dans toutes ses variations par M. Pictet. (*Pal. Suisse*, Ste-Croix, t. I, p. 123, pl. XIX et XIV bis.) Les exemplaires du Salève appartiennent à son quatrième type.

LOCALITÉ. La Varappe, assise n° 5 et n° 4 ? assez abondant.

NAUTILUS NEOCOMIENSIS, d'Orbigny.

SYNONYMIE.

Nautilus neocomiensis, d'Orbigny, 1840, Paléont. franc., Terr. crét, t. I, p. 74, pl. 11.
    Id.   d'Orbigny, 1850, Prodrome, t. II, p. 68.
    Id.   Pictet et Campiche, 1858, Paléont. suisse, Fossiles de Sainte-Croix, t. I, p. 128, pl. 15·

DIMENSIONS :

Diamètre . . . . 110 mm.
Epaisseur par rapport au diamètre. 0,59

Coquille peu renflée, plutôt comprimée, surtout dans les jeunes individus, couverte de sillons profonds partant de l'ombilic et s'infléchissant fortement en arrière sur la région siphonale; celle-ci est assez aplatie. Bouche à peu près aussi large que haute. Ombilic bien prononcé, laissant voir une petite partie des tours.

RAPPORTS ET DIFFÉRENCES. J'ai déjà mentionné, à propos de l'espèce précédente, les caractères qui en séparent le *N. neocomiensis*. Certains échantillons de ce dernier, mal conservés et déformés, offrent quelquefois un ombilic très-petit. Il faut prendre garde de ne pas les prendre pour des *Naut. pseudoelegans*. On pourra facilement les distinguer en observant que la bouche est toujours beaucoup plus large que haute dans le *Naut. pseudoelegans*. Ces deux dimensions sont presque égales dans le *N. neocomiensis*.

LOCALITÉ. La Varappe, assise n° 4, très-rare; n° 5, assez commune.

Ma collection. Collection Pictet, Favre, etc.

GENRE AMMONITES, Bruguières.

Je n'ai que neuf espèces d'ammonites à mentionner ici; ce chiffre est relativement peu considérable eu égard aux nombreuses espèces qui ont été décrites dans le néocomien moyen. Toutes, sauf l'*A. Castellanensis*, sont plutôt rares. Aucune n'est nouvelle. Indépendamment de ces neuf espèces bien caractérisées, j'ai encore rencontré au Salève quelques fragments qui annoncent l'existence d'une ou deux autres espèces, dont on découvrira peut-être plus tard quelques bons échantillons. Ces fragments sont trop mal conservés et trop peu complets pour pouvoir être étudiés; l'un deux paraîtrait appartenir à une espèce nouvelle, voisine de l'*A. Martinii*.

AMMONITES CULTRATUS, d'Orbigny.

(Pl. I, fig. 5, a, b.)

SYNONYMIE.

Ammonites cultratus, d'Orbigny, 1840, Paléont. franç., Terr. crét., t. I, p. 145, pl. 46, fig. 1-2.
Id. d'Orbigny, 1850, Prodrome, t. II, p. 63.

DIMENSIONS :

Diamètre, environ . . . . 90 mm.
(L'état de conservation des échantillons ne permet pas de donner des dimensions exactes.)

Coquille ornée de côtes larges, très-saillantes, partant de l'ombilic et se terminant au bord siphonal en formant un tubercule allongé. Ces côtes sont souvent bifurquées vers le milieu des flancs, sans qu'il se forme de tubercules au point de réunion.

Région siphonale pourvue d'une quille saillante.

RAPPORTS ET DIFFÉRENCES. Cette espèce est assez voisine de l'*A. Ixion*, d'Orb., dont elle diffère cependant par ses côtes plus larges, bien moins nombreuses et dépourvues de tubercules, sauf au point où elles atteignent le pourtour. Les échantillons que j'ai trouvés au Salève, quoique incomplets, sont cependant assez bien conservés pour qu'on puisse reconnaître facilement tous les caractères de l'espèce.

LOCALITÉ. La Varappe, assises nᵒˢ 3 et 4, très-rare.

Explication des figures.

Pl. 1. Fig. 5, a, b. Fragment de grandeur naturelle ; ma collection.

AMMONITES RADIATUS, Bruguières.

SYNONYMIE.

Ammonites radiata, Bruguières, 1789, Encycl. méth. vers., t. II, p. 21.
Ammonites asper, Mérian, in de Buch, 1829, Ann. des sc. nat., t. XXIX, pl. 5, fig. 11.
Ammonites radiatus, d'Orb., 1840, Paléont. franç., Terr. crét., t. I, p. 110, pl. 26.
    Id.   d'Orb., 1850, Prodrome, t. II, p. 63.
    Id.   Pictet et Campiche, 1859, Paléont. suisse, Foss. de Ste-Croix, p. 238, pl. 32, fig. 1-2.

DIMENSIONS :

Diamètre . . . . 110 mm.
Par rapport au diamètre, largeur du dernier tour 0,40
    Id.   diamètre de l'ombilic 0,33
    Id.   épaisseur 0,42

Coquille assez renflée. Tours de spire apparents dans l'ombilic sur les deux tiers environ de leur largeur, ornés d'environ 13 grosses côtes, commençant à l'ombilic par un tubercule, et se terminant par un autre vers le milieu des flancs. Le bord siphonal est bordé par environ 40 tubercules obliques, allongés.

Pourtour externe coupé carrément, un peu convexe.

Cette espèce, connue depuis longtemps, est partout caractéristique de l'étage néocomien moyen.

MM. Pictet et Campiche, dans leur bel ouvrage sur les fossiles du terrain crétacé de Sainte-Croix, donnent des détails fort intéressants sur le jeune âge de cette espèce. Il n'a encore été trouvé au Salève, à ma connaissance, que des exemplaires adultes.

LOCALITÉ. L'*A. radiatus* se trouve à la Varappe, dans l'assise n° 5; elle y est rare; dans les environs de Neuchâtel elle se rencontre beaucoup plus fréquemment.

Coll. Favre, Pictet, musée de Genève.

AMMONITES LEOPOLDINUS, d'Orbigny.

SYNONYMIE.

Ammonites Leopoldinus, d'Orb., 1840, Paléont. franç., Terr. crét., t. I, p. 104, pl. 22-23.
    Id.   d'Orb., 1850, Prodrome, p. 63.
    Id.   Pictet et Campiche, 1859, Paléont. suisse, Foss. de Ste-Croix, t. I, p. 241, pl. 32. fig. 3-6.

DIMENSIONS :

Diamètre	135 mm.
Par rapport au diamètre, largeur du dernier tour	0,48
Id. diamètre de l'ombilic	0,22
Id. épaisseur	0,30

Coquille discoïdale, comprimée, spire composée de tours comprimés, lisses et à pourtour arrondi, dans l'âge adulte; les jeunes ont la région siphonale tronquée et ornée de tubercules de chaque côté. Ombilic assez étroit, caréné, ne laissant voir qu'une petite partie des tours; il est entouré de tubercules dans le jeune âge. Bouche allongée, comprimée, arrondie au sommet dans les adultes. Cloisons très-digitées, selle dorsale bilobée; lobe latéral supérieur profondément divisé, bien plus large et plus long que le lobe dorsal; lobe latéral inférieur de moitié plus court et moins large que le lobe latéral supérieur.

RAPPORTS ET DIFFÉRENCES. L'*Ammonites Leopoldinus* peut être confondu, dans l'âge adulte, lorsqu'il est lisse, avec l'*Am. clypeiformis*, d'Orb.; il en diffère par ses tours moins embrassants bien plus arrondis sur le bord siphonal, son ensemble moins comprimé.

L'*Am. radiatus* a également, surtout dans le jeune âge, beaucoup de rapports avec cette espèce, tellement, que quelques auteurs proposent de les réunir. MM. Pictet et Campiche (*Paléont. suisse*, Foss. de Sainte-Croix) discutent cette question d'une manière approfondie en donnant des figures très-instructives des jeunes individus de ces deux ammonites. Je n'ai aucun document nouveau à ajouter à ceux qu'ils ont réunis.

OBSERVATION. Les individus de cette espèce que j'ai trouvés au Salève ne sont pas d'une grande taille, mais bien caractérisés. Ils ne diffèrent que par quelques points de détail de la description de d'Orbigny. Les tours de spire sont un peu plus embrassants, le dernier un peu plus large. Quelques exemplaires singulièrement comprimés sont presque tranchants sur la région siphonale, ce qui, au premier abord, pourrait les faire confondre avec l'*A. clypeiformis*. Les jeunes individus sont fort rares.

Localité. L'*A. Leopoldinus* se trouve assez fréquemment à la Varappe, dans l'assise n° 5. Très-rare dans l'assise n° 4. Grande-Gorge, Croisette.

Toutes les collections.

Ammonites Castellanensis, d'Orbigny.

(Pl. II, fig. 1-2.)

SYNONYMIE.

Ammonites Castellanensis, d'Orb. 1840, Paléont. franç., Terr. crét., t. I, p. 109, pl. 25, fig. 3-4.
    Id.   d'Orb., 1850, Prodrome, t. II, p. 98.
Ammonites flexisulcatus,   d'Orb., 1840, Paléont. franç., Terr. crét., t. I, p. 144, pl. 45, fig. 3.
Ammonites Castellanensis, Pictet et Campiche 1859, Paléont. suisse, Foss. de Ste-Croix, t. I, p. 244.

DIMENSIONS :

Diamètre. . . . . 36 mm.
Par rapport au diamètre, largeur du dernier tour . . . . 0,49 à 0,50
     Id.   épaisseur. . . . . : 0,31 à 0,35

Coquille discoïdale, arrondie, ornée de fortes côtes saillantes, flexueuses, partant de l'ombilic et se terminant au pourtour externe sans y former toutefois de tubercules. Entre chacune de ces côtes, il s'en trouve une autre, plus courte, partant seulement du milieu des tours, et se prolongeant de même jusqu'au bord siphonal. Ces grandes et ces petites côtes alternent ordinairement d'une manière très-régulière; cependant on voit quelquefois se suivre deux petites côtes, quelquefois deux grandes, ce sont des cas rares. L'ombilic est légèrement crénelé par les saillies des côtes, il laisse apercevoir le tiers environ de la largeur des tours. Région siphonale arrondie et lisse. Cloisons assez ramifiées; trois lobes de chaque côté; selle dorsale bilobée; lobe latéral supérieur très-grand, divisé en deux parties inégales.

Observations. Cette espèce est bien connue et bien caractérisée, et il n'en est pas d'autre à laquelle je puisse rapporter les exemplaires du mont Salève. Toutefois ils diffèrent un peu par leurs ornements de la vraie *A. Castellanensis*, telle du moins qu'elle a été décrite et figurée par d'Orbigny.

L'ammonite figurée dans la *Paléontologie française* a les côtes nombreuses et fines, celle du Salève les a plus espacées et plus fortes, et les tours peut-être un peu plus étroits. — Généralement en France, l'*Am. Castellanensis* se trouve associée à l'*Am. Rouyanus*, à la *Terebratula diphyoïdes*, etc., qui caractérisent le facies alpin du néocomien moyen. Peut-être notre ammonite du Salève (avec *Amm. radiatus, Toxaster complanatus*, etc.), n'est-elle pas la même ? Les matériaux que j'ai eus à ma disposition ne m'ont pas fourni des caractères suffisants pour établir deux espèces.

Localité. Cette jolie ammonite est assez abondante à la Varappe. Assises 3, 4 et 5, Grande-Gorge.

Toutes les collections.

Explication des figures.

Pl. II. Fig. 1, a, b, c. Ammonites Castellanensis. Type le plus fréquent.

Fig. 2. . . . . . Fragment à côtes plus espacées et à épaisseur plus grande.

Ces figures sont de grandeur naturelle et d'après des exemplaires de ma collection.

AMMONITES CRYPTOCERAS, d'Orbigny.

(Pl. II, fig. 3, a, b.)

SYNONYMIE.

Ammonites cryptoceras, d'Orb., 1840, Paléont franç., Terr. crét., t. I, p. 106, pl. 24.
  Id.   d'Orb., 1850, Prodrome, t. II, p. 63.
  Id.   Pictet et de Loriol, 1858, Paléont. suisse, Foss. des Voirons, p. 20, pl. 4, fig. 4.
  Id.   Pictet et Campiche, 1859, Paléont. suisse, Foss. de Sainte-Croix, t. I, p. 333.

DIMENSIONS :

Diamètre d'un individu très-adulte	300 mm.
Id. de l'exemplaire figuré	135 »
Par rapport au diamètre, largeur du dernier tour.	0,40
Id. largeur de l'ombilic	0,37
Id. épaisseur	0,28

Coquille discoïdale, très-comprimée. Spire composée de tours apparents dans l'ombilic sur une grande partie de leur largeur, ornés d'environ seize côtes saillantes qui partent d'un tubercule ombilical aigu, s'infléchissent légèrement en arrière, vers le tiers extérieur des flancs, et vont se terminer au bord externe en formant un tubercule allongé et assez saillant. Entre ces côtes il y en a d'autres se comportant de la même manière, mais plus faibles, n'atteignant généralement pas l'ombilic, ou tout au moins n'y formant point de tubercules. Un énorme individu de cette espèce que j'ai trouvé au Salève, et dont le diamètre est de plus de 300 mm., ne présente plus qu'une légère trace de ces côtes intermédiaires; les principales, en revanche, sont très-fortes et leurs tubercules ombilicaux très-saillants. — L'ombilic, très-large, est crénelé à son pourtour par les pointes que forment les côtes à leur naissance. Région siphonale peu arrondie, plutôt coupée carrément, lisse, bordée de chaque côté par les tubercules des côtes.

Rapports et différences. Cette espèce, qui offre une certaine analogie avec l'*Am. Castellanensis*, en diffère par son ombilic beaucoup plus large, ses côtes bien moins flexueuses, sa région siphonale plus aplatie, et enfin par sa taille. Elle a aussi des rapports avec l'*Am. Leopoldinus* jeune, dont elle peut toujours être facilement distinguée par ses côtes saillantes, occupant toute la largeur des flancs, et son ombilic bien plus large.

OBSERVATION. L'exemplaire figuré par d'Orbigny offre plus de côtes et par conséquent des tubercules externes plus rapprochés que ceux que j'ai recueillis au Salève. Toutefois ces derniers, par tout l'ensemble de leurs caractères, appartiennent certainement à l'*Am. cryptoceras*. D'Orbigny ne donnant pas le nombre des côtes, il est à penser que ce caractère est variable. Il l'est d'ailleurs avec l'âge, comme je l'ai dit plus haut.

La compression de cette espèce est remarquable, elle est la même dans les exemplaires très-adultes.

LOCALITÉ. L'*Am. cryptoceras* se trouve à la Varappe, dans l'assise n° 5 ; il y est rare. On l'a trouvé aussi à la Croisette.

Collections Pictet, Favre, etc.

Explication des figures.

Pl. II. Fig. 3, *a, b.* Individu réduit de moitié, de ma collection.

AMMONITES GRASIANUS, d'Orbigny.

SYNONYMIE.

Ammonites Grasianus, d'Orb., 1840, Paléont. franç., Terr. crét., t. I, p. 141, pl. 44, fig. 1.
     Id.   d'Orb., 1850, Prodrome, t. II, p. 63.

DIMENSIONS :

Diamètre .	52 mm.
Par rapport au diamètre, largeur du dernier tour	0,50
Id. épaisseur	0,38
Id. diamètre de l'ombilic.	0,19

Coquille lisse, très-aplatie. Spire composée de tours très-comprimés, légèrement concaves sur les flancs, aplatis sur le bord siphonal, sans aucun ornement. Ils sont apparents dans l'ombilic sur près de la moitié de leur largeur ; celui-ci est assez évidé latéralement.

RAPPORTS ET DIFFÉRENCES. Cette espèce, par ses tours plats, un peu concaves et entièrement lisses, se distingue facilement ; elle ne pourrait guère être rapprochée que de certains individus lisses de l'*Am. difficilis,* d'Orb.; ceux-ci ont un ombilic beaucoup plus étroit, ils sont plus comprimés et leurs flancs ne sont point concaves.

LOCALITÉ. La Varappe, assise n° 5. Rare.

Ma collection, collection Pictet, etc.

AMMONITES LIGATUS, d'Orbigny.

SYNONYMIE.

Ammonites ligatus, d'Orb., 1840, Paléont. franç., Terr. crét., t. I, p. 126, pl. 38, fig. 1-4.
    Id.   d'Orb., 1850, Prodrome, t. II, p. 98.
    Id.   Pictet et de Loriol, 1858, Paléont. suisse, Foss. des Voirons, p. 15, pl. 1, fig. 7.

Coquille discoïdale, comprimée ; spire composée de tours peu apparents dans l'ombilic, ornés de dix à douze côtes assez prononcées, légèrement flexueuses, passant sans s'arrêter par-dessus le bord siphonal. Entre ces côtes il paraît y en avoir de plus faibles. Ombilic étroit, légèrement crénelé par les saillies des côtes.

RAPPORTS ET DIFFÉRENCES. L'*Am. ligatus* est difficile à bien distinguer des *Am. cassida*, d'Orb., et *difficilis,* d'Orb. Il diffère du second par son ensemble moins comprimé, ses côtes beaucoup plus prononcées et se prolongeant jusqu'à l'ombilic. L'*Am. cassida* est bien plus épais et s'enroule plus rapidement.

OBSERVATIONS. Je n'ai encore rencontré qu'un échantillon de cette espèce ; quoiqu'il ne soit pas suffisamment bien conservé pour pouvoir être figuré, il l'est néanmoins assez pour que sa détermination soit certaine.

LOCALITÉ. La Varappe, assise n° 5. Très-rare.

Ma collection.

AMMONITES VANDECKII, d'Orbigny.

(Pl. II, fig. 4, 5, 6.)

SYNONYMIE.

Ammonites Vandeckii, d'Orb., 1850, Prodrome, t. II, p. 99.

DIMENSIONS :

Diamètre approximatif . . . . 43 mm.
Par rapport au diamètre, largeur du dernier tour 0,45
    Id.   épaisseur 0,45

Coquille assez renflée, arrondie à son pourtour, ornée de côtes fines, droites, serrées, partant de l'ombilic généralement deux par deux ; leur réunion ne forme pas de tubercules, elles se continuent pour la plupart sans interruption d'un flanc à l'autre. Chaque tour porte en outre environ six sillons profonds, droits, se comportant comme les côtes.

Région siphonale arrondie, la ligne médiane est légèrement creusée ; ombilic assez évasé, occupant environ les 27 centièmes du diamètre entier.

Cloisons assez découpées, lobe dorsal grand et large, fortement bilobé. Selle dorsale presque aussi grande et partagée en deux rameaux par un petit lobe accessoire. Lobe latéral supérieur plus petit que le lobe dorsal, à trois pointes. Trois petits lobes supplémentaires.

RAPPORTS ET DIFFÉRENCES. Cette espèce est très-voisine des *Am. incertus*, d'Orb., et *intermedius*, d'Orb.; elle se distingue du premier par son ombilic bien plus large, ses sillons plus droits, du second par ses sillons également moins obliques, moins nombreux, et ses tours plus renflés. L'*Am. ligatus*, enfin, a des sillons beaucoup plus nombreux, les petites côtes qui les séparent sont beaucoup moins marquées et disparaissent de très-bonne heure, tandis que, dans l'*Am. Vandeckii*, elles se conservent et même deviennent plus fortes dans l'âge adulte.

OBSERVATION. L'*Am. Vandeckii* n'est encore connu que par une phrase du Prodrome, que je reproduis ici : « Voisine de l'*Am. intermedius*, mais ayant des tours plus renflés, les sillons transverses moins obliques. »

Ces caractères s'appliquent parfaitement à notre ammonite, mais il règne toujours un certain vague sur les espèces connues seulement par les phrases caractéristiques du Prodrome. Il est permis d'espérer que les savants amis de d'Orbigny, dont on ne saurait trop regretter la perte, rendront un jour à la science le grand service d'éclaircir par des figures et des descriptions complètes toutes ces espèces imparfaitement connues du Prodrome, dont on doit retrouver les types dans les immenses collections laissées par son auteur.

Les exemplaires que M. Pictet et moi avons reçus de M. Seeman sous le nom d'*Am. Vandeckii*, provenant des Basses-Alpes, se rapportent à la même espèce que celle du Salève.

LOCALITÉ. La Varappe, assise n° 3, assez rare, et n° 4, très-rare, surtout à l'âge adulte.

Ma collection, collection Pictet.

M. Victor Dunant m'en a communiqué un exemplaire qui a été trouvé près de Grange-Passet, sur le Salève, dans un calcaire marneux plein de grains verts.

Explication des figures.

Pl. II. Fig. 4, a, b. Individu adulte, de la collection de M. Pictet.

  Fig. 5 . . . Individu adulte, offrant des sillons très-profonds, de la collection de M. Victor Dunant.

  Fig. 6, a, b. Jeunes de la même espèce, de ma collection.

  Fig. 6, c . . Cloisons, dessinées par M. Pictet.

AMMONITES ASTIERIANUS, d'Orbigny.

SYNONYMIE.

Ammonites Astierianus, d'Orb., 1840, Paléont. franç., Terr. crét., t. I, p. 115, pl. 28.

  Id.   d'Orb., 1850, Prodrome, t. II, p. 63.

  Id.   Pictet et de Loriol, 1858, Paléont. suisse, Foss. des Voirons, p. 14.

  Id.   Pictet et Campiche, 1860, Paléont. suisse, Foss. de Ste-Croix, p. 296, pl. 43.

DIMENSIONS :

Diamètre maximum	100 mm.
Par rapport au diamètre, largeur du dernier tour.	0,45
Id. épaisseur	de 0,38 à 0,46
Id. diamètre de l'ombilic	0,30

Coquille d'épaisseur très-variable, ordinairement renflée, à pourtour arrondi orné de côtes obliques, fines, saillantes, nombreuses, partant, par faisceaux de quatre ou six, d'un tubercule ombilical et passant sans s'interrompre par-dessus le bord siphonal.

Un tiers à peine des tours est visible dans l'ombilic, les tubercules qui l'entourent sont au nombre de dix-huit environ; ils se prolongent dans son intérieur en formant une légère côte.

La bouche est ordinairement marquée par un sillon profond s'infléchissant fortement en avant et bordé d'un fort bourrelet de chaque côté.

RAPPORTS ET DIFFÉRENCES. Cette espèce a un facies bien caractéristique et ne peut être facilement confondue avec aucune autre. L'*Am. bidichotomus*, Leym., qui s'en rapproche, a les côtes nettement bifurquées.

OBSERVATIONS. Mes échantillons du Salève sont fort bien conservés et clairement caractérisés. L'épaisseur est très-différente suivant les individus. Dans le banc de marne verte (assise n° 3) on trouve fréquemment des jeunes de cette espèce; au diamètre de 25 mm., ils présentent déjà des tubercules ombilicaux très-saillants, et leurs côtes se comportent exactement comme dans l'âge adulte.

LOCALITÉ. La Varappe, Grande-Gorge, etc., assises n° 3 et n° 5. Je n'ai jamais rencontré d'échantillons adultes dans l'assise n° 3. Cette espèce est assez abondante.

Genre CRIOCERAS, Léveillé.

J'ai rencontré dans les couches néocomiennes du Salève deux espèces de Crioceras; elles sont peu abondantes et mal conservées, trop mal pour pouvoir être déterminées. L'une d'elles me paraît avoir assez de rapports avec le *Crioceras Duvalii*, Léveillé; l'autre, probablement nouvelle, a une coupe beaucoup plus arrondie. De nouveaux renseignements viendront peut-être plus tard jeter quelque lumière sur ces espèces et en permettre la description. Il est à remarquer que les Céphalopodes déroulés manquent presque complétement dans les marnes d'Hauterive, tandis qu'ils sont si abondants et si variés dans le facies alpin du néocomien moyen, aux Voirons, dans le midi de la France, etc.

CLASSE DES MOLLUSQUES GASTÉROPODES

J'ai pu déterminer et décrire dix-neuf espèces de mollusques gastéropodes dans les couches néocomiennes du Salève; elles se répartissent entre neuf genres différents; quelques-unes sont fort abondantes. En outre, j'ai rencontré un petit nombre d'autres Gastéropodes à l'état de moule, mais si incomplets, qu'il ne m'a pas été possible de déterminer le genre auquel ils appartiennent. J'ai dû en conséquence les abandonner.

Genre SCALARIA, Lamarck.

Je n'ai pu découvrir les deux espèces de Scalaires néocomiennes déjà connues. J'en décris une nouvelle, qui ne paraît pas être rare ; elle se retrouve dans les marnes du néocomien moyen, aux environs de Neuchâtel.

Scalaria neocomiensis, de Loriol.

(Pl. III, fig. 1, 2, 3.)

DIMENSIONS :

Ouverture de l'angle spiral	12°
Id. de l'angle sutural	105°
Hauteur totale, d'après l'angle	80 mm.
Diamètre du dernier tour	14 »

Coquille très-allongée, spire composée de tours arrondis, séparés par des sutures profondes, ornés de côtes transverses saillantes, au nombre d'environ treize par tour. Elles sont séparées par des intervalles beaucoup plus larges et aplatis. Toute la coquille est, en outre, couverte de petites stries sinueuses longitudinales et transversales, ces dernières très-légèrement indiquées, formant comme un treillis fin et régulier. La bouche est ovale, allongée. Je n'ai pu encore trouver aucun échantillon qui présente les ornements de la partie supérieure de la coquille.

Moules lisses, tours très-convexes, non anguleux.

RAPPORTS ET DIFFÉRENCES. Cette jolie espèce a une grande analogie avec la *Scalaria Albensis*, d'Orb.; elle en diffère, toutefois, par ses proportions constamment beaucoup plus fortes, ses tours de spire bien plus convexes et séparés par de profondes sutures. La *Scalaria canaliculata*, d'Orb., a son angle spiral beaucoup plus ouvert, et ses côtes transverses sont plus serrées et flexueuses.

Notre espèce a encore de grands rapports avec la *Scalaria Clementina*, d'Orb. Elle s'en distingue en ce que : 1° ses côtes transverses sont bien plus saillantes, point obtuses et nettement séparées des intervalles; 2° il n'y a aucun bourrelet le long des sutures; 3° dans le moule, les tours de spire sont beaucoup plus convexes, point anguleux, et ils ne forment pas de replat au bord des sutures.

LOCALITÉ. La Varappe, assises n°ˢ 4 et 5; les exemplaires avec le test sont fort rares, les moules assez abondants.

Explication des figures.

Pl. III. Fig. 1, a, b. Individu avec une grande partie du test, d'après un échantillon de ma collection.
     Fig. 2 . . . Fragment de la même espèce; musée de Genève.
     Fig. 3 . . . Moule intérieur; ma collection.

Toutes ces figures sont de grandeur naturelle.

GENRE NATICA, Lamarck.

Les Natices sont rares dans ce terrain. Je n'ai eu à ma disposition que quelques moules généralement très-frustes. Une seule espèce peut être déterminée avec certitude. Deux autres sont probablement nouvelles, mais il est nécessaire, pour les décrire, d'en avoir des échantillons plus complets.

NATICA BULIMOÏDES (Desh.), d'Orbigny.

SYNONYMIE.

Ampullaria bulimoïdes, Desh., 1842, in Leymerie, Mém. Soc. géol. de France, t. V, p. 12, pl. 16, fig. 9.
Natica bulimoïdes,   d'Orb., 1842, Paléont. franç., Terr. crét., t. II, p. 153, pl. 172, fig. 2-3.
   Id.   d'Orb., 1850, Prodrome, t. II, p. 68.

DIMENSIONS :

Longueur . . . . 50 mm
Par rapport à l'ensemble, hauteur du dernier tour 0,66

Moules oblongs, lisses, spire composée de tours peu convexes, excepté le dernier, disposés en gradins. Bouche mal conservée. Ces moules s'accordent parfaitement avec la figure de la Paléontologie française.

LOCALITÉ. Indiquée comme du néocomien du Salève, probablement la Varappe. Très-rare. Collection Favre; musée de Genève.

GENRE NERITOPSIS, Sowerby.

Je n'ai rencontré, au Salève, qu'une seule espèce de Neritopsis; elle y est extrêmement rare. J'en ai vu quelques échantillons au musée de Neuchâtel, trouvés dans les environs de cette ville.

NERITOPSIS MERIANI, de Loriol.

(Pl. IV, fig. 3, a, b.)

DIMENSIONS :
(Moules)

Hauteur . . . . 22 mm.
Largeur . . . . 28 »

Coquille beaucoup plus large que haute. Dans le moule, la spire est entièrement enfoncée dans le dernier tour, dont le développement est énorme et qui constitue à lui seul presque toute la coquille. La surface du moule intérieur est couverte en partie de côtes longitudinales saillantes, aplaties, aussi larges que leurs intervalles, et régulièrement espacées; elles ne sont bien visibles qu'aux environs du labre; elles ne s'étendaient probablement pas plus loin dans l'intérieur du test.

OBSERVATIONS. Ce n'est qu'au genre *Neritopsis* qu'il me paraît possible de rapporter cette singulière coquille qui, si elle s'écarte assez, par sa forme, de l'espèce actuellement vivante, se rapproche, en revanche, beaucoup de certaines espèces fossiles, et surtout de la *Neritopsis lævigata*, d'Orb. Les Neritopsis ayant le test épais, les côtes dont elles sont ordinairement ornées ne se retrouvent en général pas indiquées dans l'intérieur de la coquille. Je possède toutefois un exemplaire très-adulte de la *Neritopsis radula*, dans lequel les côtes sont bien marquées dans l'intérieur de la bouche, aux environs du labre, et dont le moule porterait des empreintes tout à fait semblables à celles de la *Neritopsis Meriani*.

RAPPORTS ET DIFFÉRENCES. L'espèce que je décris ici se distingue facilement de celles qui sont déjà connues. La *Ner. lœvigata*, d'Orb., de l'étage cénomanien, paraît s'en rapprocher par sa spire enfoncée et son dernier tour très-développé ; mais son moule lisse, et l'extension extraordinaire de son labre l'en séparent nettement.

Dans le Prodrome de d'Orbigny se trouve mentionnée une espèce nouvelle de l'étage néocomien, sous le nom de *Neritopsis Mariæ* ; elle est ainsi caractérisée : « Espèce voisine de la *Ner. Robineausiana*, mais avec de simples stries longitudinales sur une surface lisse. » Cette phrase suffit pour en distinguer la *Ner. Meriani*, qui n'a aucun rapport de forme avec la *Ner. Robineausiana*.

LOCALITÉ. La Varappe. Très-rare.

Explication des figures.

Pl. III. Fig. 3, a, b, c. Moule intérieur de grandeur naturelle, de la collection de M. Pictet.

GENRE TURBO, Linné.

Outre l'espèce indiquée ci-dessous, j'ai encore rencontré quelques moules intérieurs qui me paraissent avoir appartenu à des espèces de ce genre. Ils sont très-probablement nouveaux, mais ne pourront être décrits qu'après la découverte d'exemplaires plus complets.

TURBO DESVOIDYI, d'Orbigny.

(Pl. V, fig. 9, a, b.)

SYNONYMIE.

Turbo Desvoidyi, d'Orb., 1842, Paléont. franç., Terr. crét., t. II, p. 210, pl. 182, fig. 5-8.
    Id.   d'Orbigny, 1850, Prodrome, t. II, p. 70.

DIMENSIONS :

Ouverture de l'angle spiral.	53°
Hauteur totale donnée par l'angle, environ	30 mm.
Largeur	21 »

Coquille plus haute que large, à tours convexes, carénés vers leur milieu dans le moule. Face ombilicale très-convexe, ombilic extrêmement petit. Je ne connais pas le test.

Observations. Cette espèce, assez rare et remarquable par ses tours de spire carénés, me paraît pouvoir être rapportée au *Turbo Desvoidyi*, d'Orb.; toutefois je dois dire qu'il me reste quelques doutes. L'espèce du Salève a les tours un peu moins carénés que les moules intérieurs que je possède du vrai *T. Desvoidyi*, et sa taille est bien plus forte. La découverte d'un exemplaire avec son test viendrait trancher la question et peut-être faire donner un nom nouveau à l'espèce du Salève. Malgré cette incertitude, elle est trop caractérisée pour que j'aie cru devoir la passer sous silence.

Localité. La Varappe. Rare.

Collection Pictet ; ma collection.

Explication des figures.

Pl. V. Fig. 9 a, b. Individu de grandeur naturelle.

Genre PLEUROTOMARIA, Defrance.

Ce genre est celui qui m'a offert le plus d'espèces nouvelles et intéressantes; j'en décris huit ci-dessous, dont trois étaient connues et figurées, deux autres, quoique connues, l'étaient très-imparfaitement et n'avaient jamais été figurées; les quatre autres sont nouvelles. Sauf une seule, toutes ces espèces se rencontrent abondamment dans le néocomien moyen du Salève.

Pleurotomaria neocomiensis, d'Orbigny.

(Pl. III, fig. 4.)

SYNONYMIE.

Pleurotomaria neocomiensis, d'Orbigny, 1842, Paléont. franç., Terr. crét., t. II, p. 240, pl. 188, fig. 8-12.
Id.   d'Orbigny, 1850, Prodrome, t. II, p. 76.

DIMENSIONS :

Hauteur totale	30 mm.
Par rapport à l'ensemble, hauteur du dernier tour	0,40
Diamètre	43 mm.
Ouverture de l'angle spiral	90 à 95°
Nombre de tours par demi-diamètre	2 $^1/_2$

Coquille conique, plus large que haute. Spire composée de tours convexes, un peu angu-leux, légèrement aplatis sur leur face externe, ornés de stries longitudinales assez pro-fondes, inégalement espacées. Face ombilicale légèrement convexe ; ombilic étroit. Moule lisse, sutures profondes et canaliculées.

RAPPORTS ET DIFFÉRENCES. Cette espèce, que les ornements de son test séparent suffisam-ment des autres, pourrait quelquefois être confondue avec la *Pl. Bourgueti*, Agass., lorsqu'on n'en possède que des moules incomplets. On la distinguera toujours par son angle spiral beaucoup moins ouvert que celui de la *Pl. Bourgueti*, ce qui rend son ensemble bien plus élevé relativement à sa largeur, par son ombilic étroit et sa face ombilicale moins concave. La *Pl. Dupiniana*, d'Orb., a l'ombilic encore plus étroit et les tours de spire beaucoup moins arrondis. La face ombilicale de la *Pl. Saleviana* est trop particulière pour qu'on puisse con-fondre aucune espèce avec elle.

OBSERVATIONS. La figure 13 de la planche 6 du mémoire de M. Leymerie me paraît avoir le dernier tour trop caréné pour pouvoir être rapportée à cette espèce, comme l'a fait d'Or-bigny. M. Bronn, dans son *Index paleontologicus*, donne, comme synonyme de la *Pl. neoco-miensis*, le *Cirrus depressus*, figuré dans Geinitz, Kreideform. Sachs., pl. 15, fig. 8. Je ne puis comprendre ce rapprochement.

LOCALITÉS. La Varappe, Grande-Gorge, Croisette, etc., assises n°s 3, 4 et 5 ; un exemplaire à la Petite-Gorge, assise n° 1. Très-commune à l'état de moule. Je n'ai trouvé qu'un seul exemplaire avec son test.

Explication des figures.

Pl. III. Fig. 4, a, b. Individu de grandeur naturelle, ayant conservé une portion de son test ; ma collection.

PLEUROTOMARIA DUPINIANA, d'Orbigny.

SYNONYMIE.

Pleurotomaria Dupiniana, d'Orbigny, 1842, Paléont. franç., Terr. crét., t. II, p. 245, pl. 191, fig. 1-4.
    Id.   d'Orbigny, 1850, Prodrome, t. II, p. 70.

DIMENSIONS :
(Moules)

Hauteur totale.	25 mm.
Par rapport à l'ensemble, hauteur du dernier tour	0,36
Diamètre	27 mm.
Ouverture de l'angle spiral.	77°
Id. id. sutural	56 à 59°
Nombre de tours par demi-diamètre	2

Coquille conique, plus large que haute. Spire composée de tours presque plans, ornés de stries fines longitudinales et transversales, se croisant pour former un réseau régulier très-saillant. Le dernier tour est fortement caréné, la bande du sinus y est marquée à peu près vers le milieu. Face ombilicale presque plane, non creusée en entonnoir; ombilic très-étroit. Le test était très-épais. Dans le moule, les tours de spire sont lisses et disposés en gradins offrant un replat assez large le long des sutures, celles-ci sont très-profondes.

RAPPORTS ET DIFFÉRENCES. Il est facile de distinguer cette espèce de la *Pl. neocomiensis;* son angle spiral est bien moins ouvert, ses tours de spire sont plans, le dernier est caréné fortement, l'ombilic est plus étroit. Le test est en outre régulièrement treillissé, ce qui n'existe pas dans la *Pl. neocomiensis.*

OBSERVATION. J'ai heureusement découvert un exemplaire de cette espèce, en partie pourvu de son test, ce qui m'a permis de la déterminer avec une grande certitude. Ce test étant très-épais, les échantillons qui l'ont conservé sont assez différents des moules intérieurs. J'ai pu étudier cette espèce sur une série de bons échantillons de Marolles, soit à l'état de moules, soit avec leur test.

LOCALITÉ. La Varappe, assises n°ˢ 4 et 5. Assez commune.

Ma collection. Coll. Pictet, etc.

PLEUROTOMARIA SALEVIANA, de Loriol.

(Pl. III, fig. 8.)

DIMENSIONS :
(Moules)

Ouverture de l'angle spiral	115°
Hauteur totale	15 mm.
Par rapport à l'ensemble, hauteur du dernier tour	0,61
Diamètre	30 mm.
Nombre de tours dans un demi-diamètre	4

Coquille aplatie, bien plus large que haute. Spire composée de tours convexes, le dernier seulement fortement caréné vers le milieu. Face ombilicale très-convexe, ombilic point évasé. Bouche aplatie. Je ne connais pas le test.

RAPPORTS ET DIFFÉRENCES. Cette espèce pourrait être quelquefois confondue avec la *Pl. Bourgueti,* Ag., si l'on ne considérait que sa face supérieure. La forme très-particulière de sa face ombilicale, qui est remarquablement convexe au lieu d'être concave; la petitesse de son ombilic, et la carène, qui orne le milieu de son dernier tour, l'en séparent très-nettement. Ces caractères, joints à sa forme aplatie, ne permettent de confondre la *Pl. Saleviana* avec aucune autre espèce.

La *Pl. lima,* d'Orb., qui a quelques rapports avec elle, s'en distingue par son angle moins ouvert, son ombilic plus large, ses tours plus carénés et plans extérieurement. La figure représentant la face ombilicale de cette espèce n'en donne malheureusement pas une idée très-exacte; sa convexité très-remarquable n'a pu être suffisamment rendue, et l'ombilic est un peu trop évasé.

LOCALITÉ. La Varappe, assise n° 5. Très-rare.

Ma collection. Coll. Pictet.

Explication des figures.

Pl. III. Fig. 8, a, b, c. Moule intérieur, de grandeur naturelle.

PLEUROTOMARIA BOURGUETI, Agassiz.

(Pl. III, fig. 5 à 7.)

DIMENSIONS :

Ouverture de l'angle spiral, environ	120°
Hauteur totale	de 13 à 17 mm.
Par rapport à l'ensemble, hauteur du dernier tour	0,52 à 0,61
Diamètre maximum	43 mm.

Coquille très-aplatie, beaucoup plus large que haute. Spire formée de tours convexes à leur pourtour; le dernier, aplati et anguleux à sa partie supérieure, est bien plus grand que les autres; ils sont ornés de petites côtes longitudinales, assez saillantes, très-régulièrement espacées, entre lesquelles on remarque de fines stries transversales. Face ombilicale profondément concave, ombilic large, laissant voir une partie des tours. Bande du sinus peu prolongée, placée sur l'angle supérieur du dernier tour, moules lisses.

Il est à remarquer que ce n'est que dans les exemplaires assez complets pour qu'on puisse apercevoir la bande du sinus, que le dernier tour présente un aplatissement et un angle prononcé à sa partie supérieure. Les exemplaires qui ont tous les tours arrondis sont probablement incomplets.

RAPPORTS ET DIFFÉRENCES. Cette Pleurotomaire, par sa forme et son extrême aplatissement, se distingue facilement des autres espèces néocomiennes; elle a plus de rapports avec la *Pl. regina*, Pictet et Roux, et la *Pl. Rhodani*, d'Orb., de l'étage albien; elle s'en distingue par son angle spiral encore plus ouvert et les ornements de son test.

OBSERVATIONS. J'ai fait d'inutiles recherches pour découvrir si M. Agassiz avait décrit quelque part cette espèce, inscrite, sous le nom de *Cirrus Bourgueti*, Agassiz (inédit), dans le catalogue de M. Favre. D'après les renseignements qu'a bien voulu me fournir M. Louis Coulon à ce sujet, il paraîtrait que cette coquille avait été ainsi nommée par lui dans la collection du musée de Neuchàtel, et qu'elle avait été ensuite répandue par M. Agassiz sous ce nom de *Cirrus Bourgueti* dans les diverses collections. Elle n'a jamais été publiée.

Cette espèce paraît caractériser généralement le néocomien moyen; elle est abondante dans la plupart des gisements en Suisse et en France.

LOCALITÉS. La Varappe, Grande-Gorge, Petite-Gorge, la Croisette. Abondante à l'état de moule. Très-peu d'exemplaires ont conservé des fragments de test.

Assises nᵒˢ 1 (très-rare), 2 (rare), 3, 4 (très-abondante), 5 (plus rare), 6 (très-rare).

Explication des figures.

Pl. III. Fig. 5, a, b, c. Moule intérieur d'un individu de très-grande taille, mais auquel manque une partie
du dernier tour. De la collection de M. Pictet.

Fig. 6, a, b. .. Individu complet ayant conservé un fragment du test. De ma collection.

   » *6, c.* .... Morceau de test grossi.

Fig. 7. ...... Moule intérieur d'un individu du néocomien d'Auxerre; taille la plus fréquente.
Coll. Pictet.

Toutes ces figures sont de grandeur naturelle, sauf la fig. 6 c.

PLEUROTOMARIA LEMANI, de Loriol.

(Pl. III, fig. 9, a, b, c.)

DIMENSIONS :
(Moules)

Ouverture de l'angle spiral.	50°
Id. id. sutural	80°
Hauteur totale	35 mm.
Diamètre	23 »
Nombre de tours par demi-diamètre, à peine	2

Coquille très-conique, allongée, bien plus haute que large. Spire composée de tours non saillants, en gradins, très-aplatis extérieurement, lisses, ou légèrement striés dans les moules; le dernier est de plus fortement caréné à son pourtour. Face ombilicale striée légèrement, évidée en entonnoir. Ombilic très-petit, réduit presque à une simple perforation.

Bande du sinus en relief dans le moule, située vers le milieu des tours. Bouche haute, très-anguleuse. Je ne connais pas le test.

RAPPORTS ET DIFFÉRENCES. Cette espèce est bien distincte et nettement caractérisée ; elle appartient au même type que la *Pl. falcata,* d'Orb., de l'étage cénomanien ; celle-ci a la face ombilicale beaucoup plus convexe et les tours de spire plus arrondis.

LOCALITÉ. La Varappe, assise nᵒ 3. Peu abondante.

Ma collection. Coll. Pictet.

Explication des figures.

Pl. III. Fig. 9, a, b, c. Moule intérieur de grandeur naturelle. De ma collection.

Pleurotomaria Favrina, de Loriol.

(Pl. IV, fig. 1 et 2.)

DIMENSIONS:
(moules)

Ouverture de l'angle spiral.	70°
Id. id. sutural	65°
Hauteur totale extrême	70 mm.
Diamètre maximum	72 »
Par rapport à l'ensemble, hauteur du dernier tour.	0,26
Nombre de tours par demi-diamètre	2 ¹/₂

Coquille conique, presque aussi large que haute. Spire composée de tours légèrement saillants en gradins, plans extérieurement; le dernier est caréné à son pourtour; ils sont ornés, dans les moules bien conservés, de stries très-fines, visibles surtout à la face inférieure. D'après quelques traces laissées sur un exemplaire, il paraît que le test était également orné de côtes longitudinales fines et saillantes, avec des intervalles striés en travers. Face ombilicale formant une sorte d'entonnoir très-large, mais très-peu profond. Ombilic très-petit, entouré d'un fort bourrelet, lequel est séparé du reste de la face ombilicale par une dépression circulaire prononcée. Cette forme de l'ombilic rappelle tout à fait celle du moule de la *Pl. Thurmanni*, Pictet et Roux. Dans la coquille, cet ombilic n'était sûrement marqué que par une simple dépression, comme dans l'espèce précitée, car, dans quelques moules, je l'ai trouvé rempli par le test et non par la roche. Bande du sinus peu visible. Bouche rendue très-sinueuse par le bourrelet ombilical. Dans le jeune âge, l'angle spiral est un peu plus aigu que dans l'âge adulte.

RAPPORTS ET DIFFÉRENCES. Cette espèce, qui est voisine de la *Pl. Pailleteana*, d'Orb., par sa forme, s'en distingue clairement par sa bouche sinueuse et le caractère remarquable et très-spécial de sa face ombilicale. Ces mêmes caractères la séparent complétement des *Pl. Phydias*, d'Orb., et *gigantea*, d'Orb., avec lesquelles elle a également des rapports de forme. L'angle est en outre différent.

LOCALITÉS. La Varappe, la Grande-Gorge, assises nᵒˢ 4 et 5. Assez abondante. Ma collection. Coll. Pictet.

Explication des figures.

Pl. IV. Fig. 1, a, b. Moule intérieur d'un individu très-adulte. De la collection de M. Pictet.
Fig. 2, a, b. Individu plus jeune, ayant l'angle spiral plus aigu. De ma collection.
Ces figures sont de grandeur naturelle.

Pleurotomaria Phidias, d'Orbigny.

(Pl. V, fig. 1, a, b.)

SYNONYMIE.

Pleurotomaria Phidias, d'Orbigny, 1850, Prodrome, t. II, p. 70.

DIMENSIONS :
(Moules)

Ouverture de l'angle spiral	80° à 85°
Id. id. sutural	60°
Hauteur totale extrême	100 mm.
Diamètre maximum	130 »
Par rapport à l'ensemble, hauteur du dernier tour	0,32
Nombre de tours par demi-diamètre	2 ¹/₃

Coquille ordinairement plus large que haute. Tours de spire plans extérieurement, lisses dans le moule, se recouvrant exactement les uns les autres; le dernier est fortement caréné à son pourtour. Sutures simplement indiquées. Face ombilicale presque plane; ombilic très-petit. Bouche étroite.

RAPPORTS ET DIFFÉRENCES. La *Pleurotomaria Phidias* n'est connue que par une phrase du Prodrome de d'Orbigny, ainsi conçue : « Grosse espèce à ombilic non largement excavé, comme « chez la *Pleurotomaria Pailleteana,* Suisse (Neuchâtel). »

Malgré mes recherches, je n'ai pu en découvrir un exemplaire authentique. En revanche, M. Coulon a bien voulu mettre à ma disposition un échantillon de la *Pl. Pailleteana* des marnes néocomiennes de Neuchâtel, déterminé par d'Orbigny, et j'ai pu ainsi m'assurer que toutes les grosses Pleurotomaires que je rencontrais au Salève n'appartenaient pas à cette espèce; plusieurs présentent, au contraire, le caractère assigné par d'Orbigny à la *Pl. Phidias,* et j'en fais figurer ici un exemplaire sous ce nom, bien que cette espèce n'ait été caractérisée que d'une manière très-insuffisante par son auteur.

La *Pl. Phidias* se distingue essentiellement de la *Pl. Pailleteana* par la forme de la face ombilicale. Dans la première espèce, elle est presque plane, le dernier tour est légèrement déprimé vers son centre, où se trouve un ombilic étroit qui n'a que 0,18 du diamètre de la base. Dans la seconde espèce, la face ombilicale est largement creusée en entonnoir, et l'ombilic a 0,26 du diamètre de la base; en outre, la bouche est plus haute, les tours de spire sont moins plans extérieurement, et disposés en gradins avec de légers replats aux sutures, ce qui n'est pas suffisamment indiqué dans la figure de la *Paléontologie française.* Il faut encore observer que le moule de la *Pl. Phidias* ne porte aucune trace des stries que présente celui de la *Pl. Pailleteana.*

LOCALITÉ. La Varappe, assise n° 5. Assez rare.

Ma collection. Coll. Pictet.

42

Explication des figures.

Pl. V. *Fig. 1, a, b.* Individu réduit, à l'état de moule intérieur. De la collection de M. Pictet.

PLEUROTOMARIA PAILLETEANA, d'Orbigny.

SYNONYMIE.

Pleurotomaria Pailleteana, d'Orb., 1842, Paléont. franç., Terr. crét., t. II, p. 241, pl. 189.
     Id.   •   d'Orb., 1850, Prodrome, t. II, p. 70.

DIMENSIONS :
(Moules)

Ouverture de l'angle spiral . . . . 80 à 85°
Hauteur totale extrême . . . . 85 mm
Diamètre maximum . . . . 80 »

Coquille un peu plus haute que large, conique. Spire composée de tours légèrement convexes extérieurement, ornés de stries dans les moules très-bien conservés, un peu disposés en gradins; le dernier est caréné à son pourtour; les sutures sont bien marquées. Face ombilicale fortement creusée en entonnoir. Ombilic étroit et profond.

RAPPORTS ET DIFFÉRENCES. En décrivant les espèces précédentes, j'ai indiqué les caractères qui les séparent de la *Pl. Pailleteana.* La *Pl. gigantea*, Sow., est aussi très-voisine de *cette* dernière. Les deux espèces paraissent nettement séparées, si on peut comparer des exemplaires complets; mais lorsqu'on n'a que des moules mal conservés, leur distinction est extrêmement difficile. La *Pl. gigantea* a son angle spiral plus aigu, la carène du dernier tour est encore plus forte, et la face ombilicale moins excavée. Les moules ne sont pas striés.

OBSERVATIONS. Les Pleurotomaires de grande taille qui se rencontrent assez fréquemment dans les marnes du néocomien moyen, sont difficiles à bien déterminer, car, à ma connaissance du moins, il n'en a pas encore été rencontré d'exemplaire pourvu de son test, et les moules ont assez de ressemblance entre eux. Comme je l'ai déjà dit, j'ai pu étudier un exemplaire de la *Pl. Pailleteana* appartenant au musée de Neuchâtel et trouvé dans les environs de cette ville. Il avait été envoyé à d'Orbigny, qui l'a étiqueté de sa main. J'ai pu ainsi m'assurer de l'identité de mon espèce du Salève avec la *Pl. Pailleteana.* Elle n'est pas figurée très-exactement dans la *Paléontologie française.* L'exemplaire de Neuchâtel a les tours un peu plus convexes et plus saillants, en gradins les uns sur les autres. La face ombilicale est encore plus creusée autour de l'ombilic.

Je n'ai malheureusement pas à ma disposition d'échantillon du Salève assez complet pour pouvoir en donner une figure.

LOCALITÉ. La Varappe. Peu abondante. Ma collection. Coll. Pictet.

Genre ROSTELLARIA, Lamarck.

Je n'ai pu découvrir au Salève aucune des espèces de Rostellaires précédemment connues; en revanche, trois nouvelles sont décrites ci-dessous. Il en existe encore une quatrième, qui est rare; je n'en connais aucun échantillon assez complet pour pouvoir être décrit.

ROSTELLARIA PICTETIANA, de Loriol.

(Pl. IV, fig. 5, 6, 7.)

DIMENSIONS :
(Moules)

Ouverture de l'angle spiral	20°
Id. de l'angle sutural	108°
Hauteur donnée par l'angle, sans le canal	43 mm.

Coquille très-allongée. Spire composée de tours convexes, légèrement anguleux, ornés en travers d'environ douze côtes tuberculeuses, allongées, saillantes dans le moule. La surface de la coquille était en outre couverte de petites côtes fines, flexueuses, très-rapprochées, ayant leurs intervalles légèrement striés en travers. Le dernier tour est pourvu vers son milieu d'une carène, d'abord faible, qui s'élève très-rapidement, devient tout à coup une véritable gibbosité et se continue, en s'affaiblissant un peu, jusqu'au labre. A partir de la naissance de cette carène, les côtes transversales cessent complétement. Une seconde carène existait probablement entre la première et le canal, mais elle était beaucoup plus faible et moins prolongée. Elle n'a laissé que de faibles traces dans le moule.

Canal et labre inconnus. Bouche paraissant triangulaire.

RAPPORTS ET DIFFÉRENCES. Cette espèce pourrait être rapprochée de la *R. Astieriana*, d'Orb., dont elle se distingue cependant assez facilement par ses tours peu ou point anguleux, sauf le dernier, qui est caractérisé par la singulière carène gibbeuse dont il a été fait mention. Sa taille est en outre constamment moins forte et ses côtes transversales moins nombreuses. Elle se rapproche aussi singulièrement de la *Rost. marginata*, Fitton, du gault, bien figurée par MM. Pictet et Roux, dans la *Description des fossiles des Grès verts de la Perte-du-Rhône*, pl. 25, fig. 5. Dans celle-ci, les côtes transversales sont beaucoup moins fortes et ne laissent pas de traces dans le moule; il n'y a qu'une seule carène sur le dernier tour, et l'angle spiral est moins ouvert. Il n'est pas possible d'indiquer avec certitude les caractères qui séparent mon espèce de la *Rost. Royeriana*, d'Orb., connue seulement par une brève description (*Paléonto-logie française*, Terr. crét., t. II, p. 298). Celle-ci est aussi pourvue d'une carène gibbeuse à son dernier tour, mais son angle spiral est très-différent (37° au lieu de 20°); elle est donc bien plus courte. En outre, la *Rost. Pictetiana* n'est point voisine de la *Rost. Robinaldina*, es-pèce abondante dans l'aptien de la Perte-du-Rhône et qui nous est bien connue.

LOCALITÉ. La Varappe, assise n° 3 Moules assez rares. Un seul exemplaire avec des frag-ments de test.

Explication des figures.

Pl. IV. *Fig. 5, a, b, c.* Individu avec une portion du test, de ma collection.

Fig. 6 . . . . . Individu vu de côté. Coll. Pictet.

Fig. 7 . . . . . Autre échantillon, remarquable par le développement de la gibbosité du dernier tour. Ma collection.

Ces figures sont de grandeur naturelle.

ROSTELLARIA ELEGANS, de Loriol.

(*Pl. IV, fig. 4, a, b.*)

DIMENSIONS :
(Moules)

Ouverture de l'angle spiral . . . . 23°

Id.   de l'angle sutural . . . . 101°

Hauteur donnée par l'angle, sans le canal . . . . 30 mm.

Coquille très-allongée. Tours de spire très-convexes, légèrement anguleux, orné de dix côtes transversales, tuberculeuses, allongées et saillantes, qui se continuent jusqu'au labre. Le der-nier tour présente la trace de deux légères carènes.

Labre et canal inconnus. Je n'ai encore trouvé que le moule intérieur.

RAPPORTS ET DIFFÉRENCES. Cette espèce se distingue facilement de la *Rostellaria Pictetiana* par son dernier tour, qui n'offre point de carène prononcée et gibbeuse comme dans cette es-pèce, et sur lequel les côtes transverses se continuent, en devenant plus saillantes, jusqu'au bord du labre.

J'ai d'abord été tenté de rapporter cette Rostellaire à la *Rost. scalaris* (*Paléont. franç.*, Terr. crét., t. II, p. 298), mais dans cette espèce tous les tours sont carénés et elle ne paraît pas ornée, comme la *R. elegans*, de côtes transversales saillantes et régulières.

LOCALITÉ. La Varappe, assise n° 3 Très-rare.

Explication des figures.

Pl. IV. *Fig. 4 a, b.* Moule intérieur de grandeur naturelle. De ma collection.

Rostellaria incerta, de Loriol.

(Pl. IV, fig. 11-12.)

DIMENSIONS :
(Moules)

Ouverture de l'angle spiral, environ . . . . 55°
Id.   de l'angle sutural . . . . 95°
Longueur approximative sans le canal. . . . . 25 mm.

Coquille oblongue. Spire composée de tours très-convexes, croissant rapidement ; le dernier est très-grand par rapport à l'ensemble. Ces tours sont ornés de tubercules allongés transversalement, distincts seulement sur les moules bien nets. Labre marqué d'une dépression assez forte. Canal probablement long. Aucune trace de carène sur les tours.

OBSERVATIONS. Je ne connais cette espèce, qui paraît bien distincte, que par des moules assez mal conservés. Comme elle est abondante dans les couches marneuses du Salève et qu'elle se retrouve dans le canton de Neuchâtel, je me décide à lui donner un nom et à la faire figurer, espérant que la découverte d'échantillons plus parfaits permettra plus tard de mieux préciser ses caractères. Elle ne peut guère être rapprochée d'aucune autre.

LOCALITÉ. La Varappe. Commune dans les assises nᵒˢ 3 et 4.

Explication des figures.

Pl. IV. *Fig. 11, a, b.* Moule intérieur un peu usé, mais dont la bouche est assez bien conservée.
Fig. 12, a, b. Moule intérieur montrant la disposition des tubercules.

Ces figures sont de grandeur naturelle et dessinées d'après des échantillons de ma collection.

Genre CHENOPUS, Philippi.

Ce genre, peu nombreux en espèces, ne m'en a offert qu'une seule, qui est nouvelle. Elle est très-rare au mont Salève, mais elle paraît plus abondante dans les environs de Neuchâtel.

CHENOPUS COULONI, de Loriol.

(Pl. IV, fig. 8, 9, 10.)

DIMENSIONS :

Hauteur sans le canal, environ . . . . 28 mm.
Ouverture de l'angle spiral. . . . . 20°
Largeur du dernier tour, sans le labre . . . . 13 mm.

Coquille allongée, turriculée. Tours de spire peu convexes, légèrement aplatis, lisses ou légèrement striés dans le moule; le test, à en juger par quelques fragments, était orné de petites côtes spirales, fines et régulières. Le dernier tour est très-grand, pourvu de deux carènes très-saillantes se prolongeant en digitations divergentes. Labre peu dilaté.

RAPPORTS ET DIFFÉRENCES. L'espèce que je viens de décrire ne peut être rapprochée que du *Pterocera Moreausiana*, d'Orb. Le *Chenopus Couloni* est plus allongé, ses tours de spire croissent beaucoup moins rapidement et ne sont pas carénés, sauf le dernier qui ne porte que deux carènes au lieu de trois. Le moule, lorsqu'il est incomplet et dépourvu des digitations du labre, se rapproche de celui de quelques Rostellaires dont le dernier tour est aussi bicaréné, mais dans celles-ci les autres tours de spire sont toujours ou carénés ou ornés de tubercules costiformes visibles dans le moule.

OBSERVATIONS. Je n'ai encore rencontré au Salève que des moules incomplets de cette espèce. L'exemplaire pourvu de ses digitations (fig. 9) appartient au musée de Neuchâtel; il a été trouvé à Hauterive par M. Louis Coulon, qui a eu l'obligeance de me le communiquer.

LOCALITÉ. La Varappe, assise n° 3. Très-rare.

Ma collection.

Explication des figures.

Pl. IV. Fig. 8 . . . . Moule intérieur incomplet, du Salève.
    Fig. 9 . . . . Individu présentant les digitations du labre et des fragments de test, de Hauterive. Coll. du musée de Neuchâtel.
    Fig. 10, a, b. Moule intérieur incomplet, de Hauterive. Coll. du musée de Neuchâtel.

Toutes ces figures sont de grandeur naturelle.

GENRE FUSUS, Bruguière.

Il n'a encore été cité que très-peu d'espèces appartenant à ce genre dans l'étage néocomien. On rencontre assez fréquemment au Salève des moules intérieurs qui correspondent parfaitement avec une espèce décrite par d'Orbigny.

FUSUS NEOCOMIENSIS, d'Orbigny.

(Pl. V, fig. 7, 8.)

SYNONYMIE.

Fusus neocomiensis, d'Orb., 1842, Paléont. franç., Terr. crét., t. II, p. 331, pl. 222, fig. 1.
    Id.   d'Orb., 1850, Prodrome, t. II, p. 71.

DIMENSIONS :

Ouverture de l'angle spiral. . . . . 60°
Longueur totale donnée par l'angle, environ. . . . . 30 mm.
Largeur du dernier tour. . . . . 15 »

Coquille allongée. Spire composée de tours anguleux séparés par des sutures très-profondes. Le dernier est fort grand par rapport à l'ensemble; il forme environ la moitié de la longueur totale. Ces tours sont ornés de dix à onze tubercules allongés, placés sur leur milieu; le dernier, outre une série de tubercules rapprochés de la base, porte encore plusieurs côtes longitudinales assez fines, près de la suture; elles deviennent de véritables carènes dans la partie supérieure de la coquille. Un exemplaire a conservé quelques débris de test; il paraît avoir été orné de fines stries longitudinales et transversales formant un petit treillis régulier. Canal droit et prolongé. Bouche large.

OBSERVATIONS. M. d'Orbigny n'a figuré ce Fuseau que pourvu de son test. Les moules du Salève reproduisent exactement la forme et les tubercules de cette espèce, et les quelques débris de test que l'un d'eux a conservé montrent qu'ils portaient les mêmes ornements; ils me paraissent donc appartenir certainement au *Fusus neocomiensis*. Je ne connais pas d'autre espèce qui puisse en être rapprochée.

LOCALITÉ. La Varappe, assise n° 3. Assez abondante; n° 4, plus rare.

Explication des figures.

Pl. V. Fig. 7. . . . . . Échantillon très-bien conservé, montrant les côtes du dernier tour. Coll. Pictet.
    Fig. 8, *a, b.* Autre échantillon de la même espèce, de ma collection.

GENRE COLOMBELLINA, d'Orbigny.

Ce genre a été établi par d'Orbigny en **1842**, dans la *Paléontologie française,* pour une coquille de l'étage néocomien de Marolles, à laquelle il en a adjoint une autre de l'étage cénomanien. Il paraît différer du genre *Colombella* par sa bouche souvent rétrécie au milieu, avec un canal prolongé à sa partie postérieure. Le labre est souvent denté.

J'ai trouvé dans le néocomien du Salève deux espèces dont je ne connais malheureusement pas le test, mais dont les moules intérieurs présentent des caractères suffisamment distincts pour qu'il soit possible de les rapporter avec certitude à ce genre.

COLOMBELLINA MAXIMA, de Loriol.

(Pl. V, fig. 2, 3, 4.)

DIMENSIONS :
(Moules)

Ouverture de l'angle spiral	55°
Hauteur totale	50 mm.
Largeur du dernier tour	29 »
Par rapport à l'ensemble, hauteur du dernier tour	0,73

Coquille oblongue; spire composée de tours convexes, séparés par des sutures profondes, ornés de tubercules allongés, en nombre variable. Le dernier est beaucoup plus grand que le reste de la spire. On y remarque une forte gibbosité à quelque distance du labre. La bouche a dû être fort étroite, très-sinueuse, comme le témoigne la dépression extraordinaire du labre dans le moule; elle se prolongeait à sa base en un canal très-prononcé, large et probablement assez long.

Le test n'est point conservé, quelques exemplaires présentent seulement des traces d'un treillis fin et régulier.

RAPPORTS ET DIFFÉRENCES. La taille de cette espèce est extrêmement supérieure à celle des deux Colombellines déjà connues. Aucun exemplaire ne mesure moins de 45 mm. de hauteur. Ce caractère ainsi que la forme de la bouche, qui a dû être extrêmement étroite, et dont le labre était infléchi en dedans, comme dans la *Colombellina ornata*, distinguent suffisamment notre espèce de la *Colombellina monodactylus*, d'Orb. La *Colombellina ornata*, d'Orb., n'était pas pourvue de tubercules.

LOCALITÉS. La Varappe, la Croisette. Rare.

Colombellina dentata, de Loriol.

(Pl. V, fig. 5, 6.)

DIMENSIONS :
(Moules)

Longueur . . . . environ 17 mm.
Largeur du dernier tour . . . . 8 »
Ouverture de l'angle spiral . . . . 50°

Coquille allongée; spire composée de tours arrondis, ornés en travers d'environ douze côtes saillantes, tuberculeuses; dans le dernier tour, qui est beaucoup plus grand que les autres, ces tubercules costiformes ne se trouvent que dans la partie inférieure. La bouche est étroite, resserrée; elle se prolongeait à la base en un canal étroit. De fortes empreintes sur le moule montrent que le labre était pourvu de quatre grosses dents saillantes, séparées par des intervalles presque aussi larges. La columelle est lisse, sans trace de plis.

RAPPORTS ET DIFFÉRENCES. Cette espèce se distingue tout d'abord des autres par sa forme allongée. La *Colombellina monodactylus*, d'Orb., qui en est voisine, est bien plus large proportionnellement à sa longueur. Son labre porte seulement les traces de cinq ou six plis, tandis que dans la *Col. dentata* il était pourvu de fortes dents écartées; sa bouche était en outre moins resserrée.

Depuis l'impression des planches, j'ai découvert de nouveaux échantillons bien caractérisés de cette espèce; je les ferai figurer dans un supplément.

LOCALITÉ. La Varappe, assise n° 3. Très-rare.

Ma collection, collection Pictet.

Explication des figures.

Pl. V. Fig. 5, *a, b*. Échantillon de grandeur naturelle, de ma collection.
      Fig. 6 . . . . Autre échantillon vu de côté pour montrer les impressions des dents sur le labre. Collection Pictet.

CLASSE DES MOLLUSQUES ACÉPHALES

Les mollusques acéphales sont ceux dont les restes se rencontrent le plus souvent dans le néocomien du Salève. Ils y sont abondants en espèces et en général aussi en individus. Malheureusement leur état de conservation laisse presque toujours beaucoup à désirer, les exemplaires pourvus encore de fragments de test sont très-rares. La détermination exacte des moules intérieurs, surtout lorsqu'ils ne sont pas très-nets, est souvent difficile; dans beaucoup de cas, ce n'est qu'en réunissant un grand nombre d'échantillons qu'il est possible de caractériser une espèce. J'ai dû en abandonner plusieurs, dont la détermination m'a été impossible. Plus tard, sans doute, l'étude complète des fossiles des autres gisements du néocomien moyen viendra jeter du jour sur ceux du Salève qui n'ont pu être encore déterminés, et de nouvelles recherches amèneront peut-être la découverte d'exemplaires plus complets.

S'il y a lieu, je les reprendrai dans un supplément.

ORTHOCONQUES, SINUPALLÉALES

J'ai à mentionner plusieurs espèces d'acéphales sinupalléales, dont la plupart sont représentées par un grand nombre d'individus. Ces mollusques vivent ordinairement enfoncés dans la vase, aussi les trouve-t-on assez généralement répandus dans l'étage des marnes d'Hauterive, mais seulement dans les assises supérieures; la zone inférieure n'en contient que de très-rares débris.

Genre PANOPÆA, Ménard.

Les Panopées sont très-abondantes au Salève, mais surtout dans l'assise n° 4; dans les marnes panachées supérieures à la marne verte, elles se trouvent généralement en place. Les espèces de ce genre sont difficiles à caractériser nettement, il faut les étudier beaucoup et en réunir de nombreuses séries pour pouvoir les distinguer. J'ai à mentionner cinq espèces dont plusieurs sont représentées par un très-grand nombre d'individus. Aucune n'est nouvelle. Je n'en ai fait figurer que deux, les autres l'ayant déjà été dans plusieurs ouvrages et me paraissant suffisamment connues.

PANOPÆA IRREGULARIS, d'Orbigny.

SYNONYMIE.

Panopœa irregularis, d'Orbigny, 1844, Paléont. franç., Terr. crét., t. II, p. 326, pl. 352, fig. 1-2.
Myopsis lateralis, Agass., 1845. Myes, p. 259, pl. 32, fig. 6-7.
Panopœa irregularis, d'Orbigny, 1850, Prodrome, t. II, p. 73.

DIMENSIONS :

Longueur totale.	85 mm.
Longueur du côté anal, par rapport à la longueur	0,70
Épaisseur. id.	0,49
Largeur id.	0,59
Angle apicial.	130°

Coquille oblongue, épaisse, marquée de sillons d'accroissement éloignés les uns des autres. Côté buccal court, arrondi. Côté anal allongé, tronqué. Bord palléal presque droit. Bâillement des valves très-considérable du côté anal, presque nul du côté buccal. Les flancs sont assez aplatis. L'épaisseur de la coquille ne diminue que légèrement depuis les crochets à l'extrémité anale.

RAPPORTS ET DIFFÉRENCES. Cette espèce se distingue assez facilement par le bâillement considérable de sa région anale, joint à sa forme allongée. La *Panopœa Carteroni,* avec laquelle on pourrait la confondre, est bien plus courte et plus épaisse. Dans le Prodrome, d'Orbigny a associé à sa *Panopœa irregularis* la *Myopsis lateralis* de M. Agassiz; il me semble en effet impossible de séparer ces deux espèces par quelque caractère suffisant. La *Myopsis lateralis* paraît seulement se rétrécir un peu davantage du côté anal. Ce caractère très-variable, comme je l'ai observé, n'est toutefois pas suffisant pour distinguer deux espèces.

LOCALITÉ. La *Panopæa irregularis* se trouve à la Varappe dans les marnes panachées ; elle y est assez commune.

PANOPÆA CARTERONI, d'Orbigny.

SYNONYMIE.

Panopæa Carteroni, d'Orb., 1843, Paléont. franç., Terr. crét., t. II,.p. 332, pl. 355, fig. 1-2.
  Id.   d'Orb., 1850, Prodrome, t. II, p. 73.
Myopsis curta, Agass., 1845, Myes, p. 260, pl. 32, fig. 1-3.

DIMENSIONS :

Longueur	environ	70 mm.
Épaisseur, par rapport à la longueur		0,58
Largeur id.	environ	0,70
Angle apicial		123°

Coquille courte, presque carrée, très-épaisse, couverte de sillons d'accroissement assez écartés. Côté buccal très-court, arrondi ; côté anal plus long, coupé carrément. Bord palléal légèrement arqué. Crochets saillants. Bâillement anal des valves très-considérable.

RAPPORTS ET DIFFÉRENCES. Cette Panopée pourrait être confondue avec la *Panopæa irregularis ;* elle s'en distingue par son épaisseur plus grande et sa forme courte et carrée. Les crochets sont, en outre, bien plus rapprochés de l'extrémité anale. Le bâillement très-grand des valves du côté anal la sépare des autres espèces crétacées.

LOCALITÉ. La Varappe, marnes panachées ; peu abondante.
Ma collection. Coll. Pictet.

PANOPÆA ARCUATA, Agassiz.

(Pl. VI, fig. 1 et 2.)

SYNONYMIE.

Myopsis arcuata, Agass., 1845, Myes, p. 258, pl. 31, fig. 13.
Non *Panopæa arcuata,* d'Orb., 1843, Paléont. franç., Terr. crét., t. II, pl. 335, fig. 3-4.

DIMENSIONS :

Longueur totale			72 mm.
Longueur du côté anal, par rapport à la longueur (moyennes)			0,70
Épaisseur.	id.	id.	0,46
Largeur	id.	id.	0,52
Angle apicial			123°

Coquille ovale, allongée, cunéiforme, marquée de plis d'accroissement prononcés, surtout sur les crochets ; elle est assez épaisse à la hauteur des crochets, puis s'amincit très-graduellement jusqu'à l'extrémité anale, où elle se termine en bec arrondi. Côté buccal court, arrondi, coupé un peu obliquement. Bord palléal très-arqué. Crochets saillants. Bâillement des valves peu prononcé du côté anal, presque nul du côté buccal. Test très-mince.

HISTOIRE. Cette espèce a été décrite pour la première fois par M. Agassiz, dans sa Monographie des Myes, sous le nom de *Myopsis arcuata*. Il rapportait à son espèce celle qui avait été décrite par d'Orbigny dans la Paléontologie française sous le nom de *Panopœa rostrata*, et figurée dans le même ouvrage sous celui de *Panopœa arcuata*. Ce nom d'*arcuata* a été abandonné par d'Orbigny, et il n'indique dans le Prodrome qu'une *Panopœa rostrata*. J'ai retrouvé au Salève la véritable *Panopœa rostrata* (Math.), d'Orb.; l'espèce décrite et figurée par M. Agassiz sous le nom d'*arcuata* en est bien distincte. Des échantillons donnés et déterminés par ce savant, de son *Myopsis arcuata*, sont conservés au Musée de Genève et m'ont servi à bien comprendre cette espèce. Malgré l'apparence de confusion qui pourrait en résulter, je n'ai pas voulu ajouter un nom nouveau à la synonymie et j'ai préféré garder celui de M. Agassiz, puisqu'il a été abandonné par d'Orbigny.

RAPPORTS ET DIFFÉRENCES. La *Panopœa arcuata* est voisine des *P. rostrata* (Math.), d'Orb.; *recta*, d'Orb.; *neocomiensis*, d'Orb. Voici les caractères qui me paraissent devoir servir à la séparer de ces espèces.

La *Panopœa rostrata* (Math.), d'Orb., a l'angle apicial beaucoup plus ouvert ; elle s'amincit brusquement à partir des crochets et n'est pas cunéiforme ; le côté buccal est en outre rostré.

La *Panopœa recta*, d'Orb., a le côté palléal droit et non arqué, ce qui rend l'extrémité anale bien plus pointue. Elle est lisse, tandis que la *P. arcuata* est toujours fortement plissée.

La *Panopœa neocomiensis*, d'Orb., est presque toujours plus petite, son côté buccal est plus élargi, plus oblique et séparé des crochets par un angle prononcé. Le bord palléal est beaucoup moins arqué.

La *Lutraria Volzii*, Math., paraît aussi avoir des rapports avec notre espèce ; ne la connaissant que par la figure, qui paraît assez imparfaite, je ne puis indiquer les différences.

LOCALITÉS. La Varappe ; les champs sous les Treize arbres ; la Croisette, et généralement toutes les localités où l'on rencontre le calcaire marneux : assises n°ˢ 2 et 3, rare ; n° 4, très-abondante ; n° 5, assez rare. Elle est en général bien conservée, et souvent avec le test.

Explication des figures.

Pl. VI. Fig. 1, a, b. Individu avec le test, de ma collection.
Fig. 2, a, b. Moule intérieur, musée de Genève.

Panopæa rostrata (Math.), d'Orbigny.

(Pl. VI, fig. 3.)

SYNONYMIE.

Lutraria rostrata, Matheron, 1842, Catal. des foss. des Bouches-du-Rhône, p. 139, pl. 12, fig. 6-7.
Panopœa rostrata, d'Orb., 1843, Paléont. franç., Terr. crét., t. II, p. 333, pl. 355, fig. 3-4 (sous le nom de
    P. arcuata).
    Id.   d'Orb., 1850, Prodrome, t. II, p. 73.

DIMENSIONS :

Longueur totale	90 mm.
Longueur du côté anal, par rapport à la longueur	0,77
Épaisseur. id.	0,44
Largeur id.	0,52
Angle apicial	146°

Coquille allongée, marquée de quelques lignes d'accroissement, très-épaisse et renflée à la hauteur des crochets, puis s'amincissant d'une manière très-brusque vers les extrémités. Région anale très-allongée, peu rétrécie, peu bâillante, extrémité anale arrondie. Côté buccal court, étroit, rostré. Bord palléal arqué, de même que le bord cardinal.

Observations. Cette espèce est rare au mont Salève, je n'ai eu que peu d'exemplaires à ma disposition ; aucun n'est très-bien conservé. Les dimensions que donne d'Orbigny sont légèrement peu différentes; cela tient peut-être à ce que le bel échantillon que j'ai mesuré est très-adulte ; son extrémité anale a été un peu écrasée, ce qui, je crois, la fait paraître plus large qu'elle ne l'était réellement. Le chiffre de 150° donné par d'Orbigny pour l'ouverture de l'angle apicial, ne concorde pas avec sa figure.

Rapports et différences. Cette espèce me paraît clairement caractérisée, par sa forme, ses proportions et surtout son amincissement très-brusque et non graduel, qui frappe davantage lorsqu'on place la coquille sur les crochets et qu'on la regarde du bord palléal. Ce caractère, propre à cette espèce, est bien rendu dans les figures de Mathéron et de d'Orbigny.

Localités. La Varappe ; les champs sous les Treize arbres. Rare.

Collection Pictet, Favre.

Explication des figures.

Pl. VI. Fig. 3. Individu très-adulte, de grandeur naturelle, de la collection de M. Pictet.

Panopæa neocomiensis, (Leym.) d'Orbigny.

SYNONYMIE.

Pholadomya neocomiensis, Leymerie, 1842, Mém. Soc. géol. de France, t. V, p. 3, pl. 3, fig. 4.
Panopæa neocomiensis, d'Orb., 1843, Paléont. franç., Terr. crét., t. II, p. 329, pl. 353, fig. 3-8.
Myopsis neocomiensis, Agass., 1845, Myes, p. 257, pl. 31, fig. 5-10.
Myopsis unioides, Agass., 1845, Myes, p. 258, pl. 31, fig. 11-12.
Panopæa neocomiensis, d'Orb., 1850, Prodrome, t. II, p. 73.

DIMENSIONS :

Longueur . . . . de 35 à 65 mm.
Longueur du côté anal, par rapport à la longueur . . . . de 0,62 à 0,72
Épaisseur . . . . . . id. 0,43
Largeur . . . . id 0,54
Angle apicial. . . . . 129°

Coquille oblongue, peu épaisse, marquée de sillons d'accroissement peu sensibles. Dans les exemplaires où le test est bien conservé, il est orné de petites côtes rayonnantes et granuleuses. Ce caractère ne peut être apprécié sur nos exemplaires du Salève; j'ai pu l'observer sur de très-beaux échantillons du département de l'Yonne que M. Pictet a bien voulu me communiquer. Le côté buccal est assez élargi, coupé obliquement et presque toujours séparé des flancs par un angle très-saillant qui part des crochets, ce qui rend la coquille un peu *donaciforme,* comme l'a très-bien fait observer d'Orbigny. Côté anal généralement cunéiforme, arrondi. Bord palléal peu arqué. Valves ordinairement peu bâillantes. Crochets toujours élevés et saillants. Flancs plutôt aplatis que bombés. La coquille diminue graduellement d'épaisseur en approchant de l'extrémité anale.

RAPPORTS ET DIFFÉRENCES. Cette espèce, abondante dans le néocomien, est plus facile à reconnaître qu'à bien préciser. Sa forme peu arquée la distingue des *Panopæa arcuata* et *rostrata.* Dans tous les exemplaires que j'ai eu sous les yeux provenant de diverses localités, les crochets sont élevés et saillants, et le côté buccal est séparé des flancs par un angle prononcé partant des crochets. Ces deux caractères lui donnent une forme particulière qui se retrouve toujours dans les exemplaires bien conservés. La position des crochets varie un peu, comme aussi le rétrécissement de la région anale, qui est plus ou moins grand. Le *Myopsis unioides* de M. Agassiz me paraît être bien évidemment la même espèce; en formant une série un peu nombreuse d'échantillons appartenant aux deux types, comme le dit lui-même M. Agassiz, les passages paraissent si insensibles, qu'il devient impossible de la couper.

LOCALITÉS. La Varappe, Grande-Gorge, Croisette, etc. Très-commune dans les assises nᵒˢ 2, 3 et 4; beaucoup plus rare dans les autres.

Genre PHOLADOMYA, Sowerby.

On trouve au Salève très-peu de Pholadomyes, deux espèces seulement, l'une nouvelle très-rare, l'autre déjà connue, mais peu abondante.

PHOLADOMYA ELONGATA, Münster.

SYNONYMIE.

Pholas giganteus, Sowerby, 1836, in Fitton, Trans. geol. soc., 2ᵉ série, IV, pl. 14, fig. 1.
Pholadomya elongata, Münster, 1841, Goldfuss, Petref. Germ., p. 270, pl. 157, fig. 3-6.
    Id.   Agass., 1842, Etudes crit., Myes, p. 57, pl. 1, fig. 16-17, et pl. 2, fig. 1-6.
Pholadomya Langii, Volz, Leym., 1842, Mém. Soc. géol. fr., t. V, p. 24.
Pholadomya elongata, d'Orb. 1843, Paléont. franç., Terr. crét., t. III, p. 350, pl. 362.
    Id.   d'Orb., 1850, Prodrome, t. II, p. 73.
    Id.   Pictet et Renevier, 1855, Paléont. suisse, Foss. de l'aptien de la Perte-du-Rhône,
        p. 61.

DIMENSIONS :

Longueur	130 mm.
Longueur du côté anal, par rapport à la longueur.	0,87
Épaisseur id.	0,40
Largeur id.	0,45
Angle apicial	138°

Coquille très-allongée, arquée, fortement bâillante, ornée d'un grand nombre de côtes rayonnantes droites, très-saillantes. Côté buccal très-court, arrondi ; côté anal tronqué obliquement et un peu élargi à son extrémité.

OBSERVATIONS. L'exemplaire qui m'a servi pour cette description est d'une taille et d'une conservation remarquable. Il appartient au type figuré par M. Agassiz sous le nom de *Pholadomya elongata.* Je n'ai pas les matériaux nécessaires pour pouvoir juger si la *Pholadomya Scheuchzeri,* Agass., doit être réunie à cette espèce, comme l'a fait d'Orbigny. J'observerai seulement que la *Pholadomya Scheuchzeri* se trouve presque toujours dans l'étage valangien. La rareté de la *Pholadomya elongata* au mont Salève est un fait assez remarquable ; je n'en connais que très peu d'exemplaires, et cependant les Panopées, qui avaient le même genre de vie, y sont très-abondantes. Dans les marnes néocomiennes du canton de Neuchâtel, cette Pholadomye est, en revanche, assez commune.

LOCALITÉ. La Varappe. Rare.

Ma collection. Coll. Pictet.

Pholadomya minuta, de Loriol.

(Pl. VII, fig. 3.)

DIMENSIONS :

Largeur . . . . 23 mm.
Longueur, par rapport à la largeur 0,87
Épaisseur,   id.   0,73
Angle apicial . . . . 80°

Coquille renflée, plus large que longue, ornée de plis concentriques réguliers et très-prononcés, et de trois ou quatre côtes rayonnantes sur la région buccale. Le côté anal est aminci,
arrondi à son extrémité ; le côté buccal court, large, séparé des flancs par une carène assez
marquée. Bâillement des valves assez considérable du côté anal, presque nul du côté buccal.
Crochets carénés très-saillants.

OBSERVATIONS. Je ne connais encore qu'un échantillon de cette jolie petite espèce, dont le
facies se rapproche de celui de certaines Pholadomyes jurassiques. Son état de conservation
ne permet pas d'apprécier tout le détail de ses ornements, mais sa forme est très-caractéristique.

LOCALITÉ. La Varappe, assise n° 5. Très-rare.
Collection Pictet.

Explication des figures.

Pl. VII. Fig. 3 a, b. Individu de grandeur naturelle. Moule intérieur.

Genre ANATINA, Lamarck.

Je n'ai à mentionner que deux espèces d'Anatines ; toutes deux sont très-
rares, et je n'en connais pas d'individus bien conservés. L'une a déjà été
décrite par M. Agassiz, l'autre paraît nouvelle.

Anatina Agassizii, d'Orbigny.

SYNONYMIE.

Platymya rostrata, Agass., 1842, Etudes critiq., Myes, p. 182, pl. 10, fig. 11-12 (non *Anatina rostrata,*
    Chemn.).
Anatina Agassizii, d'Orb., 1843, Paléont. franç., Terr. crét., t. III, p. 371, pl. 369, fig. 1-2.
Id.   d'Orb., 1850, Prodrome, t. II, p. 74.

8

Coquille allongée, couverte de gros sillons concentriques qui disparaissent près de l'extrémité anale. Bord palléal droit, s'arquant légèrement du côté anal. On remarque sur chaque flanc un profond sillon partant des crochets et se prolongeant obliquement du côté anal; il a été produit par la lame interne de la coquille. Brisure des crochets bien visible.

Observations. Je ne connais que trois échantillons de cette espèce, trouvés au mont Salève; deux appartiennent au Musée de Genève, l'autre à M. le professeur Favre, leur état de conservation est trop imparfait pour qu'il soit de quelque utilité de les faire figurer. L'un d'eux pourrait bien appartenir à la *Platymya dilatata*, Agass. (*Anatina dilatata*, d'Orb.). Il faut attendre de nouveaux renseignements pour pouvoir établir d'une manière certaine la présence de cette dernière espèce dans le néocomien du Salève. Il est assez extraordinaire que, parmi la quantité de fossiles que nous y avons recueillis pendant ces dernières années, M. Pictet et moi, il ne se soit rencontré aucun exemplaire de l'*Anatina Agassizii*.

Localité. Probablement la Varappe. Très-rare.

Anatina Orbignyana, de Loriol.

(Pl. VII, fig. 1.)

DIMENSIONS :

Longueur	50 mm.
Largeur, par rapport à la longueur	0,60
Épaisseur id.	0,34
Longueur du côté anal	0,50

N.B. Ces dimensions ne sont qu'approximatives vu l'état de conservation du seul échantillon connu.

Coquille comprimée, probablement équilatérale, ornée de sillons longitudinaux très-réguliers et très-marqués, qui disparaissent complétement sur le côté anal; côté palléal régulièrement arrondi, côté buccal se rétrécissant à partir des crochets et se terminant par une partie arrondie. Du sommet des crochets part de chaque côté une sorte de carène oblique obtuse, circonscrivant la région anale, laquelle est lisse, comprimée et rétrécie; cette carène n'est pas suffisamment indiquée dans la figure. Crochets très-proéminents, on ne peut voir leur brisure; en revanche, les sillons produits par la lame interne sont très-prononcés.

Observations. Cette espèce ne m'est connue que par un seul échantillon, dont l'état de conservation laisse à désirer. Malgré cette circonstance, il me paraît utile de la décrire, car les Anatines sont très-rares dans notre néocomien, et le facies de celle-ci est assez caractéristique. Elle diffère des autres par sa forme équilatérale, son côté anal singulièrement évidé à partir des crochets, lesquels sont très-proéminents. Elle appartient au genre *Cercomya* de M. Agassiz.

Localité. La Varappe, marnes vertes, assise n° 3. Très-rare.

Explication des figures.

Pl. VII. Fig. 1, a, b. Individu de grandeur naturelle, de ma collection.

59

Genre TELLINA, Linné.

Ce genre, peu abondant dans le néocomien, est représenté au Salève par une espèce; elle est assez rare, mais bien caractérisée.

Tellina Carteroni, d'Orbigny.

(Pl. VII, fig. 2.)

SYNONYMIE.

Tellina angulata, Desh., 1842, in Leym., Mém. Soc. géol. de France, t. V, p. 3, pl. 3, fig. 6, *a, b* (non
  angulata, Lin.).
Tellina Carteroni, d'Orbigny, 1843, Paléont. franç., Terr. crét., t. III, p. 420, pl. 380, fig. 1-2.
  Id.   d'Orb., 1850, Prodrome, t. II, p. 75.

DIMENSIONS :

Longueur . . . . 42 mm.
Largeur, par rapport à la longueur 0,50
Épaisseur   id.   0,25
Longueur du côté anal, id.   0,60
Angle apicial . . . . 150°

(Ces dimensions ont été prises sur un individu très-adulte.)

Coquille allongée, comprimée, inéquilatérale. Côté buccal arrondi, rétréci; côté anal plus long, terminé par une partie rostrée et très-amincie qui s'étend jusque près des crochets. Un angle très-prononcé sépare des flancs cette espèce de carène. Bord palléal presque droit, crochets peu saillants; flancs marqués de quelques sillons d'accroissement, et en outre, de chaque côté, à la hauteur des crochets, d'une dépression transversale.

OBSERVATIONS. Les dimensions que j'ai données diffèrent un peu de celles qui sont indiquées par d'Orbigny; cela tient peut-être à ce qu'elles sont prises sur un individu très-adulte. Les autres échantillons que je connais de cette espèce ne sont pas assez intacts pour qu'il soit possible d'en tirer une moyenne. La carène anale étant très-mince se brise fréquemment, ce qui change tout à fait le facies de la coquille.

LOCALITÉ. La Varappe. Assez rare. Toujours à l'état de moule intérieur.

Collection Pictet; ma collection.

Explication des figures.

Pl. VII. Fig. 2, a, b. Individu de grandeur naturelle, de la collection de M. Pictet.

Genre VENUS, Linné.

J'ai un nombre relativement assez considérable de Vénus à mentionner ici ; six espèces, dont trois nouvelles. Quelques-unes d'entre elles, surtout la *V. subbrongnartina,* sont assez communes. J'ai trouvé en outre plusieurs moules intérieurs d'acéphales qui me paraissent appartenir à ce genre, mais sur lesquels je n'ai pu reconnaître l'impression palléale et qu'il ne m'a été possible d'identifier avec aucune espèce décrite. Leur forme n'étant pas non plus assez caractéristique, j'ai préféré les laisser de côté jusqu'à ce qu'on en retrouve des individus plus complets.

Venus subbrongnartina, d'Orbigny.

(Pl. VII, fig. 4-5.)

SYNONYMIE.

Venus Brongnartina, Leymerie, 1842, Mém. Soc. géol. de France, t. V, p. 5, pl. 5, fig. 7, *a, b* (non *Brongnartina,* Payr.).
    Id.   d'Orbigny, 1843, Paléont. franç., Terr. crét., t. III, p. 432, pl. 382, fig. 3-6.
Venus subbrongnartina, d'Orbigny, 1850, Prodrome, t. II, p. 76.

DIMENSIONS :
(Moules)

Longueur moyenne	37 mm.
Largeur, par rapport à la longueur	0,72
Épaisseur id.	0,40
Longueur du côté anal, id.	0,65

Coquille ovale, comprimée, inéquilatérale. Côté buccal court et arrondi ; côté anal allongé, rétréci à l'extrémité, qui est arrondie. Crochets peu saillants. Sinus palléal profond. Impressions musculaires peu marquées. Le test est orné seulement de quelques lignes d'accroissement.

RAPPORTS ET DIFFÉRENCES. Voisine des *Venus Ricordeana* et *Robinaldina,* la *Venus subbrongnartina* diffère de la première espèce par son côté anal plus droit et ne s'arquant pas brusquement vers le bord palléal, de la seconde par son épaisseur moins grande et son bord palléal bien moins arqué du côté anal.

Observations. Cette espèce est assez abondante au Salève ; on l'y rencontre presque toujours à l'état de moule, très-rarement avec des débris de test. J'ai pu l'identifier avec des échantillons de Bettancourt conservés dans la collection Pictet. Les dimensions et la mesure de l'angle varient quelquefois un peu, la largeur surtout est, dans certains exemplaires, bien plus considérable que dans le type. J'ai fait représenter (pl. VII, fig. 4, *a*, *b*) un échantillon de cette variété large ; on la distinguera toujours de la *Venus Ricordeana* par son côté anal plus droit et non oblique.

Localités. La Varappe ; commune. Grande-Gorge. Surtout dans les assises n⁰ˢ 4 et 5.

Explication des figures.

Pl. VII. Fig. 4, *a*, *b*. *Venus subbrongnartina*. Individu de la variété large.
Fig. 5, *a*, *b*. Même espèce. Individu type.

Ces figures sont de grandeur naturelle et dessinées sur des échantillons de ma collection.

Venus Cornueliana, d'Orbigny.

(*Pl. VII, fig. 6-7.*)

synonymie.

Venus Cornueliana, d'Orbigny, 1843, Paléont. franç., Terr. crét., t. III, p. 436, pl. 383, fig. 10-13.
Id.   d'Orbigny, 1850, Prodrome, t. II, p. 75.

dimensions :

Longueur. . . . . 31 mm.
Largeur, par rapport à la longueur 0,72
Épaisseur. 0,55

Espèce allongée, oblongue, assez épaisse. Côté buccal court, étroit ; côté anal plus long, coupé carrément à l'extrémité, qui est déprimée. Bord palléal presque droit. Crochets petits. Corselet excavé, légèrement caréné sur les bords. Impressions musculaires peu visibles. Sinus palléal étroit et profond.

Rapports et différences. Cette Vénus est très-voisine de la *Venus Robinaldina*, d'Orb., et ce n'est pas sans quelque doute que je donne ici l'espèce du Salève sous le nom de *Venus Cornueliana*. Je dois faire observer que les descriptions et les figures que d'Orbigny donne de ces deux espèces ne s'accordent pas entre elles. La *Venus Robinaldina* est décrite comme étant renflée, et la figure représente une espèce comprimée ; c'est le contraire qui a lieu pour la *Venus Cornueliana*. N'ayant pu me procurer des échantillons types de ces deux espèces, leur interprétation était pour moi très-difficile. L'espèce du Salève paraît toutefois pouvoir être rapportée presque avec certitude à la *Venus Cornueliana* ; elle en a la forme, et le côté anal élargi, carré à l'extrémité ; ce caractère n'est pas suffisamment indiqué dans la figure (pl. VII, fig. 6). Le bord palléal est en outre bien moins arqué que dans la *Venus Robinaldina*. Les dimensions ne coïncident pas parfaitement avec celles données par d'Orbigny dans sa description, mais elles s'accordent exactement avec celles des moules figurés dans la *Paléontologie française*.

J'ai fait représenter (pl. VII, fig. 7) un individu que je rapporte à la même espèce ; il est toutefois plus épais et les flancs sont très-arrondis ; l'extrémité anale n'est pas intacte ; dans la figure, les crochets sont trop éloignés de l'extrémité buccale.

LOCALITÉ. La Varappe. Assez rare. Je ne connais que des moules.

Explication des figures.

Pl. VII. Fig. 6, a, b. Individu bien conservé, à l'état de moule intérieur ; de ma collection.
Fig. 7, a, b. Variété plus épaisse.

Ces figures sont de grandeur naturelle.

VENUS ESCHERI, de Loriol.

(Pl. VII, fig. 9-10.)

DIMENSIONS :

Longueur .		32 mm.
Longueur du côté anal, par rapport à la longueur totale.		0,65
Largeur	id.	0,78
Épaisseur	id.	0,65
Angle apicial		105°

Coquille renflée, surtout dans la région anale. Côté buccal court, rétréci, un peu rostré. Région anale large, séparée des flancs par une carène mousse prononcée ; l'extrémité est coupée assez carrément. Région cardinale très-aplatie du côté anal. Corselet profondément excavé, fortement caréné au bord. Crochets épais. Sinus palléal large et peu profond. Bord palléal peu arqué. Le test paraît avoir été orné de faibles lignes concentriques.

RAPPORTS ET DIFFÉRENCES. Voisine de la *Venus Galdrina*, d'Orb., cette espèce s'en distingue par son côté anal beaucoup moins large et par son épaisseur plus grande. Sa forme renflée et élargie la séparent de la *Venus Cornueliana* type ; la variété s'en rapproche davantage, mais la *Venus Escheri* est toujours bien plus large et plus équilatérale, sa région anale est bien moins rétrécie, son bord palléal plus droit, son angle apicial moins ouvert, son corselet plus profond et beaucoup plus caréné ; en outre, la carène des flancs et l'aplatissement de la région cardinale lui donnent un facies très-spécial qui n'a pas été rendu très-exactement dans la figure.

LOCALITÉ. La Varappe. Assez rare ; on la trouve à l'état de moule intérieur. Un exemplaire a conservé des fragments de test.

Ma collection ; coll. Pictet.

Explication des figures.

Pl. VII. Fig. 9. Individu vu de côté, de ma collection.

Fig. 10. Individu vu sur la face cardinale, de la collection de M. Pictet.

Ces figures sont de grandeur naturelle.

VENUS VARAPENSIS, de Loriol.

(Pl. VII, fig. 8, a, b.)

DIMENSIONS :

Longueur	26 mm.
Largeur, par rapport à la longueur	0,76
Épaisseur id.	0,54
Longueur du côté anal, id.	0,57
Angle apicial	105°

Coquille triangulaire, presque équilatérale, peu comprimée. Côté buccal rétréci; côté anal un peu plus allongé, élargi et arrondi à son extrémité. Bord palléal assez arqué. Corselet caréné. Je ne connais pas le test.

RAPPORTS ET DIFFÉRENCES. Cette espèce, par sa forme trigone, se rapproche de la *Venus Cottaldina*, d'Orb., dont elle est bien différente par ses dimensions et par son côté buccal rétréci et son côté anal élargi ; c'est le contraire qui a lieu dans la *V. Cottaldina*.

LOCALITÉ. La Varappe. Très-rare. N'est connue qu'à l'état de moule.

Explication des figures.

Pl. VII. Fig. 8. Individu de grandeur naturelle, de la collection de M. Pictet.

VENUS THURMANNI, de Loriol.

(Pl. VIII, fig. 1-2.)

DIMENSIONS :

Longueur	29 mm.
Largeur, par rapport à la longueur	0,68
Épaisseur id.	0,52
Longueur du côté anal, id.	0,58
Angle apicial	123°

Coquille allongée, presque équilatérale. Côté buccal rétréci, très-évidé à partir des crochets. Région anale élargie, amincie à l'extrémité. Bord palléal presque droit. Corselet profond et caréné sur les bords. Crochets très-rapprochés.

RAPPORTS ET DIFFÉRENCES. Cette espèce, qui appartient par sa forme au type des Pullastra, se distingue facilement des autres par la longueur et le rétrécissement de son côté buccal et par sa forme générale longue et étroite. Je ne la connais malheureusement qu'à l'état de moule. Elle se rapprocherait un peu de la *Venus Cornueliana*, d'Orb., surtout de la figure que d'Orbigny donne de cette espèce avec son test (*Paléont. franç.*, t. III, pl. 383, fig. 10). Les moules en sont très-différents, soit par leurs formes, soit par leurs proportions.

LOCALITÉS. La Varappe, les Treize-Arbres, assises n°s 3 et 5. Rare.
Ma collection.

Explication des figures.

Pl. VIII. Fig. 1. Moule intérieur, vu de côté.
   Fig. 2. Individu de la même espèce, vu sur la face cardinale.

Ces figures sont de grandeur naturelle.

VENUS VENDOPERANA (Leym.), d'Orbigny.

(Pl. VIII, fig. 3.)

SYNONYMIE.

Lucina Vendoperana, Leymerie, 1842, Mém. Soc. géol. de France, t. V, p. 4, pl. 5, fig. 3, *a, b*.
Venus Vendoperata, d'Orb., 1843, Paléont. franç., Terr. crét., t. III, p. 435, pl. 384, fig. 7-10.
  Id.   d'Orbigny, 1850, Prodrome, t. II, p. 76.

DIMENSIONS :

Longueur	27 mm.
Longueur du côté anal, par rapport à la longueur	0,65
Largeur id.	0,82
Épaisseur id.	0,48
Angle apicial	113°

Coquille arrondie, peu comprimée. Côté buccal court, légèrement plus étroit que le côté anal. Bord palléal régulièrement arqué. Crochets élevés, rapprochés, presque droits.

RAPPORTS ET DIFFÉRENCES. Cette espèce se distingue de la *Venus Dupiniana*, d'Orb., dont elle est voisine, par sa largeur beaucoup plus grande ; elle est aussi plus épaisse.

LOCALITÉ. La Varappe, à l'état de moule intérieur. Rare.
Collection Pictet.

Explication des figures.

Pl. VIII. Fig. 3, a, b. Moule intérieur, de grandeur naturelle.

Genre THÉTIS, Sowerby.

Je n'ai trouvé au Salève qu'une espèce appartenant à ce genre remarquable ; elle est nouvelle, et se rencontre assez fréquemment.

THETIS RENEVIERI, de Loriol.

(Pl. IX, fig. 11.)

DIMENSIONS :

Longueur	28 à 30 mm.
Largeur, par rapport à la longueur	0,98
Épaisseur id.	0,78
Longueur du côté anal, id.	0,70
Angle apicial	96°

Coquille presque aussi large que longue, assez renflée, surtout à la hauteur des crochets, inéquilatérale ; le côté buccal plus court, arrondi ; le côté anal plus long, également arrondi, un peu dilaté à l'extrémité. Bord palléal régulièrement arqué. Crochets très-saillants, contournés à leur extrémité. Impressions musculaires à peine visibles. Impression palléale remontant à partir de l'impression musculaire anale et formant un sinus étroit qui se prolonge jusqu'à l'extrémité des crochets ; elle redescend ensuite jusqu'au tiers supérieur environ de la largeur et va regagner l'impression musculaire buccale en formant une ligne légèrement arquée. Je ne connais pas le test.

RAPPORTS ET DIFFÉRENCES. Les espèces connues de Thétis se ressemblent beaucoup par leur forme, il faut un examen minutieux pour pouvoir les séparer. Celle du Salève se distingue tout d'abord par son sinus palléal, qui remonte jusqu'à l'extrémité des crochets, bien plus haut que dans les autres espèces, comme j'ai pu m'en assurer par de bons échantillons. La forme du sinus palléal la sépare de la *Thetis major*, Sow., ses crochets sont beaucoup plus saillants que ceux de la *Thetis lævigata*, d'Orb., et elle est plus épaisse. Dans la *Thetis minor*, Sow., c'est le côté anal qui est le plus court, tandis que l'inverse a lieu dans la *Thetis Renevieri;* la *Thetis Genevensis*, Pict. et Roux., a les crochets encore plus élevés et l'impression palléale différente.

M. Rœmer (*Kreide-Geb.*, p. 72) a confondu sous le nom de *Thetis Sowerbyi* les trois espèces mentionnées dans d'Orbigny. Il pourrait se faire que l'espèce qu'il trouve dans le Hils du Hanovre fût la même que celle du Salève ; je ne puis en juger d'après sa seule description.

9

Localité. Au-dessous des Treize arbres, assise n° 5. Peu rare.
Collection Renevier; ma collection.

Explication des figures.

Pl. IX. Fig. 11. Moule intérieur de grandeur naturelle, de ma collection.

ORTHOCONQUES, INTÉGROPALLÉALES

Cette division des mollusques acéphales compte de nombreux représentants au Salève. Parmi les espèces mentionnées ci-dessous, il en est plusieurs qui sont très-communes, principalement dans les genres *Crassatella, Astarte, Cyprina, Corbis, Arca*, et j'ai dû en abandonner un certain nombre faute de renseignements suffisants.

Genre OPIS, Defrance.

Une seule espèce d'Opis a été décrite jusqu'ici dans l'étage néocomien; elle n'a pas encore été trouvée au mont Salève. En revanche, j'en ai rencontré une autre qui est abondante et bien caractérisée.

Opis Desori, de Loriol.

(Pl. VIII, fig. 4-7.)

DIMENSIONS :
(Moule)

Largeur	de 23 à 36 mm.
Longueur, par rapport à la largeur	0,87
Épaisseur, id.	0,75
Angle apicial	60°

Coquille transverse, triangulaire, inéquilatérale. Côté buccal le plus court, très-arrondi. Face buccale non excavée, présentant seulement une légère impression transverse sur chaque valve. Région anale allongée, rostrée; elle est séparée des flancs par une forte carène externe, très-oblique, partant du sommet des crochets et venant se terminer au bord palléal. Une seconde carène, interne, part également du sommet des crochets et se termine au bord cardinal. L'espace compris entre ces deux carènes est très-excavé, on y remarque de fortes impressions musculaires. Le bord palléal est très-arqué et arrondi du côté buccal, il se prolonge ensuite en une ligne presque droite jusqu'au point où l'extrémité du côté anal vient le couper presqu'à angle droit. Crochets très-allongés, fortement recourbés et rapprochés vers leurs extrémités; ils sont aplatis et creusés du côté anal et présentent du côté buccal une forte impression interne. Le test est inconnu, il devait être très-épais à en juger par la profondeur de l'impression palléale.

RAPPORTS ET DIFFÉRENCES. — L'espèce d'Opis que je viens de décrire se distingue nettement de l'*Opis neocomiensis*, d'Orb., par les caractères suivants :

1° Le côté buccal, dans l'*Opis Desori*, est beaucoup plus arrondi, sa face buccale n'est pas excavée, le côté anal est bien plus long et plus rostré.

2° Le bord cardinal forme, dans l'*Opis neocomiensis*, un angle très-aigu, comme j'ai pu m'en assurer par de bons échantillons de Marolles, dans l'espèce du Salève, il n'est que légèrement arqué; les crochets présentent, en outre, une impression interne buccale que je n'aperçois pas dans l'*Opis neocomiensis*.

3° L'*Opis Desori* a une taille constamment beaucoup plus forte. J'en ai sous les yeux vingt-deux exemplaires, dont le plus petit a une longueur de 23 mm. Les autres dimensions sont aussi bien différentes.

Par la forme arrondie de sa région buccale et ses autres caractères, cette espèce se distingue facilement des Opis du Gault et en particulier de l'*Opis Hugardiana*, d'Orb.

C'est à l'*Opis Desori* que doit probablement se rapporter la figure de M. Leymerie (Mém. Soc. géol. de France, t. V, pl. 5, fig. 4.)

OBSERVATIONS. Je n'ai pu encore trouver que des moules de cette espèce; ils sont assez bien conservés, toutefois, plusieurs exemplaires paraissent usés et déformés, si bien qu'on les prendrait au premier abord pour une espèce différente. J'en ai fait figurer un exemple (fig. 7), la région buccale est tout à fait usée et méconnaissable; une bonne série d'exemplaires permet de rattacher facilement au type ces échantillons incomplets.

LOCALITÉ. La Varappe, assises n⁰ˢ 3, 4 et 5. Assez abondant.

Ma collection; coll. Pictet.

Explication des figures.

Pl. VIII. Fig. 4 . . Individu présentant le côté buccal intact, le côté anal est brisé; de ma collection.
    Fig. 5, a. Individu dont la région anale est complète, la région buccale est un peu usée; de la collection de M. Pictet.
    Fig. 5, b. Le même, vu sur la face buccale.
    Fig. 5, c. Le même, vu sur la face anale.
    Fig. 5, d. Le même, vu sur la face cardinale.

Fig. 6, a. Autre individu, dont la région anale est un peu brisée. Ma collection.
Fig. 6, b. Le même, vu sur la face buccale, pour montrer quelle devait être l'épaisseur du test.
Fig. 7 . . Individu usé et déformé. Ma collection.

Toutes ces figures sont de grandeur naturelle.

Genre ASTARTE, Sowerby.

J'ai trois espèces d'Astartes à citer ici ; toutes les trois sont déjà connues et assez répandues dans le néocomien moyen. J'ai rencontré en outre quelques moules intérieurs qui appartiennent à des espèces de ce genre probablement nouvelles ; leur mauvais état de conservation ne me permet pas de les décrire.

Astarte transversa, Leymerie.

(Pl. VIII, fig. 9-10.)

SYNONYMIE.

Astarte transversa, Leymerie, 1842, Mém. Soc. géol. de France, t. V, p. 4, pl. 5, fig. 5.
    Id.   d'Orb., 1843, Paléont franç., Terr. crét., t. III, p. 61, pl. 261.
Astarte neocomiensis, d'Orbigny, 1850, Prodrome, t. II, p. 77.

DIMENSIONS :
(Moules)

Longueur . . . . 65 mm.
Largeur, par rapport à la longueur . . . . de 0,85 à 0,88
Longueur du côté anal, id.   0,63
Épaisseur   id.   0,53

Coquille plus longue que large, épaisse, inéquilatérale. Côté buccal plus court, arrondi ; côté anal coupé presque carrément, élargi. Crochets longs, inclinés du côté buccal. Test épais, orné de gros sillons concentriques. Labre crénelé.

HISTOIRE. Cette espèce, décrite pour la première fois dans le Mémoire de M. Leymerie, a été reprise et éclairée par d'Orbigny dans la *Paléontologie française*. Ce dernier auteur lui change son nom dans le *Prodrome*, lui donnant celui de *A. neocomiensis*, sans doute parce que M. de Koninck avait décrit une autre *A. transversa*, de l'étage carboniférien, un peu avant l'époque où parut le Mémoire sur le terrain crétacé de l'Aube. L'*A. transversa* de Koninck ayant passé dans le genre *Megalodon*, le nom donné par M. Leymerie à son espèce me paraît devoir lui être conservé.

M. Bronn, dans l'*Index Paleontologicus*, réunit cette espèce avec l'*A. obovata*, Sow., où il trouve une variété à labre lisse (*A. Beaumontii*, Leym.) et une variété à labre crénelé (*A. transversa*).

MM. Pictet et Renevier (Terrain aptien de la Perte-du-Rhône, p. 87) réunissent de même ces trois espèces. L'*A. obovata*, Sow., caractéristique du terrain aptien, dont j'ai pu examiner dans la collection de M. le professeur Pictet de bons exemplaires de la Perte-du-Rhône et du *lower green sand* d'Angleterre, me paraît différer par sa forme des espèces néocomiennes ; en outre, il me paraît difficile d'admettre que le caractère d'avoir le labre lisse ou de l'avoir crénelé ne puisse servir qu'à former deux variétés d'une même espèce. L'*A. Beaumontii* a très-positivement le labre lisse, j'ai pu m'en assurer sur un exemplaire très-complet de Marolles, sa forme est en outre différente.

RAPPORTS ET DIFFÉRENCES. Voisine de l'*A. Beaumontii*, Leym., l'*A. transversa* s'en distingue par son côté anal plus large, plus carré, moins allongé, et par son labre crénelé. L'*A. gigantea*, Desh., est bien plus équilatérale et a le labre lisse. L'*A. obovata*, Sow., a le côté anal beaucoup plus allongé et plus étroit, elle est en outre plus oblique.

LOCALITÉS. La Varappe, Grande-Gorge. Assez abondante. Presque toujours à l'état de moules, peu d'exemplaires ont conservé des lambeaux de test.

Explication des figures.

Pl. VIII. Fig. 9. Moule intérieur, de ma collection.

Fig. 10. Autre individu de la même espèce, de la collection de M. Pictet.

Ces figures sont de grandeur naturelle.

ASTARTE PSEUDOSTRIATA, d'Orbigny.

(Pl. VIII, fig. 8.)

SYNONYMIE.

Astarte substriata, Leym., 1842, Mém. Soc. géol. de France, t. V, p. 4, pl. 6, fig. 3 (non Bronn, 1831).

    Id.   d'Orb. 1843, Paléont. franç., Terr. crét., t. III, p. 67, pl. 263, fig. 5-8.

Astarte pseudostriata, d'Orb., 1850, Prodrome, t. II, p. 77.

DIMENSIONS :

Longueur	45 mm.
Longueur du côté anal, par rapport à la longueur	0,62
Largeur . . . . id.	0,84
Épaisseur . . . . id.	0,42

Coquille presque aussi large que longue, très-arrondie, inéquilatérale. Côté buccal plus court, un peu rétréci; côté anal élargi, très-arrondi. Crochets peu saillants. Lunule allongée. Toute la coquille est ornée de stries concentriques très-fines sur les crochets, devenant plus fortes et plus écartées en se rapprochant du bord palléal.

OBSERVATIONS. L'exemplaire du Salève qui m'a servi pour cette description se rapporte parfaitement à l'espèce figurée par M. Leymerie sous le nom d'*A. substriata*, il est seulement un peu moins épais et la lunule est un peu plus étroite. Il paraît que d'Orbigny n'a connu que des exemplaires de petite taille; il réunit à l'*A. substriata* l'*A. illunata*, Leym; je n'ai pas les matériaux nécessaires pour pouvoir juger de l'opportunité de ce rapprochement. Cette Astarte, par sa forme arrondie et la nature de ses stries, est facile à distinguer.

LOCALITÉ. La Varappe. Très-rare.

Explication des figures.

Pl. VIII. Fig. 8, a, b. Échantillon de grandeur naturelle ayant conservé une partie de son test, de ma collection.

ASTARTE SUBFORMOSA, d'Orbigny.

SYNONYMIE.

Astarte formosa, d'Orb., 1843, Paléont. franc., Terr. crét., t. III, p. 65, pl. 262, fig. 10-12.
Astarte subformosa, d'Orb., 1850, Prodrome, t. II, p. 77.

Je possède deux moules intérieurs trouvés à la Varappe, qui présentent tous les caractères de l'Astarte décrite par d'Orbigny sous le nom d'*A. formosa*, Fitton; je n'ai presque pas de doute sur cette détermination; toutefois ils sont trop imparfaits pour être décrits et figurés exactement. Je ne fais donc que citer cette espèce, espérant que de nouvelles découvertes viendront constater positivement son existence dans le néocomien du Salève.

GENRE CRASSATELLA, Lamarck.

J'ai à mentionner une belle espèce de Crassatelle, qui est commune et de grande dimension. Quelques échantillons, assez mal conservés, annoncent la présence d'une seconde espèce; je n'ai pas encore sur elle des renseignements suffisants pour pouvoir la décrire.

CRASSATELLA NEOCOMIENSIS, de Loriol.

(Pl. IX, fig. 1, 2, 3, 4.)

DIMENSIONS :
(Moules)

Longueur du plus grand échantillon complet. . . . . 60 mm.
Largeur, par rapport à la longueur 0,50
Épaisseur,   id.   0,30
Longueur du côté anal, id. 0,76
Angle apicial . . . . environ 150°

Coquille allongée, comprimée, très-inéquilatérale. Dans les moules, le bord cardinal s'abaisse du côté buccal, tandis que, du côté anal, il s'arque légèrement, puis se relève jusqu'à la hauteur des crochets en formant une carène tranchante. La région buccale est courte, rostrée, étroite et arrondie à l'extrémité. La région anale est élargie, amincie et spathuliforme, coupée un peu obliquement à l'extrémité. Le bord palléal est droit et garni d'une double rangée de crénelures fines et rapprochées du côté interne, très-marquées et espacées du côté externe. Le bord interne des valves était probablement crénelé sur tout son pourtour, le moule intérieur figuré l'était sur l'extrémité anale. Les impressions musculaires sont très-saillantes dans le moule ; l'anale est fort grande, son sommet est à la même hauteur que le sommet des crochets ; la petite buccale était profonde et rapprochée de la charnière. L'impression palléale est éloignée du bord. La coquille était ornée de côtes saillantes, formant du côté buccal une série de chevrons très-aigus.

RAPPORTS ET DIFFÉRENCES. C'est de la *Crassatella Robinaldina*, d'Orb., que cette espèce se rapproche le plus ; les exemplaires du Salève, quoique nombreux, ne présentent que des débris du test, de sorte qu'il ne m'est pas possible de juger de la forme que devait avoir la coquille lorsqu'elle en était pourvue. L'exemplaire figuré (pl. IX, fig. 1) permet de voir la disposition des côtes en chevrons du côté buccal, mais il est du reste très-mal conservé dans la région cardinale qui n'a pu être dégagée de la roche ; on ne peut donc rien en conclure relativement à la forme que devait avoir la coquille. En revanche, les moules intérieurs sont très-bien conservés ; ils diffèrent beaucoup de celui de la *Crassatella Robinaldina* et notamment par les caractères suivants :

1° Le côté buccal est rostré et très-rétréci.

2° Le bord cardinal forme une carène élevée du côté anal, au lieu de s'abaisser comme dans la *Crassatella Robinaldina*.

3° La région anale est élargie et spatuliforme, et non rétrécie et acuminée.

4° L'impression musculaire anale est beaucoup plus relevée.

5° Les dimensions sont constamment presque doubles de celles qui sont indiquées pour la *Crassatella Robinaldina* ; l'épaisseur proportionnelle est beaucoup plus forte.

Enfin, les côtes, bien qu'imparfaitement connues, paraissent se comporter différemment ;

elles forment des chevrons sous un angle aigu et ne tendent point à se relever vers le bord buccal.

La belle Crassatelle figurée par MM. Pictet et Renevier (*Paléont. suisse*, Foss. du terr. aptien de la Perte-du-Rhône, pl. XI, fig. 2, p. 90), sous le nom de *Crassatella Robinaldina*, me paraît former une espèce intermédiaire entre cette dernière et celle que je viens de décrire.

LOCALITÉS. La Varappe ; assez abondante. La Grande-Gorge, assise n° 4 ; très-rare dans l'assise n° 5.

Explication des figures.

Pl. IX. Fig. 1. . . . Échantillon ayant conservé quelques débris de test, de la collection de M. Pictet.

Fig. 2, a, b. Moule intérieur, de ma collection.

Fig. 3. . . . Moule intérieur, montrant la denticulation du bord, id.

Fig. 4. . . . Jeune individu de la même espèce.

GENRE CARDITA, Lamarck.

J'ai trouvé deux espèces de Cardites, toutes deux à l'état de moule ; je crois pouvoir rapporter l'une à la *C. neocomiensis*, d'Orb., l'autre, qui est nouvelle, n'est encore qu'imparfaitement connue.

CARDITA NEOCOMIENSIS, d'Orbigny.

(Pl. IX, fig. 7.)

SYNONYMIE.

Cardita neocomiensis, d'Orb., 1843, Paléont. franç., Terr. crét., t. III, p. 85, pl. 267, fig. 1-6.

Id. d'Orb., 1850, Prodrome, t. II, p. 77.

DIMENSIONS :

Longueur du plus grand échantillon	14 mm.
Largeur, par rapport à la longueur	0,92
Épaisseur. id.	0,86

Coquille plus longue que large, presque carrée, renflée, très-inéquilatérale. Flancs bombés se déprimant subitement du côté anal, celui-ci très-long, coupé carrément à l'extrémité. Côté buccal extrêmement court. Le labre paraît avoir été crénelé.

OBSERVATIONS. Ce n'est qu'avec quelque doute que je cite ici cette espèce, dont je ne connais malheureusement que quelques moules. Ses dimensions sont un peu plus fortes que celles qui ont été données par d'Orbigny, mais la forme générale est identiquement la même. Je n'ai donc pas cru devoir omettre cette espèce, les Cardites étant rares dans l'étage néocomien, ni lui donner un nouveau nom, puisqu'il est extrêmement probable que c'est la *C. neocomiensis.* La découverte d'un exemplaire avec le test viendra peut-être dissiper cette incertitude.

LOCALITÉ. La Varappe, assise n° 4. Rare.

Ma collection ; coll. Pictet.

Explication des figures.

Pl. IX. Fig. 7. Moule intérieur de grandeur naturelle, de ma collection.

GENRE TRIGONIA, Lamarck.

Les Trigonies sont ordinairement assez communes dans l'étage des marnes d'Hauterive; au Salève, elles sont plutôt rares. J'en ai rencontré quatre espèces, dont une nouvelle; aucune n'est abondante. Il est excessivement rare de trouver des débris de test.

TRIGONIA CAUDATA, Agassiz.

SYNONYMIE.

Trigonia caudata, Agass., 1840, Trigonies, p. 32, pl. 7, fig. 1-3, 11-13.
  Id. d'Orb., 1843, Paléont. franç., Terr. crét., t. III, p. 133, pl. 287.
  Id. d'Orb., 1850, Prodrome, t. II, p. 78.
  Id. Pictet et Renevier, 1857, Paléont. suisse, Foss. du terr. aptien de la Perte-du-Rhône, p. 97, pl. 13, fig. 1-2.

Coquille plus longue que large. Côté buccal court, élargi ; côté anal bien plus long, prolongé en forme de rostre. Moule orné de côtes transverses, espacées. La face buccale présente un profond sillon interne sur chaque valve.

OBSERVATIONS. Je ne connais que quatre échantillons de cette espèce bien connue, provenant du mont Salève; trois font partie de la collection de M. Favre et un de celle de M. Pictet. Ce sont des moules intérieurs, et quoique dans un assez mauvais état de conservation, ils suffisent parfaitement pour établir la présence de cette espèce au mont Salève, d'autant plus que l'un d'eux a été déterminé par M. Agassiz. Il est curieux de voir cette Trigonie, si caractéristique du néocomien moyen, manquer presque complétement au Saléve. Malgré nos nombreuses recherches, je n'ai pu en retrouver un seul exemplaire.

LOCALITÉ. La Varappe, champs au-dessous des Treize arbres.

TRIGONIA LONGA, Agassiz.

(Pl. IX, fig. 5.)

SYNONYMIE.

Trigonia longa, Agass., 1840, Trigonies, p. 47, pl. 8, fig. 1.
Trigonia Lajoyei, Desh., 1842, in Leym., Mém. Soc. géol. de France, t. V, p. 7, pl. 8, fig. 4.
Trigonia longa, d'Orb., 1843, Paléont. franç., Terr. crét., t. III, p. 130, pl. 285.
 Id. d'Orb., 1850, Prodrome, t. II, p. 78.

Coquille plus longue que large, ornée de fortes côtes longitudinales partant du côté buccal et s'interrompant à la hauteur des crochets dans les individus adultes ; elles se continuent dans les jeunes sur la région anale. Côté buccal court, arrondi ; côté anal allongé, rétréci à l'extrémité.

LOCALITÉ. Cette espèce, facile à reconnaître, est très-rare au mont Salève. Je n'en connais que trois exemplaires ; deux sont des moules intérieurs mal conservés; ils ont été trouvés à la Varappe, dans les marnes panachées. M. E. Renevier m'a communiqué un troisième individu, jeune, mais ayant conservé son test ; il l'a trouvé près des Treize arbres, dans l'assise n° 5.

Explication des figures.

Pl. IX. Fig. 5. Jeune individu, de la collection de M. Renevier.

TRIGONIA CARINATA, Agassiz.

SYNONYMIE.

Trigonia carinata, Agass., 1840, Trigonies, p. 43, pl. 7, fig. 7-10.
Trigonia sulcata, Agass., 1840, Trigonies, p. 44, pl. 8, fig. 5-11, et pl. 11, fig. 16.
Trigonia harpa, Desh., 1843, in Leym., Mém. Soc. géol. de France, t. V, p. 8, pl. IX, fig. 7.
Trigonia carinata, d'Orb., 1843, Paléont. franç., Terr. crét., t. III, p. 132, pl. 286.
 Id. d'Orb., 1850, Prodrome, t. II, p. 78.

DIMENSIONS :

Largeur des adultes . . . . 75 mm.
 Id. des jeunes 37
Longueur, par rapport à la largeur. 0,66

Moules de forme triangulaire, lisses ou pourvus de côtes transversales lorsqu'ils sont bien conservés. Flancs séparés en deux parties par une carène saillante qui part des crochets et se termine au bord palléal. Cette carène, très-marquée dans les jeunes individus, s'efface avec l'âge, et les exemplaires bien adultes n'en portent presque pas de traces. Côté buccal beaucoup plus court, arrondi ; côté anal élargi, déprimé, marqué par une seconde carène peu saillante. Impressions musculaires anales très-marquées. Crochets allongés, triangulaires, rapprochés. Je n'ai pas trouvé d'exemplaires avec le test; ses ornements sont figurés dans les ouvrages précités.

Observations. Cette espèce, bien connue, est partout caractéristique du néocomien moyen. Décrite sous les deux noms de *Trigonia sulcata* et de *Tr. carinata* par M. Agassiz, d'après des moules intérieurs, elle a été très-bien représentée avec son test par d'Orbigny, qui réunit ces deux espèces en une seule, en lui conservant l'un des deux noms donnés par Agassiz.

Localité. La Varappe, assises n°s 4 et 5. Assez commune. M. Favre en a trouvé aussi un exemplaire à la Petite-Gorge, dans l'assise n° 1.

Trigonia rotundata, de Loriol.

(Pl. IX, fig. 6.)

DIMENSIONS :
(Moules)

Longueur.	40 mm.
Largeur, par rapport à la longueur	0,92
Épaisseur id.	0,57
Longueur du côté anal, id. environ	0,60
Angle apicial	140°

Coquille presque aussi large que longue, arrondie, presque équilatérale. Crochets droits, et écartés dans le moule. Impressions des dents de la charnière fortement marquées du côté buccal. Impressions musculaires anales très-saillantes. Test inconnu. Moule lisse.

Observations. Je n'aurais point songé à établir une espèce nouvelle sur un seul moule intérieur si sa forme insolite ne m'avait pas paru l'éloigner beaucoup des types de Trigonies fossiles connus, tout en la rapprochant singulièrement du type auquel appartient la *Trigonia pectinata*, Lam., vivante aujourd'hui. Le seul échantillon connu jusqu'ici est un moule intérieur trouvé au Salève, dans les champs au-dessous des Treize arbres, par M. E. Renevier, qui a bien voulu me le communiquer. Les grains verts dont il est semé paraissent indiquer qu'il provient du calcaire jaune ; c'est dans tous les cas un fossile du néocomien moyen. Il est un peu usé sur les bords, ce qui fait que les dimensions que j'ai données peuvent n'être pas parfaitement exactes. Ses crochets très-droits et sa forme remarquablement arrondie ne permettent de comparer cette espèce avec aucune autre. Il faut espérer que la découverte d'exemplaires plus parfaits et pourvus de leur test viendra préciser les caractères de cette Trigonie et fixer définitivement sa valeur comme espèce.

Explication des figures.

Pl. IX. *Fig. 6, a, b.* Moule intérieur de grandeur naturelle, de la collection de M. Renevier.

Genre CYPRINA, Lamarck.

Les Cyprines sont assez abondantes au Salève; deux des espèces que j'ai à mentionner sont nouvelles. J'en connais une quatrième espèce, nouvelle aussi, mais encore imparfaitement connue par quelques moules mal conservés.

Cyprina Bernensis, Leymerie.

(Pl. IX, fig. 8, a, b.)

SYNONYMIE.

Cyprina Bernensis, Leymerie, 1848, Mém. Soc. géol. de France, t. V, p. 5, pl. 5, fig. 6, *a, b.*
(?) *Cyprina rostrata*, d'Orbigny 1843, Paléont. franç., Terr. crét., t. III, p. 98, pl. 271 (non *rostrata*, Fitton).
Cyprina Bernensis, d'Orbigny, 1850, Prodrome, t. II, p. 77.

DIMENSIONS :

Longueur.	33 mm.
Largeur, par rapport à la longueur	0,88
Épaisseur id.	0,65

Coquille de forme un peu triangulaire, inéquilatérale. Le côté buccal est court et arrondi ; le côté anal plus long, tronqué et fortement aplati à l'extrémité ; ce méplat part des crochets et va se terminer au bord palléal, il est très-prononcé, plus que la figure ne l'indique. Crochets élevés, saillants, pas très-renflés, plutôt aplatis, ainsi que les flancs. Corselet largement et profondément excavé, bordé d'une carène prononcée. Impressions musculaires et palléales fortement marquées. Je ne connais que des moules.

OBSERVATIONS. Cette espèce est la véritable *Cyprina Bernensis*, Leym., parfaitement identique avec la figure donnée par M. Leymerie dans son Mémoire sur le terrain crétacé de l'Aube. Dans la *Paléontologie française*, d'Orbigny l'avait associée à la *Cyprina rostrata*, Fitton, et la décrit sous ce nom. Dans le *Prodrome*, il lui rend le nom de *Cyprina Bernensis* et lui donne pour synonyme sa propre *Cyprina rostrata*, bien différente de l'espèce anglaise. Il me paraît douteux que ce rapprochement soit fondé. L'espèce de la *Paléontologie française* est probablement différente de la *Cyprina Bernensis*, Leym. Des échantillons d'Auxerre et de Marolles, qui appartiennent évidemment à la *Cyprina rostrata*, d'Orb., ne ressemblent point à la figure de la *Cyprina Bernensis* qui se trouve dans l'ouvrage de M. Leymerie; le corselet est beaucoup moins excavé, les crochets plus renflés et les flancs arrondis, tandis qu'ils sont assez aplatis dans la seconde espèce.

Localité. La Varappe. Assez rare.

Ma collection ; coll. Pictet ; coll. Renevier.

Explication des figures.

Pl. IX. *Fig. 8.* Moule intérieur très-bien conservé, de grandeur naturelle, de la collection de M. Renevier.

Cyprina Marcousana, de Loriol.

(Pl. IX, fig. 9-10.)

DIMENSIONS :

Longueur	27 mm.
Largeur, par rapport à la longueur	0,92
Épaisseur id.	0,70
Longueur du côté anal, id.	0,59
Angle apicial	88°

(Ces dimensions ont été prises sur un exemplaire ayant le labre intact.)

Coquille presque aussi large que longue, arrondie, à peu près équilatérale, renflée surtout dans la région des crochets. Côté buccal arrondi ; côté anal un peu plus long, aplati vers l'extrémité et coupé un peu carrément. Bord palléal très-arqué. Labre mince, dilaté, surtout du côté buccal. Crochets renflés, larges, saillants. Côté du ligament excavé. Test inconnu, probablement épais.

Observations. J'ai trouvé au Salève de bons exemplaires de cette espèce, et M. Pictet a bien voulu m'en communiquer des échantillons encore plus parfaits du néocomien d'Auxerre, dont le labre est très-bien conservé ; il est dilaté, très-mince et sans trace de crénelures. Les dimensions données ont été prises sur ces exemplaires. Lorsque le labre n'existe pas, comme c'est généralement le cas, il faut calculer les dimensions en ajoutant pour le labre 4 mm. à la longueur de l'échantillon et 2 mm. à la largeur ; elles se rapportent alors parfaitement à celles qui sont indiquées plus haut.

Rapports et différences. La *Cyprina Marcousana*, par ses dimensions et sa forme arrondie, se distingue facilement de la *Cyprina Bernensis*, dont elle pourrait être rapprochée ;

en outre, elle n'est point aussi excavée du côté du ligament, ses flancs ne sont nullement aplatis et les crochets sont très-renflés et bien moins obliques du côté anal. Des exemplaires, même imparfaits, de ces deux espèces, seront séparés à première vue.

LOCALITÉ. La Varappe, assises nᵒˢ 3 et 4.

Collection Pictet ; ma collection.

Explication des figures.

Pl. IX. Fig. 9, a, b. Exemplaire du néocomien d'Auxerre, de la collection de M. Pictet.

Fig. 10. . . . Exemplaire du Salève, n'ayant pas conservé son labre ; de ma collection.

Ces figures sont de grandeur naturelle.

CYPRINA DESHAYESIANA, de Loriol.

(Pl. X, fig. 1 et 2.)

DIMENSIONS :
(Moules)

Longueur maximum	100 mm.
Id. moyenne	82 »
Largeur, par rapport à la longueur	0,87
Épaisseur, id.	0,65
Longueur du côté anal, id.	0,63
Angle apicial	87 à 90°

Coquille oblongue, un peu triangulaire, plus large que longue, peu renflée, inéquilatérale. Côté buccal le plus court, arrondi, légèrement rostré. Côté anal allongé, aminci à son extrémité qui est coupée obliquement. Bord palléal peu arqué. Crochets saillants, rapprochés, fortement contournés. Impressions musculaires buccales très-marquées, rapprochées du bord. Impressions musculaires anales fort grandes, également bien marquées. Impression palléale éloignée du bord. Une partie de la charnière a été conservée sur un échantillon ; elle parait composée de deux ou trois dents cardinales, dont il ne reste que des vestiges, et d'une forte dent latérale anale, accompagnée d'une fossette correspondante dans chaque valve. Le test était épais et marqué de stries d'accroissement fines, mais très-prononcées.

RAPPORTS ET DIFFÉRENCES. Voisine de la *Cyprina Ervyensis*, Leym., la *Cyprina Deshayesiana* s'en distingue par les caractères suivants : elle est plus épaisse, ses crochets sont plus droits, plus saillants, et moins rapprochés dans le moule ; son côté anal est moins allongé et son angle apicial différent. Je ne connais pas d'exemplaire de la *Cyprina Deshayesiana* entièrement pourvu de son test ; les moules des deux espèces dont j'ai pu comparer de très-bons exemplaires, se distinguent à la première vue. Il est également très-facile de séparer les moules de notre espèce de ceux de la Cyprine, décrite et figurée sous le nom de *C. rostrata*, Fitton, dans la *Paléontologie française*.

LOCALITÉ. La Varappe, la Grande-Gorge, la Croisette, assises n°s 4 et 5. Commune. Toutes les collections.

Cette espèce est abondante aussi dans les marnes néocomiennes des environs de Neuchâtel.

Explication des figures.

Pl. X. Fig. *1, a, b.* Moule intérieur, de grandeur naturelle, de la collection de M. le professeur Favre.
   Fig. *2, a.* . . Individu présentant une portion de test, de la collection de M. Renevier.
   Fig. *2, b.* . . Le même, vu du côté de la charnière. (La position de la coquille a été par mégarde intervertie.)

GENRE LUCINA, Brug.

Je n'ai rencontré qu'une seule espèce déterminable appartenant à ce genre. Il en existe au Salève encore une autre d'assez grande taille, dont je ne connais que quelques moules intérieurs très-incomplets.

LUCINA CORNUELIANA, d'Orbigny.

(Pl. X, fig. 3.)

SYNONYMIE.

Lucina Cornueliana, d'Orb., 1843, Paléont. franc., Terr. crét., t. III, p. 116, pl. 281, fig. 3-5 (sous le nom de *L. pisum*).
 Id.   d'Orb., 1850, Prodrome, t. II, p. 78.

DIMENSIONS :
(Moules)

Longueur	22 mm.
Largeur, par rapport à la longueur	0,88
Épaisseur, id.	0,45
Longueur du côté anal, id.	0,48
Angle apicial	126°

Coquille comprimée, assez allongée, inéquilatérale; le côté buccal est le plus long, il est arrondi et aminci à son extrémité; le côté anal est coupé un peu carrément; crochets peu saillants. Je ne connais pas d'échantillons ayant conservé leur test. Le moule est lisse, mais présente des traces de stries concentriques.

Rapports et différences. Par sa forme comprimée et par la brièveté de son côté anal, cette espèce se distingue assez facilement des autres. Ses ornements, que nous n'avons malheureusement pas, servent aussi à la faire bien reconnaître. Le seul exemplaire que j'aie encore trouvé de cette Lucine au Salève, est un peu plus grand que celui qui a été figuré par d'Orbigny, quoique conservant les mêmes dimensions proportionnelles.

Localité. Au-dessous des Treize arbres, assise n° 5. Très-rare.

Explication des figures.

Pl. X. *Fig. 3.* Moule intérieur de grandeur naturelle. De ma collection.

Genre CORBIS, Cuvier.

On ne rencontre au Salève qu'une seule espèce de Corbeille; elle est bien connue et très-caractéristique du néocomien moyen.

Corbis corrugata (Sow.), Forbes.

SYNONYMIE.

Sphæra corrugata, Sow., Min. Conch., pl. 335.
Venus cordiformis, Leymerie, 1842, Mém. Soc. géol. de France, t. V, p. 5, pl. 5, fig. 8, *a, b.*
Corbis cordiformis, d'Orb., 1843, Paléont. franç., Terr. crét., t. III, p. 111, pl. 279.
Corbis corrugata, d'Orb., 1850, Prodrome, t. II, p. 78.
Id.   Pictet et Renevier, 1858, Paléont. suisse, Terr. aptien, p. 76, pl. 8, fig. 3.

DIMENSIONS :
(Moules)

Longueur . . . . 72 mm.
Largeur, par rapport à la longueur 0.97
Épaisseur   id.   0,75

Coquille presque aussi large que longue, très-épaisse, cordiforme, presque équilatérale. Côté buccal plus court, un peu dilaté. Côté anal arrondi. Crochets très-saillants. Labre pourvu, dans le moule, de très-fortes crénelures. La coquille est ornée de gros plis concentriques dont on retrouve des traces sur les moules bien conservés. Test très-épais.

Observations. Cette espèce bien caractérisée, est abondante dans le Jura salinois, d'après M. Marcou, qui en fait l'un des fossiles typiques de sa zone moyenne des marnes d'Hauterive.

Au Salève, elle se trouve associée avec les mêmes espèces, mais elle y est moins commune. Elle ne s'y rencontre qu'à l'état de moule intérieur; quelques rares exemplaires ont conservé des fragments de test. MM. Pictet et Renevier l'ont retrouvée dans l'étage aptien à la Perte-du-Rhône.

LOCALITÉS. La Varappe, la Grande-Gorge, la Croisette. Assez commune.

GENRE CARDIUM, Brug.

Je n'ai réussi à déterminer avec certitude qu'une seule espèce de Cardium. J'ai recueilli en outre plusieurs moules qui appartiennent certainement à des espèces de ce genre, mais qui, plus ou moins incomplets, ne peuvent être décrits sans de nouveaux renseignements.

CARDIUM SUBHILLANUM, Leymerie.

(Pl. X, fig. 4.)

SYNONYMIE.

Cardium subhillanum, Leym., 1842, Mém. Soc. géol. de France, t. V, p. 5, pl. 7, fig. 2, *a, b*.
    Id.   d'Orb., 1843, Paléont. franç., Terr. crét., t. III, p. 19, pl. 239, fig. 7 et 8.
    Id.   d'Orb., 1850, Prodrome, t. II, p. 79.

DIMENSIONS :

Longueur . . . . 20 mm.
Largeur, par rapport à la longueur. 0,95

Coquille presque aussi large que longue. Côté buccal un peu plus court, arrondi; côté anal plus carré. Bord palléal légèrement crénelé dans le moule. Crochets peu obliques, recourbés. Le test est orné de stries fines, transverses.

RAPPORTS ET DIFFÉRENCES. Bien voisin du *Cardium peregrinorsum*, Leym. Le *Cardium subhillanum* s'en distingue par son bord palléal interne crénelé, et par les petites stries transverses qui ornent toute la surface du test. La comparaison directe des exemplaires de ce Cardium, trouvés au Salève, avec d'autres provenant de Marolles, m'a clairement démontré leur identité.

LOCALITÉ. La Varappe. Rare. Ma collection. Collection Pictet.

Explication des figures.

Pl. X. Fig. 4. Exemplaire ayant conservé quelques fragments de test. De ma collection.

Genre **UNICARDIUM**, d'Orbigny.

Ce genre a été créé par d'Orbigny pour des Cardium qui n'ont qu'une seule dent cardinale sur chaque valve et point de dents latérales. La charnière des Cardium variant beaucoup, il n'est pas certain si cette coupe devra être maintenue comme genre; elle fournit dans tous les cas une bonne subdivision dans le grand genre Cardium.

Je n'ai à citer qu'une espèce déjà connue.

Unicardium inornatum, d'Orbigny.

(Pl. XI, fig. 7.)

SYNONYMIE.

Cardium inornatum, d'Orb., 1843, Paléont. franç., Terr. crét., t. III, p. 24, pl. 256, fig. 3-6.
Unicardium inornatum, d'Orb., 1850, Prodrome, t. II, p. 79.

DIMENSIONS :

Longueur	52 mm.
Largeur, par rapport à la longueur	0,83
Épaisseur id.	0,64
Angle apicial	102°

Coquille ovale, un peu plus longue que large, presque équilatérale. Côté buccal le plus court, arrondi. Le côté anal est mal conservé dans l'exemplaire que j'ai sous les yeux; il était probablement élargi à l'extrémité. Crochets peu saillants, rapprochés. Bord palléal régulièrement arqué. Le moule offre la trace d'une légère dépression qui part des crochets et se termine vers l'extrémité anale.

OBSERVATIONS. Ce n'est pas avec une certitude absolue que je donne ici, sous le nom de *Unicardium inornatum,* le fossile du Salève que j'ai fait représenter. C'est un moule intérieur bien conservé, sauf l'extrémité anale qui n'est pas très nette. Sa surface ne présente que des traces très-légères de stries d'accroissement; on ne distingue pas les impressions musculaires et palléales. Sauf de légères différences de dimensions qui tiennent peut-être à ce que celles de d'Orbigny sont prises sur un échantillon avec le test, la forme est identique avec celle de la coquille figurée dans la *Paléontologie française*.

Je ne connais qu'un exemplaire de cette espèce; il appartient à M. le professeur Favre, qui l'a trouvé au-dessous des Treize arbres, dans l'assise n° 5.

Explication des figures.

Pl. XI. Fig. 7, a, b. Moule intérieur de grandeur naturelle, de la collection de M. Favre.

Genre ISOCARDIA, Lamarck.

J'ai à mentionner deux espèces : l'une, qui est bien connue, est extrêmement rare au Salève; l'autre, plus abondante, est nouvelle.

ISOCARDIA NEOCOMIENSIS (Agassiz), d'Orb.

SYNONYMIE.

Ceromya neocomiensis, Agassiz, 1842, Études critiques, Myes, p. 35, pl. 8, fig. 11-16.
Isocardia prælonga, Desh., 1842, in Leym., Mém. Soc. géol. de France, t. V, p. 6, pl. 8, fig. 3.
Isocardia neocomiensis, d'Orb., 1843, Paléont. franç., Terr. crét., t. II, p. 44, pl. 250, fig. 9-11.
Id.   d'Orb., 1850, Prodrome, t. II, p. 79.

Coquille trigone, plus large que longue, renflée. Crochets petits, contournés; au-dessous, sur la face buccale, se trouve une impression transverse assez profonde.

Je ne connais qu'un seul échantillon de cette espèce; il n'est pas assez bien conservé pour qu'il soit possible d'en donner des dimensions exactes, mais il l'est toutefois suffisamment pour que sa détermination ne puisse laisser aucun doute.

LOCALITÉ. La Varappe. Coll. Pictet.

ISOCARDIA STUDERI, de Loriol.

(Pl. X, fig. 5.)

DIMENSIONS :
(Moules)

Longueur	20 mm.
Largeur, par rapport à la longueur.	0,90
Épaisseur, id.	0,85
Angle apical	80°

Coquille plus longue que large, épaisse, inéquilatérale. Le côté buccal est plus court et arrondi. Crochets très-saillants, épais, rapprochés. Bord palléal arqué; l'impression palléale est très-marquée, les impressions musculaires sont également bien distinctes. Le moule présente des traces de fines stries transverses. Presque sous les crochets, du côté buccal, on remarque sur chaque valve une profonde impression linéaire en demi-cercle, semblable à celle qui se trouve chez les autres espèces du genre. Le côté anal porte aussi de chaque côté une impression bien marquée qui part du sommet des crochets et se prolonge sur presque toute la face anale.

Rapports et différences. Cette jolie petite espèce est facile à distinguer de l'*Isocardia neocomiensis* par sa forme qui est plus longue que large, au lieu d'être plus large que longue; elle est en outre moins équilatérale, ses crochets sont bien moins contournés, plus élevés et plus rapprochés dans le moule. Les impressions musculaires de l'*Isocardia Studeri* sont plus saillantes et sa taille constamment inférieure; elle ne présente pas de rapports avec les autres espèces d'Isocardes.

Localités. La Varappe, sous les Treize arbres, assises nᵒˢ 3, 4, 5. Assez commune. Collection Pictet. Ma collection.

Explication des figures.

Pl. X. Fig. 5, a. Moule intérieur de grandeur naturelle. De ma collection.
»   *5, b.* Le même, vu du côté des crochets.
»   *5, c.* Le même, vu sur la région buccale.

Genre NUCULA, Lamarck.

Une seule espèce de Nucule, très-rare, a pu être déterminée exactement. J'en possède encore un exemplaire d'une autre espèce, mais il est très-incomplet.

Nucula Cornueliana, d'Orbigny.

(Pl. X, fig. 6.)

SYNONYMIE.

Nucula Cornueliana, d'Orb., 1843, Paléont. franç., Terr. crét., t. III, pl. 300, fig. 6-10.
Nucula impressa, d'Orb., 1843, Paléont. franç., Terr. crét., t. III, p. 165.
Nucula Cornueliana, d'Orbigny, 1850, Prodrome, t. II, p. 79.

DIMENSIONS :
(Moules)

Longueur .	18 mm.
Largeur, par rapport à la longueur	0,67
Épaisseur id.	0,50
Angle apicial	100°

Coquille ovale, assez épaisse. Côté buccal court, rétréci; côté anal très-long, arrondi à son extrémité. Lunule assez profondément enfoncée dans le moule, celui-ci est lisse. La profondeur de l'impression palléale montre que le test était très-épais.

RAPPORTS ET DIFFÉRENCES. Cette espèce, voisine de la *Nucula planata*, Desh., me paraît s'en distinguer par son côté buccal beaucoup plus court et plus tronqué, et par son angle apicial moins ouvert. L'exemplaire du Salève correspond parfaitement à la *Nucula Cornueliana*, d'Orb., par l'ensemble de ses caractères; ses dimensions sont un peu différentes de celles indiquées par d'Orbigny; elles sont identiques avec celles que j'ai pu prendre sur des moules du néocomien d'Auxerre.

LOCALITÉ. La Varappe, assise n° 5. Très-rare.

Explication des figures.

Pl. X. Fig. 6, a, b. Moule intérieur, de grandeur naturelle, de ma collection.

GENRE ARCA, Linné.

Les Arches sont très-abondantes dans les assises n°s 2, 3 et 4; on en trouve aussi, quoique plus rarement, dans les assises n°s 5 et 6. J'en ai recueilli sept espèces. Deux sont déjà connues, j'en décris ci-dessous deux nouvelles; les trois autres, bien qu'assez communes, ne sont encore connues que par des exemplaires trop incomplets pour qu'ils puissent être décrits exactement. La distinction des espèces étant difficile dans ce genre, j'ai préféré n'en faire qu'une simple mention en attendant de nouveaux renseignements.

ARCA CORNUELIANA, d'Orbigny.

(Pl. X, fig. 7.)

SYNONYMIE.

Arca Cornueliana, d'Orbigny, 1843, Paléont. franç., Terr. crét., t. III, p. 208, pl. 311, fig. 1, 3.
    Id.   d'Orb., 1850, Prodrome, t. II, p. 80.

DIMENSIONS :
(Moules)

Longueur moyenne . . . . 27 mm.
Largeur, par rapport à la longueur 0,70
Épaisseur   id 0,63
Longueur de la facette du ligament, id. 0,65
Longueur du côté anal, id. 0,67

Coquille assez renflée, allongée, inéquilatérale. Côté buccal court, arrondi, un peu rostré, moins épais que le côté anal; celui-ci est coupé obliquement à son extrémité, qui présente deux échancrures. Deux carènes mousses partent des crochets en se dirigeant vers l'extrémité anale; elles circonscrivent deux dépressions très-marquées : dans l'une, la plus voisine du bord palléal, on remarque le sillon propre aux Cucullées. Les crochets sont peu saillants et rapprochés; leur sommet, dans tous les exemplaires que j'ai eus à ma disposition, est marqué dans le moule, d'un sillon court mais profond.

RAPPORTS ET DIFFÉRENCES. Cette espèce se rapproche beaucoup de l'*Arca Robinaldina,* d'Orb.; celle-ci, outre les ornements du test, s'en distingue par une carène externe très-aiguë. Les moules du Salève que j'ai pu examiner sont bien conservés, et leur détermination ne me laisse pas de doute. Aucun exemplaire n'a conservé son test.

LOCALITÉ. La Varappe, assises n°s 4 et 5. Assez rare. Collections Pictet, Favre. Ma collection.

Explication des figures.

Pl. X. Fig. 7, *a, b.* Moule intérieur, de grandeur naturelle, de ma collection.

ARCA SECURIS (Leym.), d'Orbigny.

(Pl. X, fig. 8.)

SYNONYMIE.

Cucullea securis, Leymerie, 1842, Mém. Soc. géol. de France, t. V, p. 6, pl. 8, fig. 6 et 7.
Arca securis, d'Orbigny, 1843, Paléont. franç., Terr. crét., t. III, p. 203, pl. 309, fig. 9 et 10.
    Id.   d'Orb., 1850, Prodrome, t. II, p. 80.

DIMENSIONS :
(Moules)

Longueur	20 mm.
Largeur, par rapport à la longueur	0,60
Longueur du côté anal, id.	0,70
Longueur de la facette du ligament, id.	0,80
Épaisseur, id.	0,56

Coquille assez allongée, peu épaisse, très-inéquilatérale. Côté anal de beaucoup le plus long, coupé un peu obliquement à son extrémité. Une très-forte carène partage la région anale en deux parties; celle qui se trouve comprise entre la carène et la facette ligamentaire est profondément excavée. Le côté buccal est court et arrondi; le côté palléal droit. Crochets petits et peu saillants. Moule marqué de quelques faibles stries rayonnantes. Je ne connais aucun exemplaire avec son test.

RAPPORTS ET DIFFÉRENCES. Cette espèce se rapproche beaucoup de l'*Arca carinata*, Sow., du gault, dont le côté anal est coupé bien plus obliquement. Les ornements sont différents dans les deux espèces, aussi la séparation des exemplaires qui ont conservé leur test est-elle assez facile. Lorsqu'on n'a que des moules intérieurs, leur distinction ne se fait point au premier coup d'œil. Les exemplaires du Salève sont bien conservés; ils sont un peu plus larges que celui de d'Orbigny, mais ils s'accordent parfaitement avec ceux qui ont été figurés par M. Leymerie.

LOCALITÉ. La Varappe, assises nᵒˢ 4 et 5. Rare. Ma collection. Coll. Pictet.

Explication des figures.

Pl. X. *Fig. 8*. Moule intérieur, de grandeur naturelle, de la collection de M. Pictet.

ARCA GRESSLYI, de Loriol.

(Pl. XI, fig. 1-3.)

DIMENSIONS :

Longueur moyenne	40 mm.
Largeur, par rapport à la longueur	0,80
Épaisseur id.	0,88
Longueur du côté anal, id.	0,81

Coquille épaisse, oblique, assez allongée, couverte de fortes côtes rayonnantes, inégales; d'autres côtes longitudinales viennent croiser les premières et former un treillis nettement accusé. Côté buccal court, presque droit; côté anal fortement caréné, allongé, coupé obliquement à son extrémité. Bord palléal peu arqué. On remarque sur la région anale, dans les

88

moules, un fort sillon linéaire indiquant dans la coquille une lame interne. L'écartement et la hauteur des crochets varient suivant les individus. La facette ligamentaire est large et très-longue; elle était marquée de plusieurs sillons formant des chevrons réguliers sur chaque valve, et des losanges lorsque les valves sont réunies. Le test était fort épais.

RAPPORTS ET DIFFÉRENCES. Cette espèce est extrêmement voisine de l'*Arca Gabrielis* (Leym.), d'Orb., et ce n'est qu'après de longues hésitations que je me suis décidé à l'en séparer. Je ne l'aurais point fait si je n'en avais eu à ma disposition plus de cent échantillons présentant tous les mêmes caractères, sauf de légères modifications individuelles. Voici les différences principales qui me paraissent exister entre les deux espèces :

1° Les dimensions proportionnelles de l'*Arca Gresslyi* ne s'accordent nullement avec celles de l'*Arca Gabrielis*. L'Arche du Salève est proportionnellement bien plus large et plus épaisse, et sa taille est cependant constamment beaucoup plus petite. Ce dernier caractère n'a que très-peu de valeur pris isolément; il en a davantage lorsque, comme dans ce cas-ci, une espèce très-commune dans une localité donnée s'y rencontre toujours avec une taille identique. Parmi les fossiles très-nombreux récoltés au Salève, que j'ai pu examiner, je n'ai pas vu un seul exemplaire de l'*Arca Gresslyi* dont la longueur dépassât 40 mm., tandis que celle de l'*A. Gabrielis* est de 100 à 125 mm.

2° Les ornements de l'*Arca Gresslyi* sont connus par plusieurs contre-empreintes et par un exemplaire revêtu en grande partie de son test; ils ressemblent à ceux de l'*A. Gabrielis* jeune, mais dans l'espèce du Salève, le treillis formé par les côtes longitudinales et transverses est plus prononcé, plus fin et plus régulier. Dans l'*A. Gabrielis* adulte, les côtes rayonnantes se perdent, dans l'*Arca Gresslyi* elles persistent et deviennent au contraire plus marquées lorsque le test, par le fait de l'âge, a acquis une grande épaisseur, ainsi que j'ai pu m'en assurer par des contre-empreintes bien conservées.

3° L'*Arca Gresslyi* est plus inéquilatérale, plus oblique; son côté buccal est plus court et presque droit, tandis qu'il est très-arrondi dans l'*A. Gabrielis*.

On ne pourrait guère rapprocher encore l'espèce du Salève que de l'*Arca obesa*, Pictet et Roux; les moules des deux espèces se ressemblent beaucoup, les ornements du test sont très-différents.

LOCALITÉ. L'*Arca Gresslyi* est extrêmement commune au mont Salève; elle s'y rencontre dans toutes les assises néocomiennes, sauf toutefois dans celle qui porte le n° 1 ; elle abonde surtout dans les assises n°s 3 et 4. On la trouve presque toujours à l'état de moule intérieur; peu d'exemplaires ont conservé une partie de leur test. En revanche, on rencontre beaucoup de contre-empreintes bien conservées et reproduisant tous les ornements extérieurs de la coquille.

Explication des figures.

Pl. XI. Fig. 1, a. Moule intérieur, vu de côté; de ma collection.

Fig. 1, b. Le même, vu sur la face cardinale.

Fig. 2... Jeune individu de la même espèce.

Fig. 3... Échantillon ayant conservé une portion de son test. De la collection de M. Pictet.

Ces figures sont de grandeur naturelle.

Arca Salevensis, de Loriol.

(Pl. XI, fig. 4, 5, 6.)

DIMENSIONS :

Longueur	de 30 à 40 mm.
Largeur, par rapport à la longueur.	0,90
Épaisseur id.	environ 0,80
Longueur du côté anal, id.	0,75
Longueur de la facette du ligament, id.	0,49

Coquille renflée, un peu carrée, presque aussi large que longue, inéquilatérale. Côté buccal court, arrondi; le côté anal est coupé très-carrément et forme un angle presque droit avec le bord palléal; il est séparé des flancs par une carène extrêmement prononcée qui part des crochets. Sur chaque valve on remarque un sillon profond sur la région anale qui dénote la présence d'une lame interne. Toute la coquille est couverte de côtes longitudinales et transversales formant un treillis. Sur la région buccale les côtes rayonnantes sont très-espacées; elles se serrent toujours davantage en se rapprochant du côté anal, et sur la région anale même elles sont extrêmement fines et serrées, de même grosseur que les côtes transversales avec lesquelles elles forment un réseau parfaitement régulier. Facette du ligament courte. Crochets élevés et fort rapprochés. Bord palléal peu arqué.

RAPPORTS ET DIFFÉRENCES. Par sa forme carrée, la brièveté de sa facette ligamentaire et ses ornements, cette espèce se distingue facilement des autres espèces néocomiennes. L'*Arca Gresslyi* a le côté anal bien plus oblique, et l'angle que la région anale forme avec les flancs est beaucoup plus ouvert, sa facette ligamentaire est plus longue, ses crochets plus écartés et les ornements de son test, surtout ceux de la région anale, sont autrement disposés.

LOCALITÉ. La Varappe, assises nᵒˢ 4 et 5. Assez rare; à l'état de moule intérieur ou de contre-empreinte; peu d'exemplaires ont conservé des fragments de test.

Ma collection. Coll. Pictet.

Explication des figures.

Pl. XI. *Fig. 4.* Contre-empreinte de grandeur naturelle.

    Fig. 5. Valve vue sur les crochets.

    Fig. 6. Fragment de test de la région anale, grossi.

Genre **PINNA**, Linné.

Je n'ai à citer qu'une espèce de grande dimension, elle est extrêmement rare.

PINNA SULCIFERA, Leymerie.

SYNONYMIE.

Pinna sulcifera, Leym., 1842, Mém. Soc. géol. de France, t. V, p. 8, pl. 9, fig. 9.
    Id.   d'Orbigny, 1843, Paléont. franç., Terr. crét., t. III, p. 250, pl. 329.
    Id.   d'Orbigny, 1850, Prodrome, t. II, p. 80.

Coquille assez épaisse, allongée, de grande taille. Les deux exemplaires trouvés au Salève sont incomplets : l'un a une longueur de 150 mm., l'autre une épaisseur de 50 mm. et une largeur approximative de 90 mm. Le test est très-épais, fibreux ; il est orné de vingt-quatre côtes rayonnantes, arrondies, très-saillantes, rapprochées, mais toujours moins larges que les intervalles sur le côté du ligament, écartées et s'effaçant insensiblement du côté palléal. Le moule reproduit faiblement la trace des côtes ; il est pourvu vers le milieu d'un large sillon longitudinal.

RAPPORTS ET DIFFÉRENCES. La *Pinna sulcifera* ne peut guère être confondue avec aucune autre, aussi je n'ai pas de doute sur l'identité des exemplaires du Salève. La figure de la *Paléontologie française* représente les côtes comme trop écartées et ne donne pas une idée de l'épaisseur du test. La figure de M. Leymerie est plus exacte.

LOCALITÉ. La Varappe. Très-rare. Ma collection. Coll. Pictet.

Genre **MYOCONCHIA**, Sowerby.

Ce genre, qui a commencé à apparaître de très bonne heure dans les couches terrestres et qui est maintenant perdu, compte des représentants assez nombreux dans l'époque jurassique. On n'en connaît encore que peu d'espèces appartenant aux étages crétacés, et une seule imparfaitement connue dans le néocomien.

Myoconcha Sabaudiana, de Loriol.

(Pl. XI, fig. 10.)

DIMENSIONS :

Longueur. . . . . environ   67 mm.
Largeur, par rapport à la longueur.   0,37

Coquille allongée, comprimée surtout du côté anal, où elle est dilatée et arrondie à l'extrémité. Côté du ligament pourvu d'un sillon sur chaque valve. Côté palléal évidé sur son bord. Impressions musculaires buccales peu marquées, surtout la plus petite, qui est placée à quelque distance du crochet. Je ne connais que des moules intérieurs.

RAPPORTS ET DIFFÉRENCES. Cette espèce se distingue de la *Myoconcha cretacea*, d'Orb., par son côté palléal plus aminci et plus dilaté, par ses impressions musculaires moins saillantes, et par sa région cardinale sillonnée.

OBSERVATIONS. Si les Myoconcha n'étaient pas si rares dans l'étage néocomien, je n'eusse point songé à établir une nouvelle espèce d'après quelques moules intérieurs dont l'état de conservation laisse à désirer. Ils sont suffisamment caractérisés toutefois pour pouvoir être facilement distingués. Une Myoconcha est citée par d'Orbigny dans le néocomien (*Prodrome*, t. II, p. 80) sous le nom de *Myoconcha neocomiensis*; il ne la caractérise qu'en disant qu'elle est voisine de la *Myoconcha crassa*. Cette phrase est trop brève pour qu'il me soit possible de savoir si cette espèce n'est pas peut-être la même que celle que j'établis ici.

LOCALITÉ. La Varappe, assise n° 3. Rare. Ma collection. Coll. Pictet.

Explication des figures.

Pl. XI. *Fig. 10, a.* Individu de grandeur naturelle, de la collection de M. Pictet.
  Fig. 10, b. Le même, vu sur la face cardinale.

Genre MYTILUS, Linné.

Outre les deux espèces mentionnées ci-dessous, j'ai encore recueilli un assez grand nombre de moules intérieurs qui paraissent appartenir au même genre. Leur mauvais état de conservation rend toute détermination impossible.

Mytilus sublineatus, d'Orbigny.

SYNONYMIE.

Mytilus lineatus, d'Orbigny, 1843, Paléont. franç., Terr. crét., t. III, p. 266, pl. 337, fig. 7-9.
Mytilus sublineatus, d'Orbigny, 1850, Prodrome, t. II, p. 81.
     Id.   Pictet et Renevier, 1858, Terr. aptien de la Perte-du-Rhône, p. 111.

DIMENSIONS :

Longueur . . . . environ   30 mm.

Coquille allongée, arquée, renflée, étroite, ornée de fines stries longitudinales croisées par des lignes d'accroissement. Il en résulte un treillis très-régulier. Un petit point enfoncé se trouve à l'intersection des lignes. La portion médiane de la région palléale est lisse. On observe en cet endroit une dépression assez forte.

Rapports et différences. Cette espèce a de l'analogie avec certains Mytilus vivants. Sa forme allongée, étroite, et l'espace lisse de sa région palléale, la distinguent suffisamment des *Mytilus Cornuelianus*, d'Orb., et *striato-costatus*, qui ont un système d'ornementation analogue. Dans le Prodrome, d'Orbigny indique un *Mytilus peregrinus* de l'étage cénomanien, qu'il a séparé du *Mytilus sublineatus;* je ne le connais point. Mes échantillons du Salève sont identiques avec la coquille figurée sous le nom de *M. lineatus* dans la *Paléont. franç.*, et avec des exemplaires de cette espèce du néocomien de Marolles. Je ne puis trouver de différence entre eux et ceux qu'on rencontre dans l'aptien de la Perte-du-Rhône.

Localité. La Varappe. Rare. Ma collection.

Mytilus subsimplex, d'Orbigny.

(Pl. XI, fig. 9.)

SYNONYMIE.

Modiola simplex, Desh., 1842, in Leymerie, Mém. Soc. géol. de France, t. V, p. 8, pl. 7, fig. 8.
Mytilus simplex, d'Orb., 1843, Paléont. franç., Terr. crét., t. III, p. 269, pl. 338, fig. 1 (non Defrance).
Mytilus subsimplex, d'Orb., 1850, Prodrome, t. II, p. 81.

DIMENSIONS :

Longueur . . . . 50 mm.
Largeur, par rapport à la longueur. 0,36

Coquille allongée, arquée, lisse. Côté anal élargi, déprimé, région palléale évidée.

Je n'ai trouvé au Salève qu'un seul échantillon de cette espèce, pourvu en partie de son test, dont le manque d'ornements est assez caractéristique. Le moule est de même entièrement lisse.

Localité. La Varappe. Très-rare. Ma collection.

Explication des figures.

Pl. XI. Fig. 9. Individu de grandeur naturelle.

Genre LITHODOMUS, Cuvier.

Les Lithodomes sont extrêmement rares au Salève : une seule espèce a été trouvée jusqu'ici.

LITHODOMUS AMYGDALOÏDES (Desh.), d'Orbigny.

(Pl. XI, fig. 8.)

SYNONYMIE.

Modiola amygdaloïdes, Desh., 1842, in Leym., Mém. Soc. géol. de France, t. V, p. 8, pl. 6, fig. 4.
Lithodomus amygdaloïdes, d'Orb., 1843, Paléont. franç., Terr. crét., t. III, p. 290, pl. 344, fig. 7-9.
    Id.   d'Orb., 1850, Prodrome, t. II, p. 81.

DIMENSIONS :

Longueur. . . . . environ   55 mm.
Largeur vers le milieu 23   »

Coquille allongée, comprimée, étroite du côté buccal; elle s'élargit rapidement et se rétrécit ensuite vers l'extrémité anale, laquelle reste toujours considérablement plus large que la région buccale. Test mince, orné simplement de plis d'accroissement.

Rapports et différences. Cette espèce se distingue assez facilement par sa forme étroite à l'extrémité buccale et rapidement élargie.

Observations. Je ne connais encore qu'un exemplaire de cette espèce. Il se trouvait emprisonné dans un moule en pierre étranglé à l'extrémité anale, arrondi à l'autre, et reproduisant exactement la forme de la cavité dans laquelle avait vécu le Lithodome. La coquille était bien conservée, seulement ses valves n'étaient plus exactement l'une sur l'autre.

Localité. La Varappe. Très-rare.

Explication des figures.

Pl. XI. Fig. 8. Individu de grandeur naturelle; de ma collection. L'extrémité anale est encore prise dans le moule en pierre qui contenait la coquille.

PLEUROCONQUES

Les mollusques acéphales de l'ordre des Pleuroconques abondent dans le néocomien du Salève. Les espèces sont assez nombreuses, mais le nombre des individus surtout est très-considérable. Les Peignes et les Huîtres, en particulier, ont rempli ces couches de leurs débris.

Genre LIMA, Bruguière.

On trouve beaucoup de Limes dans le néocomien du Salève, et en général les exemplaires bien conservés ne sont pas rares. Elles se montrent surtout abondantes dans les assises n° 2 (où la *Lima Picteti* se rencontre presque exclusivement), n° 4 et n° 5. Elles sont très-rares dans les autres couches. Je n'en connais aucun exemplaire de l'assise n° 1. Cinq espèces sont décrites ci-dessous, deux sont nouvelles.

Lima Carteroniana, d'Orbigny.

(Pl. XI, fig. 12.)

SYNONYMIE.

Lima Carteroniana, d'Orb., 1843, Paléont. franç., Terr. crét., t. III, p. 525, pl. 414, fig. 1-4.
    Id.   d'Orb., 1850, Prodrome, t. II, p. 81.

DIMENSIONS :

Largeur . . . . de 27 à 30 mm.
Longueur, par rapport à la largeur 0,63
Épaisseur   id.   0,46
Ouverture de l'angle apicial sans les oreillettes . . . . 76°

Coquille comprimée, oblongue, ornée de côtes rayonnantes, inégales, assez espacées, surtout du côté de l'oreillette anale, toujours plus étroites que les intervalles qui sont striés en travers. Côté buccal tronqué, excavé ; côté anal anguleux, presque sinueux.

RAPPORTS ET DIFFÉRENCES. Cette espèce, qui se rapproche beaucoup de la *Lima expansa*, Forbes, s'en distingue par ses côtes plus serrées, son côté buccal excavé sur chaque valve, et son côté anal anguleux et non arrondi. Les *Lima Royeriana*, d'Orb., et *parallela*, Sow., ont bien moins de côtes, et cette dernière a de plus, entre les principales, une petite côte intermédiaire qui n'existe point dans la *Lima Carteroniana*.

LOCALITÉS. La Varappe ; au-dessous des Treize arbres, assises n°s 4 et 5. Assez rare. Ma collection. Coll. Pictet.

Explication des figures.

Pl. XI. Fig. 12, a. Coquille de grandeur naturelle; de ma collection.
  Fig. 12, b. La même, vue sur la face buccale.

LIMA TOMBECKIANA, d'Orbigny.

(Pl. XI, fig. 11.)

SYNONYMIE.

Lima Tombeckiana, d'Orb., 1843, Paléont. franç., Terr. crét., t. III, p. 534, pl. 415, fig. 13-17.
  Id.   d'Orb., 1850, Prodrome, t. II, p. 82.

DIMENSIONS :

Largeur . . . . 16 mm.
Longueur, par rapport à la largeur 0,68

Coquille ovale, renflée, presque équilatérale, ornée de stries concentriques très-fines. Du sommet des crochets partent seize côtes presque droites, qui s'étendent sur le milieu de la coquille jusqu'au bord palléal. Ces côtes sont arrondies, peu espacées, garnies de petites aspérités imbriquées. Les deux oreillettes sont égales.

RAPPORTS ET DIFFÉRENCES. Cette espèce est voisine de la *Lima Dupiniana*, d'Orb. Cette dernière a moins de côtes rayonnantes, elles sont simples et beaucoup plus étroites.

LOCALITÉ. Au-dessous des Treize arbres, assise n°5. Très-rare. Coll. Renevier. Ma collection.

Explication des figures.

Pl. XI. Fig. 11. Échantillon de grandeur naturelle. De la collection de M. E. Renevier.

Lima Picteti, de Loriol.

(Pl. XII, fig. 1, 2, 3.)

DIMENSIONS :

Largeur du plus grand échantillon . . . . 90 mm.

Id. moyenne . . . . 75 »

Longueur, par rapport à la largeur. 0,80

Coquille arrondie, peu épaisse, ornée de huit à neuf grosses côtes rayonnantes, très-divergentes, et de lamelles d'accroissement prononcées. En passant sur les côtes, ces lamelles y forment de fortes écailles imbriquées, très-élevées, qui devaient se prolonger en pointes tubuleuses dans les exemplaires bien frais. Côté buccal peu tronqué. Région anale arrondie. Oreillettes presque égales, très-dilatées, fortement rugueuses, plissées et écailleuses. L'intérieur des valves est marqué par autant de sillons profonds qu'il y a de côtes extérieures. La fossette ligamentaire se trouvait portée par une sorte de talon probablement assez allongé. La charnière intacte n'est conservée sur aucun exemplaire. On la trouve heureusement reproduite sur une contre-empreinte de l'intérieur d'une valve que j'ai fait représenter.

RAPPORTS ET DIFFÉRENCES. La *Lima Picteti* est bien différente de toutes les autres espèces de Limes crétacées ; elle se rapproche au contraire beaucoup des *Lima proboscidea* , Sow., et *substriata*, Münster, de l'époque jurassique. Le nombre de ses côtes et sa taille ne permettent pas de la confondre avec la première de ces espèces, la seconde en diffère par ses ornements.

LOCALITÉS. Cette belle espèce est commune à la Varappe ; on la rencontre aussi à la Croisette, à la Grande-Gorge ; elle se trouve surtout dans l'assise n° 2 , dont elle est le fossile le plus caractéristique. Elle est plus rare dans les assises nᵒˢ 4 et 5. Je ne la connais pas encore des autres couches. Il est rare de trouver des exemplaires bien conservés, je n'en connais que deux. Les moules intérieurs, sur lesquels l'empreinte des grosses côtes est fortement marquée, sont très-abondants.

Explication des figures.

Pl. XII. Fig. 1. Exemplaire présentant la surface extérieure de la valve inférieure bien conservée. Collection de M. Pictet.

Fig. 2. Intérieur d'une valve. Ma collection.

Fig. 3. Contre-empreinte donnant en partie le détail de la charnière. Ma collection.

Ces figures sont de grandeur naturelle.

Lima Varapensis, de Loriol.

(Pl. XII, fig. 4, 5, 6.)

DIMENSIONS :

Largeur extrême. . . . . 70 mm.
Largeur moyenne . . . . 30 »
Longueur, par rapport à la largeur 0,80

Coquille ovale, transverse, presque équilatérale. Côté buccal non excavé, droit ou un peu arrondi ; côté anal régulièrement arrondi. Oreillettes assez grandes, toutes deux d'égale dimension. La coquille est couverte de côtes rayonnantes, un peu sinueuses, lisses, coupées très-régulièrement par de légères lames concentriques d'accroissement, peu rapprochées. Ces côtes sont séparées par des sillons plus étroits formés d'une série de petites fossettes ; on les distingue nettement dans les exemplaires bien frais et surtout dans le voisinage du sommet. Ces sillons paraissent simples dans les individus un peu usés.

RAPPORTS ET DIFFÉRENCES. Voisine par ses côtes légèrement sinueuses de la *Lima undata*, cette espèce s'en distingue par sa forme bien plus équilatérale, son côté buccal non excavé, ses oreillettes égales, et ses côtes non imbriquées et séparées par des sillons ponctués. Elle se rapproche également des *Lima longa*, Rœmer, et *rapa*, d'Orb. ; elle diffère de la première par ses oreillettes bien plus grandes, son côté buccal plus arrondi et non excavé, de la seconde par la disposition de ses côtes, et de toutes deux par sa plus grande largeur.

OBSERVATIONS. Cette Lime est assez abondante au Salève, il est rare toutefois d'en rencontrer des exemplaires parfaitement frais. Elle paraît atteindre une taille assez considérable : j'ai trouvé un individu, que je crois pouvoir lui être rapporté, qui n'a pas moins de 85 mm. de largeur. Lorsqu'on n'a que de mauvais échantillons, il est difficile de ne pas la confondre avec les espèces voisines, parce que, d'un côté, les caractères tirés des ornements du test ne peuvent être bien observés lorsque celui-ci est usé par le frottement, et que d'un autre, les oreillettes se rencontrent rarement intactes.

LOCALITÉS. La Varappe, Grande-Gorge. Commune.

Explication des figures.

Pl. XII. *Fig. 4.* Valve supérieure ; de ma collection.
    Fig. 5. Valve inférieure ; de la collection de M. Pictet.
    Fig. 6. Morceau de test, grossi.

Lima undata, Deshayes.

(Pl. XII, fig. 7 et 8.)

SYNONYMIE.

Lima undata, Desh., 1842, in Leym., Mém. Soc. géol. de France, t. V, p. 10, pl. 8, fig. 8.
Lima comata, Desh., id., p. 10, pl. 8, fig. 7.
Lima undata, d'Orb., 1843, Paléont. franç., Terr. crét., t. II, p. 528, pl. 414, fig. 9.
   Id.   d'Orb., 1850, Prodrome, t. II, p. 82.

Le seul exemplaire de cette espèce qui ait été trouvé au Salève est trop incomplet pour que je puisse en donner les dimensions. La coquille est ovale, transverse, bien plus étroite que la *Lima Varapensis.* Elle est ornée de côtes rayonnantes, nombreuses, onduleuses, beaucoup plus larges que leurs intervalles, couvertes de petites saillies imbriquées, très-régulières et très-prononcées. Ces côtes sont fort bien conservées dans mon exemplaire, et suffisent parfaitement pour caractériser l'espèce.

RAPPORTS ET DIFFÉRENCES. La *Lima undata,* voisine de la *Lima longa,* Rœmer, s'en distingue par son ensemble plus étroit et la différence d'ornementation de ses côtes. La *Lima Orbignana,* Math., s'en rapproche beaucoup aussi; elle paraît plus épaisse, ses côtes sont bien plus larges, et leurs intervalles sont ponctués jusqu'au bord palléal.

LOCALITÉ. La Varappe, assise n° 4. Ma collection.

Explication des figures.

Pl. XII. Fig. 7. Individu incomplet, le seul trouvé jusqu'à présent.
   Fig. 8. Fragment de test, grossi.

Genre AVICULA, Klein.

Je n'ai à citer qu'une seule espèce de ce genre; elle paraît très-rare.

Avicula Cottaldina, d'Orbigny.

SYNONYMIE.

Avicula Cottaldina, d'Orb., 1843, Paléont. franc., Terr. crét., t. III, p. 472, pl. 390.
   Id.   d'Orb., 1850, Prodrome, t. II, p. 82.

DIMENSIONS :

Largeur . . . . environ 90 mm.

Il n'a été encore trouvé au Salève, à ma connaissance, qu'un seul moule intérieur d'Avicule ; il est bien conservé et me paraît pouvoir être rapporté avec certitude à l'*Avicula Cottaldina*. Ce moule est allongé, presque droit, très-bombé, l'impression musculaire est profondément marquée, les ailes paraissent avoir été grandes.

L'*Avicula Carteroni*, d'Orb., très-voisine de cette espèce, est cependant plus large et moins bombée. L'*A. Allaudiensis*, Math., est beaucoup plus oblique.

LOCALITÉ. La Varappe. Très-rare. Collection Pictet.

GENRE PECTEN, Gualtieri.

Les Peignes étaient extrêmement abondants dans la mer qui déposa les couches qui font l'objet de ce travail. On en trouve dans toutes les assises ; ils ne sont un peu rares que dans l'inférieure n° 1 et dans la supérieure n° 6. Dans le grand nombre d'individus plus ou moins bien conservés qui sont venus à ma connaissance, j'ai pu clairement distinguer cinq espèces, dont une seule est nouvelle. Il en existe encore au moins trois autres qui ne sont point décrites ; je n'ai pu en obtenir jusqu'ici des exemplaires suffisamment complets pour pouvoir être caractérisés avec la précision nécessaire. L'une de ces espèces, de la taille du *Pecten Robinaldinus*, a la surface couverte de petites écailles imbriquées. L'intérieur des valves n'offre non plus que l'extérieur aucune trace de côtes. Une seconde espèce, de petite taille, est entièrement lisse ; la troisième se rapprocherait du *Pecten Carteronianus*.

PECTEN GOLDFUSSII, Deshayes.

(Pl. XIII, fig. 1 et 2.)

SYNONYMIE.

Pecten Goldfussii, Desh., 1842, in Leym., Mém. Soc. géol. de France, t. V, p. 10, pl. 8, fig. 9, *a, b.*
    Id.   d'Orb., 1843, Paléont. franç., Terr. crét., t. III, p. 582, pl. 429, fig. 1-6.
    Id.   d'Orb., 1850, Prodrome, t. II, p. 83.

DIMENSIONS :

Largeur . . . . 75 mm.
Longueur, par rapport à la largeur 0,85

Coquille arrondie, peu bombée, la valve inférieure l'est moins que la supérieure; celle-ci est ornée d'environ dix-neuf fortes côtes rayonnantes, simples, arrondies, portant de distance en distance des tubercules écailleux et saillants, couvertes, ainsi que leurs intervalles, de fortes lamelles d'accroissement. Sur la valve inférieure, on voit des côtes en nombre égal, mais bien différentes. Presque simples au sommet, elles se trouvent bientôt composées de trois côtes intimement réunies. Les deux latérales sont arrondies, la troisième médiane les unit, celle-ci est mince, saillante, garnie de petits tubercules assez rapprochés. Les intervalles sont marqués de deux sillons peu visibles. Toute la surface est couverte de stries concentriques. Les oreillettes sont très-grandes et fortement ridées en travers. Les moules intérieurs portent l'impression en relief des côtes, mais elles sont semblables sur l'une et l'autre valve.

RAPPORTS ET DIFFÉRENCES. Le *Pecten Goldfussii* est bien distinct des autres par la différence d'ornements de ses deux valves.

LOCALITÉS. La Varappe, Grande-Gorge. Assez abondante, surtout dans l'assise nᵘ 2. Beaucoup d'échantillons ont conservé leur test. J'en ai trouvé avec les valves réunies.

Toutes les collections.

Explication des figures.

Pl. XIII. Fig. 1. Valve supérieure; de ma collection.
Fig. 2. Valve inférieure; de la collection de M. Pictet.

Ces figures ont été par mégarde renversées.

PECTEN CARTERONIANUS, d'Orbigny.

(Pl. XIII, fig. 9 et 10.)

SYNONYMIE.

Pecten Carteronianus, d'Orbigny 1843, Paléont. franç., Terr. crét., t. III, p. 589, pl. 431, fig. 5 et 6.
Id. d'Orbigny, 1850, Prodrome, t. II, p. 83.

DIMENSIONS :

Largeur . . . . 40 à 47 mm.
Longueur, par rapport à la largeur. 0,80
Angle apicial, sans les oreillettes . . . . 83°

Coquille ovale, assez comprimée. Valves ornées d'environ trente côtes rayonnantes assez égales entre elles; cependant, celles qui avoisinent les deux extrémités sont plus étroites que les autres, et çà et là quelques-unes se dédoublent. La coquille est en outre couverte de rides concentriques, lamelleuses, dont quelques-unes, en passant sur les côtes, se relèvent en écailles plus ou moins prononcées. Ce caractère est variable : certains exemplaires ont leurs côtes simplement ridées, sans trace de tubercules, chez d'autres elles sont assez écailleuses. L'intervalle entre les côtes est un peu plus large que la côte elle-même, strié, et pourvu quelquefois d'une petite côte rayonnante simple. La valve supérieure est un peu plus bombée que l'autre ; elle présente du reste les mêmes ornements. Les oreillettes sont grandes, très-inégales, l'inférieure buccale est allongée, fort échancrée et pourvue de quelques petites côtes transverses. Le moule intérieur porte l'impression des côtes externes.

RAPPORTS ET DIFFÉRENCES. Le *Pecten Carteronianus* a certainement bien des rapports avec le *Pecten Archiacianus*, d'Orb. ; il en diffère par ses côtes plus nombreuses, plus égales, moins tuberculeuses et par sa forme plus arrondie.

OBSERVATIONS. Cette espèce, quoique commune, ne paraît pas varier beaucoup. Quelques exemplaires sont parfaitement identiques à la figure de d'Orbigny, d'autres ont leurs côtes assez tuberculeuses. Le nombre de ces côtes est à peu près toujours le même ; elles sont quelquefois un peu inégales. La surface des valves est toujours ridée d'une façon particulière.

LOCALITÉS. La Varappe, la Grande-Gorge, la Croisette, assises n°s 2, 3, 4, 5. Commune. — Petite-Gorge, assise n° 1. Rare.

Explication des figures.

Pl. XIII. Fig. 9. Valve supérieure de grandeur naturelle ; de ma collection.
      Fig. 10. Valve inférieure,   id.   id.

PECTEN ROBINALDINUS, d'Orbigny.

(Pl. XII, fig. 9 et 10.)

SYNONYMIE.

Pecten Robinaldinus, d'Orb., 1843, Paléont. franç., Terr. crét., t. III, p. 587, pl. 431, fig. 1-4.
    Id.   d'Orb., 1850, Prodrome, t. II, p. 83.

DIMENSIONS :

Largeur . . . . de 30 à 40 mm.
Longueur, par rapport à la largeur . . . . 0,75 à 0,83
Angle apicial . . . . 80 à 83°

Coquille ovale, comprimée. Valve supérieure ornée d'environ trente côtes rayonnantes, très-peu marquées, pourvues d'écailles rapprochées, saillantes, tendant à dépasser les bords de la côte et à devenir confluentes, formant ainsi des lames concentriques presque non interrompues. Ces côtes elles-mêmes et l'intervalle qui les sépare sont couverts de stries fines trèsobliques ou presque droites. La valve inférieure a les mêmes ornements que la supérieure, seulement en général les côtes sont un peu moins nombreuses, plus marquées, et les stries obliques sont plus limitées dans les intervalles. Oreillettes très-inégales. L'inférieure buccale est striée en travers et porte quelques petites côtes longitudinales. Le moule est lisse. La valve supérieure, que j'ai fait représenter, s'éloigne un peu du type en ce que ses côtes ne sont presque pas marquées et les tubercules écailleux assez écartés; toute la surface du test est couverte de stries presque droites.

RAPPORTS ET DIFFÉRENCES. Le *Pecten Robinaldinus* est voisin du *Pecten Oosteri*, de Loriol. On trouvera dans la description de cette espèce les caractères qui peuvent servir à l'en distinguer. Il se reconnaîtra toujours parmi les espèces voisines à ses deux valves semblables, à ses côtes à peine marquées, à ses stries obliques non limitées dans les intervalles, à ses écailles confluentes.

LOCALITÉS. La Varappe, la Grande-Gorge. Assez abondant et en général bien conservé.

Explication des figures.

Pl. XII. *Fig. 9.* Valve inférieure.
  Fig. 10. Valve supérieure, variété.

Ces figures sont de grandeur naturelle et dessinées d'après des échantillons de ma collection.

PECTEN OOSTERI, de Loriol.

(Pl. XIII, fig. 4, 5, 6, 7, 8.)

DIMENSIONS :

Largeur . . . . 33 mm.
Longueur, par rapport à la largeur 0,82
Angle apicial . . . . 80°

Coquille très-comprimée, aplatie. Valve supérieure un peu plus bombée, du reste semblable à l'inférieure. Elles sont ornées d'environ trente-cinq côtes rayonnantes très-étroites, très-fines et cependant bien marquées, pourvues de petites écailles de même largeur, sauf vers les bords où elles sont quelquefois un peu confluentes. Les intervalles sont au moins deux fois aussi larges que les côtes et couverts de fines stries obliques fort rapprochées, croisées par des lignes concentriques d'une grande finesse, formant un réseau très-léger, sur lequel se détachent nettement les côtes. Moule entièrement lisse.

RAPPORTS ET DIFFÉRENCES. Le Peigne que je viens de décrire appartient à un petit groupe d'espèces assez difficiles à distinguer, ornées de côtes rayonnantes nombreuses et de stries obliques dans les intervalles. A ce groupe appartiennent les *Pecten Robinaldinus*, d'Orb., *interstriatus*, Leym., *Aptiensis*, d'Orb., *Dutemplei*, d'Orb., etc.

Le *Pecten Oosteri* se distingue :

1° Du *Pecten Robinaldinus* par ses côtes moins nombreuses, plus fines, dont les écailles sont à peine confluentes, et par ses stries obliques confinées dans les intervalles intercostaux qui sont beaucoup plus larges.

2° Du *Pecten Aptiensis*, d'Orb. (in Prodr.), *interstriatus*, d'Orb. (Pal. fr.), lequel, comme le font observer MM. Pictet et Renevier (Foss. du terr. aptien de la Perte-du-Rhône, p. 132), n'est pas le *P. interstriatus*, Leymerie, par sa valve supérieure ornée d'au moins trente-cinq côtes au lieu de vingt-trois, et semblable à la valve inférieure.

3° Du *Pecten interstriatus*, Leym. (dont le nom devra être changé, parce qu'il y a un *P. interstriatus*, Münster, qui a la priorité), parce que ses côtes sont beaucoup plus fines, moins nombreuses, avec des intervalles beaucoup plus larges.

4° Du *Pecten Dutemplei*, d'Orb., en ce qu'il ne présente pas de petites côtes intermédiaires, et que le nombre des côtes principales n'est pas de soixante ou quatre-vingts, mais de quarante au plus.

OBSERVATIONS. Cette espèce, qui est abondante au Salève, ne m'a pas présenté de variations bien sensibles. Les côtes rayonnantes sont plus ou moins rapprochées suivant les individus. Leur caractère constant est d'être extrêmement étroites, et cependant bien marquées. Dans quelques exemplaires leur finesse est si grande, qu'elles se détachent à peine sur le réseau formé par les stries obliques et concentriques. Peut-être est-ce là seulement le fait de l'usure des exemplaires.

LOCALITÉS. La Varappe, la Grande-Gorge. Commune. Toutes les collections.

Explication des figures.

Pl. XIII. Fig. 4. Valve supérieure.
      Fig. 5. Valve supérieure.
      Fig. 6. Valve inférieure.
      Fig. 7. Valve inférieure.
      Fig. 8. Fragment de test grossi.

Ces figures sont de grandeur naturelle et dessinées d'après des échantillons de ma collection.

PECTEN COTTALDINUS, d'Orbigny.

(Pl. XIII, fig. 3.)

SYNONYMIE.

Pecten Cottaldinus, d'Orb., 1843, Paléont. franç., Terr. crét., t. III, p. 590, pl. 431, fig. 7-11.
    Id.   d'Orb., 1850, Prodrome, t. II, p. 83.

DIMENSIONS :

Largeur . . . . environ 65 mm.

Coquille presque aussi large que haute, arrondie. Valve supérieure plus bombée que l'autre.

Test mince, orné de stries concentriques régulières, ou plutôt de minces lames d'accroissement, et de stries rayonnantes interrompues par les lames. Moule lisse.

OBSERVATIONS. La détermination de cette espèce m'a beaucoup embarrassé. Le Peigne du Salève est, on pourrait le dire, intermédiaire entre le *Pecten crassitesta*, Rœmer, et le *Pecten Cottaldinus*. Ce n'est pas le *Pecten crassitesta*, il a le test trop mince et une forme plus allongée. D'un autre côté, ses stries rayonnantes sont plus fortes que ne semblerait l'indiquer la figure du *P. Cottaldinus* dans la *Paléontologie française*. J'ai du reste lieu de supposer que ces stries sont en réalité plus fortes que ne l'indique le dessin, puisque le *P. striata punctatus*, Rœmer, qui les a bien prononcées, est rapproché, par leur fait, du *P. Cottaldinus*. Dans tous les cas, le Peigne du Salève se rapproche tellement de ce dernier, qu'il me serait impossible de l'envisager comme une espèce distincte. On le trouve assez fréquemment, mais il est très-rare d'en rencontrer des exemplaires entièrement conservés : les oreillettes manquent presque toujours, et le test est si mince, qu'il se détache avec une extrême facilité.

LOCALITÉ. La Varappe. Peu rare. Toutes les collections.

Explication des figures.

Pl. XIII. Fig. 3. Valve probablement inférieure. De ma collection.

GENRE JANIRA, Schumacher.

Deux espèces de Janira ont été trouvées au Salève : l'une, qui est surtout caractéristique du néocomien moyen, est fort commune; l'autre, au contraire, est extrêmement rare.

JANIRA NEOCOMIENSIS, d'Orbigny.

(*Pl. XIV, fig. 2 et 3.*)

SYNONYMIE.

Janira neocomiensis, d'Orbigny, 1843, Paléont. franç., Terr. crét., t. III, p. 629, pl. 442, fig. 4 et 6-9.
    Id.   d'Orb., 1850, Prodrome, t. II, p. 83.

DIMENSIONS :

Largeur de mon plus grand échantillon . . . . 40 mm.
Longueur, par rapport à la largeur, dans le même. 0,87
Largeur moyenne . . . . 28 mm.
Longueur, par rapport à la largeur . . . . moyenne 0,88 à 0,92
Angle apicial . . . . 65°

Coquille trigone, à peu près aussi longue que large. Valve inférieure très-bombée, son cro-chet est épais et contourné; elle est ornée de six grosses côtes saillantes, anguleuses, plus étroites que les intervalles; ceux-ci sont plats, nettement définis; dans quelques individus, ils portent un pli peu saillant et arrondi; dans d'autres, mais plus rarement, on voit sur leur milieu deux petites côtes rayonnantes très-peu accusées. Toute la surface de la valve infé-rieure est couverte de stries d'accroissement très-fines, mais bien marquées, qui la rendent un peu rugueuse. Les oreillettes sont courtes et simplement striées. Je n'ai pas encore trouvé d'échantillon de la valve supérieure qui permette d'en voir la surface externe. La face in-terne est légèrement convexe, couverte de stries rayonnantes plus étroites que leurs inter-valles, qui sont aplatis et lisses. De légères dépressions correspondent aux angles saillants du bord palléal et aux côtes dont la face externe est ornée. Le bord palléal paraît épaissi et crénelé.

Rapports et différences. La *Janira neocomiensis* est nettement caractérisée par les sil-lons de sa grosse valve, qui sont larges, plats, sans autres ornements que des stries d'accrois-sement, sauf dans des cas rares où ils présentent une ou deux légères côtes rayonnantes. Ces caractères distinguent suffisamment cette espèce de la *Janira atava* en particulier, dont la taille est en outre constamment beaucoup plus forte.

Localités. La Varappe, la Croisette, la Grande-Gorge, etc. On la rencontre particulière-ment dans les assises n°ˢ 2, 3, 4, où elle est très-commune; elle est plus rare dans le n° 5. La valve supérieure est beaucoup moins fréquente que l'inférieure.

Explication des figures.

Pl. XIV. Fig. 2. Valve inférieure. Elle se trouve représentée, par inadvertance, dans une position renversée.
Fig. 3. Valve supérieure vue par sa face interne.

Janira atava (Rœmer), d'Orbigny.

(Pl. XIV, fig. 1.)

SYNONYMIE.

Pecten atavus, Rœmer, 1839, Norddeut. Oolith. Nachträge, p. 29, pl. 18, fig. 21.
    Id.   Rœmer, 1840, Norddeuts. Kreid., p. 54.
Janira atava, d'Orb., 1843, Paléont. franç., Terr. crét., t. III, p. 627, pl. 442, fig. 1-3.
    Id.   d'Orb., 1850, Prodrome, t. II.

DIMENSIONS :

Largeur . . . . 65 mm.
Longueur, par rapport à la largeur 0,84
Angle apicial . . . . 60°

Coquille trigone, allongée. Valve inférieure très-convexe, ornée de six grosses côtes rayon-

14

nantes, portant les traces de stries également rayonnantes. Entre ces grosses côtes, il y en a trois ou quatre plus petites. Oreillettes petites, crochets extrêmement recourbés. Test très-épais. Moule lisse dans les intervalles des grosses côtes. Je n'ai pas encore trouvé au Salève la valve supérieure.

OBSERVATIONS. Je ne connais encore de cette espèce qu'un seul échantillon que M. le professeur Favre a trouvé au-dessous des Treize arbres et qu'il a bien voulu me communiquer. Il est en tout point semblable à celui qui est figuré dans la *Paléontologie française*, et probablement très-adulte, car le moule n'a plus conservé l'empreinte des côtes intermédiaires.

Il n'est pas parfaitement certain que le nom de *Janira atava* soit bien celui que doive porter cette espèce, et MM. Pictet et Renevier (*Fossiles du terrain aptien de la Perte-du-Rhône*, page 130) ont été les premiers à faire observer que le *Pecten atavus*, Rœmer, correspondait plutôt à la *Janira neocomiensis*, d'Orb., et que par conséquent l'espèce donnée par d'Orbigny, sous le nom de *Janira atava*, ne devait probablement pas le conserver. M. Pictet devant reprendre prochainement cette question dans son ouvrage sur les fossiles de Sainte-Croix, je m'abstiens de la traiter ici; je dois dire seulement que, dans les nombreux échantillons de la *Janira neocomiensis*, d'Orb., que j'ai trouvés au Salève, je n'ai pas observé les sillons rayonnants dont parle Rœmer; ils sont en tout semblables aux figures de la *Paléontologie française*.

Explication des figures.

Pl. XIV. Fig. 1. Valve inférieure. (La position a été renversée par mégarde.) De la collection de M. Favre.

GENRE SPONDYLUS, Lamarck.

L'espèce de Spondyle mentionnée ici n'est pas la seule que j'aie rencontrée dans les couches qui m'occupent. Il y en a certainement une seconde, mais elle ne m'est encore connue que par des moules intérieurs, différents de ceux du *Spondylus Rœmeri*. Leur valve supérieure est assez plate, l'inférieure très-bombée, avec un long talon et une dépression extraordinaire près des crochets; on voit des traces de côtes rayonnantes; sa taille est constamment très-petite.

Spondylus Roemeri, Deshayes.

(Pl. XIV, fig. 4, 5.)

SYNONYMIE.

Spondylus hystrix, Rœmer, 1840, Norddeutsch. Kreid., p. 59 (non Goldfuss).
Spondylus Rœmeri, Desh., 1842, in Leym., Mém. Soc. géol. de France, t. V, p. 10, pl. 6, fig. 8, 9, 10.
Spondylus latus, Leymerie, 1842, Mém. Soc. géol. de France, t. V, p. 6, pl. 6, fig. 7.
Spondylus Rœmeri, d'Orb., 1843, Paléont. franç., Terr. crét., t. III, p. 665, pl. 451, fig. 1-6.
    Id.   d'Orb., 1850, Prodrome, t. II, p. 83.

DIMENSIONS ;

Largeur . . . . 60 mm.

Coquille de forme variable, allongée ou arrondie, droite ou oblique. Valve supérieure fortement bombée, ornée d'un grand nombre (quarante ou cinquante, quelquefois plus) de côtes rayonnantes environ aussi larges que leurs intervalles, de grosseur inégale ; il s'en trouve ordinairement deux ou trois plus petites, glabres, entre d'autres plus grosses portant un certain nombre d'épines espacées, courtes, comprimées, en gouttière, droites ou recourbées en arrière. Le nombre des grosses côtes épineuses varie, mais dans aucun de mes exemplaires on ne voit toutes les côtes porter des épines. Les individus bien frais sont couverts de fines stries concentriques. La valve inférieure est tantôt bombée, tantôt aplatie, tantôt elle est entièrement couverte de lamelles concentriques, tantôt elle n'en porte que dans sa partie supérieure, le reste de la coquille est alors pourvu de côtes rayonnantes étroites, lisses, souvent réunies deux ou trois en faisceaux séparés par de larges sillons aplatis.

Les moules intérieurs conservent la trace des côtes rayonnantes.

RAPPORTS ET DIFFÉRENCES. Le *Spondylus Rœmeri*, voisin du *Spondylus striato-costatus*, d'Orb., s'en distingue par ses côtes beaucoup plus nombreuses. Il a aussi beaucoup d'analogie avec le *Spondylus Brunneri*, Pictet et Roux ; celui-ci est plus régulier, plus arrondi, moins épineux, il paraît avoir moins de côtes et elles sont plus égales.

OBSERVATIONS. Cette espèce est sujette à varier beaucoup. Je n'ai pas trouvé le type sans épines figuré par M. Leymerie ; ce n'était peut-être qu'un exemplaire usé. En revanche, mes échantillons sont moins épineux que celui qui a été figuré par d'Orbigny ; ils sont entièrement conformes à la description donnée par Rœmer du *Spondylus hystrix*, dans lequel une côte seulement sur trois porte des épines. D'Orbigny réunit cette espèce au *Sp. Rœmeri* ; je fais de même, faute de matériaux suffisants, mais je conserve quelques doutes sur la convenance de ce rapprochement.

LOCALITÉ. La Varappe, assises nᵒˢ 4 et 5. Peu rare. Ma collection. Collection Pictet.

Explication des figures.

Pl. XIV. Fig. 4. Valve supérieure ; de ma collection.
      Fig. 5. Valve inférieure ; id.

Genre OSTREA, Linné.

Toutes les couches néocomiennes du Salève sont remplies de débris
d'huîtres plus ou moins bien conservés. Les espèces sont peu nombreuses :
je n'en ai rencontré que quatre bien distinctes. Sauf de rares exceptions,
elles sont strictement limitées dans certaines assises. Ainsi l'*Ostrea rectangularis* ne se trouve que dans l'assise inférieure n° 1. L'*Ostrea Couloni* caractérise les couches supérieures, marnes panachées, calcaire marneux,
calcaire jaune. Je n'ai encore rencontré les deux autres espèces que dans
les assises n°ˢ 4 et 5. On trouve fréquemment dans l'assise n° 1 une huître
aplatie d'assez grande taille, à test mince et foliacé. Il n'est pas encore par-
venu à ma connaissance un exemplaire assez bien conservé pour qu'il
m'ait été possible de déterminer exactement cette espèce. Je me contente
donc de la mentionner ici.

Ostrea rectangularis, Rœmer.

(Pl. XIV, fig. 6 et 7.)

SYNONYMIE.

Ostrea rectangularis, Rœmer, 1839, Oolith. Nachträge, p. 24, pl. 18, fig. 15.
Ostrea macroptera, d'Orbigny, 1843, Paléont. franç., Terr. crét., t. III, p. 695, pl. 465 (non Sowerby 1824).
    Id.   d'Orb., 1850, Prodrome, t. II, p. 84.

DIMENSIONS :

Il ne m'a pas été possible d'obtenir des échantillons assez complets pour pouvoir être mesurés exactement.

Les dimensions maximum paraissent être environ :
    Longueur . . . . 100 à 110 mm.
    Largeur . . . . 20 à 25 »

Coquille étroite, allongée, arquée. Valves semblables, leur région cardinale est généralement un peu élargie. Leur partie médiane externe est rétrécie, aplatie, légèrement creusée,

couvertes de fortes côtes longitudinales dichotomes, qui s'écartent assez rapidement à droite et à gauche, se courbent de chaque côté sous un angle droit et se prolongent sur toute la surface des valves, où elles prennent la forme de gros plis, généralement aigus, très-saillants, allant en s'élargissant jusqu'au bord interne où ils forment une série de denticulations très-aiguës.

Intérieur des valves lisse. Fossette du ligament très-allongée et étroite.

RAPPORTS ET DIFFÉRENCES. L'*Ostrea rectangularis* par sa forme étroite, très-allongée, et les ornements de ses valves, est très-reconnaissable, et toutefois il est fort difficile de préciser nettement les caractères qui la séparent des espèces analogues qu'on rencontre dans les autres étages crétacés.

L'*Ostrea macroptera*, Sow., à laquelle elle a été injustement assimilée par d'Orbigny est bien moins allongée, sa région cardinale est extrêmement élargie et pourvue d'une expansion aliforme très-étendue du côté anal. La partie médiane des valves est plus étroite, les plis qui la couvrent sont beaucoup plus forts et plus allongés.

L'*Ostrea carinata*, Lam. est beaucoup plus épaisse, ses côtes sont bien plus fines et plus nombreuses.

L'*Ostrea frons*, Park, a le milieu de ses valves beaucoup plus large, convexe au lieu d'être concave; elle est couverte de plis très-forts qui deviennent toujours plus prononcés en s'approchant de l'extrémité, tandis que le contraire a lieu dans l'*Ostrea rectangularis*.

OBSERVATIONS. Cette espèce, d'abord décrite par Rœmer, a été parfaitement figurée par d'Orbigny dans la *Paléontologie française*, mais il l'assimilait à tort à l'*O. macroptera*, Sow., de l'étage aptien. J'ai comparé de très-beaux exemplaires de cette dernière espèce, du lowergreen sand de l'île de Wight, conservés dans la collection Pictet et j'ai pu m'assurer des grandes différences qui existent entre elles. Outre les caractères cités plus haut, le facies de chacune est des plus caractéristiques.

L'*O. rectangularis*, Rœmer, correspondant parfaitement à l'*O. macroptera*, d'Orb., qui la donnait comme synonyme, je me sers de ce nom pour désigner l'espèce qui m'occupe comme étant le plus ancien, et il devra probablement remplacer celui de *O. macroptera* dans toutes les listes de fossiles néocomiens où cette espèce a été citée. Je n'ai pas donné une synonymie étendue, car pour une huître aussi difficile on ne peut vraiment citer que des descriptions et des figures suffisantes. Elle varie beaucoup, et je crois qu'on a confondu avec elle plus d'une espèce. J'ai entre autres des huîtres de l'urgonien de Mauremont qui lui ressemblent pour la forme et lui sont assimilées et qui appartiennent certainement à d'autres espèces.

Je ne connais qu'un seul exemplaire de l'*O. rectangularis* qui ait été trouvé au Salève hors de l'assise n° 1, je l'ai rencontré dans la petite couche à *Ostrea Couloni*, dont j'ai parlé dans l'introduction, et qui forme la partie supérieure de l'assise n° 5, à découvert dans le chemin qui conduit des Pitons au Sapey. Cet échantillon appartient à une variété à côtes plus serrées et plus nombreuses sur la partie dorsale des valves. Le même type se retrouve à Marolles.

L'*O. rectangularis* est citée partout où on a reconnu l'étage néocomien moyen, dont elle caractérise la partie inférieure.

LOCALITÉS. La Petite-Gorge ou l'Orti, la Croisette, au-dessous des Pitons le long du sentier de la Traversière. Assise n° 1. Très-abondante.

Explication des figures.

Pl. XIV. Fig. 6. Variété, de l'assise n° 5, vu en dessus; de ma collection.
Fig. 7. Le même individu, vu de côté.

N. B. Je n'ai pas fait représenter d'autre exemplaire de cette espèce, les figures de la *Paléontologie française* étant parfaitement exactes. Je ne suis toutefois pas certain que les fig. 4 et 5 soient bien réellement
de jeunes individus.

OSTREA COULONI (Defrance), d'Orbigny.

SYNONYMIE.

Gryphæa Couloni, Defrance, 1821, Dict. sc. nat., XIX, p. 534.
Exogyra subsinuata, Leymerie, 1842, Mém. Soc. géol. de France, t. V, p. 11, 17 et 28, pl. 12, fig. 3-7.
Ostrea Couloni, d'Orb., 1843, Paléont. franç., Terr. crét., t. III, p. 698, pl. 466, et pl. 467, fig. 1-3.
Id.   d'Orbigny, 1850, Prodrome, t. II, p. 84.

DIMENSIONS :

Longueur . . . . jusqu'à 110 mm.
Largeur, par rapport à la longueur . . . . varie de   0,55 à 0,80

Espèce extrêmement variable, tantôt large et dilatée, tantôt étroite et falciforme. La valve
inférieure est de beaucoup la plus profonde; dans tous les échantillons du Salève elle porte
à sa partie externe un gros pli ou angle très-saillant partant des crochets et se dirigeant obliquement vers le bord palléal; la surface du test est rugueuse, marquée de plis d'accroissement prononcés, quelquefois de plis longitudinaux noduleux. La région interne de la valve,
c'est-à-dire celle du côté de laquelle se recourbe le crochet, est celle qui varie le plus. Dans
certains exemplaires, elle est élargie et dilatée en forme d'aile; dans d'autres, la coquille se
rétrécit jusqu'à devenir concave de côté (var. *falciformis*, *aquilina*, Leym.). Valve supérieure
plate, mince, plutôt concave en dessus, marquée de plis d'accroissement anguleux et lamelleux. Crochet de la valve inférieure peu saillant dans les variétés larges, très-prononcé, fortement recourbé et contourné en spirale dans les variétés falciformes. Test en général peu
épais, peu lamelleux. On observe tous les passages entre les variétés larges et les variétés
étroites, et, bien qu'au premier abord elles paraissent fort différentes, on arrive toujours à
les ramener au même type.

RAPPORTS ET DIFFÉRENCES. C'est avec dessein que je n'ai pas mentionné dans la synonymie
de cette espèce les noms qui pouvaient se rapporter à l'*Ostrea aquila*, d'Orb. (*sinuata*, Sow.),
qui caractérise ordinairement l'étage aptien. Ces deux espèces ont été réunies par MM. Pictet
et Renevier (*Paléont. suisse*, Foss. de l'étage aptien, p. 138). Ils ne l'ont fait qu'après la comparaison d'un grand nombre d'échantillons de diverses localités. Je ne prétends point reprendre
la discussion de ce rapprochement, je n'ai d'ailleurs point les matériaux nécessaires pour
cela, mais il me reste quelques doutes sur la convenance de cette réunion. Quoi qu'il en soit,

l'espèce du Salève est celle décrite et figurée par M. Leymerie sous le nom d'*Exogyra subsinuata*, et par d'Orbigny sous celui d'*Ostrea Couloni*. Cette dernière dénomination avait depuis longtemps été appliquée à l'espèce des marnes de Neuchâtel, absolument identique à la nôtre

Localités. Grande-Gorge, la Varappe, la Croisette, les Treize arbres, etc. Très-commune et en général fort bien conservée. Assises nᵒˢ 2, 3, 4, 5, 6. Surtout abondante dans les marnes panachées nᵒ 4 et dans le calcaire à rognons nᵒ 5. Extrêmement rare dans l'assise nᵒ 1. La variété falciforme est surtout abondante à la partie supérieure de l'assise nᵒ 5, dans la couche d'argile rougeâtre, à découvert sur le chemin qui conduit des Pitons au Sapey.

Ostrea Boussingaultii, d'Orbigny.

(Pl. XIV, fig. 8 et 9.)

SYNONYMIE.

Exogyra subplicata, Rœmer, 1839, Ool. Nachträge, p. 25, pl. 18 (non Deshayes).
  Id.   Leymerie, 1842, Mém. Soc. géol. de France, t. V, p. 18, pl. 11, fig. 4, 5, 6.
Ostrea Boussingaultii, d'Orbigny, 1842, Fossiles de la Colombie, p. 57, pl. 3, fig. 10, pl. 5, fig. 8-9.
  Id.   d'Orb., 1843, Paléont. franç., Terr. crét., t. III, p. 702, pl. 468.
  Id.   d'Orb., 1850, Prodrome, t. II, p. 84.

DIMENSIONS :

Longueur maximum . . . . 85 mm.

Coquille fort irrégulière. Je n'ai trouvé au Salève que trois valves inférieures. L'une présente une forte carène qui part des crochets ; les deux autres étaient adhérentes, et il n'est pas possible de retrouver exactement leur forme complète. Ces valves sont allongées, profondes, couvertes de fortes côtes longitudinales assez régulières, rendues lamelleuses par les saillies des lames d'accroissement. Bord interne des valves, sinueux ou plutôt fortement denté. Le moule intérieur est lisse, sauf sur ses bords qui portent des dentelures prononcées. Je n'ai pas trouvé de valves supérieures.

Observations. Il est assez difficile, lorsqu'on s'occupe d'un genre tel que le genre Ostrea, dont les espèces présentent autant de variétés individuelles, d'acquérir une certitude absolue sur une détermination, à moins d'avoir une série un peu étendue d'individus. Les exemplaires du Salève que je rapporte à l'*O. Boussingaultii*, quoique s'éloignant un peu du type de l'espèce, pourraient, il me semble, lui être rattachés facilement s'ils étaient en nombre suffisant pour qu'il fût possible de relier au type ses différentes variétés. Les valves inférieures du Salève sont très-profondes, couvertes de grosses côtes régulières, et leur bord interne est fortement denté ; ce caractère, que reproduit le moule intérieur, ne me paraît pas exister dans l'espèce de d'Orbigny, au moins dans la valve dont il a représenté l'intérieur ; d'un autre côté, les exemplaires figurés par M. Leymerie devaient avoir évidemment le bord interne denté comme les nôtres. Il est probable, comme je l'ai dit, qu'il existe des passages entre ces différentes variétés, ou bien, peut-être, l'exemplaire figuré par d'Orbigny (*Paléont. franç.*, loc. cit.. fig. 4, 5) n'appartiendrait-il pas à la même espèce?

LOCALITÉ. La Varappe, assise n° 5. Rare. Ma collection. Coll. Pictet.

Explication des figures.

Pl. XIV. Fig. 8. Valve inférieure, de grandeur naturelle; de la collection de M. Pictet.

Fig. 9. Fragment du bord interne de la même valve.

OSTREA LEYMERII, Deshayes.

SYNONYMIE.

Ostrea Leymerii, Desh., 1842, in Leym., Mém. Soc. géol. de France, t. V, p. 11, pl. 13, fig. 4.

    Id.   d'Orb., 1843, Paléont. franç., Terr. crét., t. III, p. 704, pl. 469, fig. 6-10.

    Id.   d'Orb., 1850, Prodrome, t. II, p. 108.

DIMENSIONS :

Longueur extrême . . . . 120 mm.

Coquille ovale, triangulaire, de forme assez variable. La valve supérieure est assez plate, plus épaisse dans la région externe, peu profonde. Sa partie supérieure, mais surtout son bord extérieur est couvert de lamelles rapprochées, formées par les lames d'accroissement qui font saillie. La valve inférieure est souvent adhérente, plus profonde, assez irrégulière, elle présente quelquefois sur sa face extérieure un pli ou angle fortement prononcé, sa surface est très-rugueuse et couverte de plis et de saillies formées par les lames d'accroissement. L'intérieur des valves est lisse. Les crochets sont peu apparents. La coquille présente dans chaque valve un talon prolongé lamelleux intérieurement, pourvu dans la valve supérieure d'une forte dépression longitudinale. Le test est en général très-épais.

. RAPPORTS ET DIFFÉRENCES. Vue par-dessous la valve inférieure de cette espèce présente quelquefois assez d'analogie avec celle de l'*Ostrea Couloni*. On l'en distinguera toujours par son test beaucoup plus épais, plus lamelleux, et sa forme relevée du côté externe. La valve supérieure n'a aucun rapport avec celle de l'*O. Couloni*.

OBSERVATIONS. Les exemplaires de cette espèce que j'ai trouvés au mont Salève, sont en général bien conservés. Les valves séparées ne sont pas communes, et je ne connais qu'un seul exemplaire complet qui est fort adulte, il fait partie de la collection de M. le professeur Pictet. En général nos exemplaires paraissent plus épais que celui qui a été figuré par d'Orbigny, en revanche la valve supérieure qu'il représente correspond parfaitement avec les nôtres.

LOCALITÉ. La Varappe, assises n°s 4 et 5. Assez rare. Collection Pictet. Ma collection.

CLASSE DES MOLLUSQUES BRACHIOPODES

Les couches du néocomien moyen du Salève sont riches en Brachiopodes. J'ai à citer une espèce de *Rhynchonella* très-abondante, cinq espèces de *Terebratula*, dont deux extrêmement communes, et une *Terebratella* assez rare.

Genre RHYNCHONELLA, Fischer.

Coquille de contexture fibreuse, non perforée. Crochet de la grande valve entier, aigu. Deltidium percé d'un trou pour le passage du pédoncule. Appareil brachial composé de deux lamelles divergentes.

RHYNCHONELLA MULTIFORMIS, Rœmer.

(Pl. XV, fig. 23 à 26.)

SYNONYMIE.

Terebratula depressa, de Buch, 1834, Ueber Terebrateln, p. 38 (non Sowerby).
Terebratula multiformis, Rœmer, 1839, Oolith. Nachtrag., p. 19, pl. 18, fig. 8.
Terebratula rostralina, Rœmer, 1839, Oolith. Nachtrag., p. 20, pl. 18, fig. 7.
Terebratula multiformis, Rœmer, 1840, Kreide, p. 37.
Terebratula depressa, Rœmer (non Sow.), 1840, Kreide, p. 38.
Terebratula rostralina, Leymerie, 1842, Mém. Soc. géol. de France, t. V, p. 30.
Terebratula rostrata, Leymerie, 1842, Mém. Soc. géol. de France, t. V, p. 18, pl. 15, fig. 11.
Rhynchonella depressa, d'Orbigny (non Sow.), 1847, Pal. franç., Terr. crét., t. IV, p. 18, pl. 491, fig. 1-7.
          (Excl. pars. Syn.)
Id.   d'Orbigny, 1850, Prodrome, t. II, p. 54.

15

DIMENSIONS :

Largeur			de 14 à 20 mm.
Longueur, par rapport à la largeur, moyenne			0,95
Épaisseur » » moyenne			0,65
» » » extrême			0,79
Angle apicial			de 85 à 90°

Coquille ordinairement plus large que longue, quelquefois plus longue que large, triangulaire, assez épaisse, élargie sur la région palléale. Grande valve moins bombée que l'autre, pourvue au milieu d'une large dépression très-prononcée, brusquement relevée au bord frontal. Crochet très-long (il ne l'est pas assez dans la figure), généralement recourbé, formant un bec allongé. Foramen petit, arrondi. Deltidium assez grand. De chaque côté du crochet et à partir du sommet, on remarque un espace lisse, excavé, qui se prolonge jusqu'au bord cardinal (nommé *méplat* par M. Deslongchamps). Petite valve plus bombée, portant au milieu une saillie correspondant à la dépression de l'autre ; son crochet est assez renflé et forme un angle aigu. Commissure latérale droite. Bord frontal plus ou moins sinueux. Les deux valves sont ornées de côtes rayonnantes en nombre très-variable, depuis seize jusqu'à trente-cinq, très-saillantes, aiguës, simples, régulièrement divergentes.

Le type de l'espèce (pl. XV, fig. 23) a environ vingt-cinq côtes et son épaisseur est des 65 centièmes de la longueur, en moyenne. On trouve des individus (fig. 26) qui n'ont que quinze côtes très-fortes et très-aiguës, un sinus profond, et une épaisseur de 46 °/₀ seulement de la longueur. On serait tenté, à première vue, de les prendre pour une espèce particulière ; mais, dans une série un peu nombreuse d'échantillons, il est très-facile de relier au type ces formes extrêmes par des passages insensibles. On voit peu à peu la coquille s'épaissir, les côtes augmenter en nombre en diminuant de grosseur, et le sinus devenir moins marqué. J'ai fait représenter (fig. 24) une variété de forme assez remarquable : la coquille est triangulaire, étroite et très-épaisse. Les caractères du crochet, du deltidium et du foramen sont très-constants dans tous les exemplaires.

RAPPORTS ET DIFFÉRENCES. La *Rhynchonella multiformis* se distingue de la *R. depressa*, Sow., par la forme du crochet de sa grande valve, qui est plus long dans l'âge adulte, bien plus étroit et plus recourbé ; le foramen est plus petit, le crochet de la petite valve est plus aigu et plus bombé. En outre, l'angle apicial de la coquille est presque toujours plus aigu. Ces caractères, ainsi que la nature des côtes, peuvent servir également à séparer notre espèce des *Rhynchonella sulcata* d'Orb., *latissima* Sow., et *Gibbsiana* Sow.

OBSERVATIONS. La *R. multiformis* paraît avoir été singulièrement confondue avec d'autres espèces, et cependant elle est éminemment caractéristique du néocomien moyen, où elle est extrêmement abondante partout. M. L. de Buch l'avait trouvée dans les marnes d'Hauterive, près de Neuchâtel, et il l'avait rapportée à la *T. depressa*, Sow. Plus tard, d'Orbigny, dans la Paléontologie française, adoptant cette manière de voir, figura cette espèce en la nommant *R. depressa*, Sow., et en lui donnant pour synonyme la *T. multiformis* de Rœmer. Ce dernier auteur (Kreid., p. 37) avait déjà conçu des doutes sur l'identité de l'espèce anglaise avec la

T. depressa de L. de Buch, qu'il estimait devoir être identique à la *T. multiformis*, très-abondante dans le Hils d'Allemagne. M. Davidson ensuite (Mém. Pal. Soc. Brit. Cret. Brach., p. 91) s'aperçut également que la *R. depressa* de d'Orbigny n'était pas celle de Sowerby, mais il ne fit que le mentionner. Après une étude attentive et une comparaison minutieuse des excellentes planches de M. Davidson avec notre espèce du Salève et de nombreux exemplaires de la *R. multiformis* du Hils de Hanovre, il me semble bien certain que la *R. depressa*, Sow., n'est pas celle de d'Orbigny, et que cette dernière espèce, qui est celle que je viens de décrire, est identique à la *R. multiformis* de Rœmer.

LOCALITÉS. La Varappe, Grande-Gorge, Croisette, etc. Elle est partout très-commune. Je ne la connais pas de la couche n° 1.

Explication des figures.

Pl. XV. *Fig. 23 a, b, c.* Individu type.

      Fig. 24 a, b . . Variété étroite et épaisse.

      Fig. 25 a, b . . Variété plate, à côtes fortes et peu nombreuses.

      Fig. 26 . . . . . Même variété, avec quinze côtes seulement.

Toutes ces figures sont de grandeur naturelle et dessinées sur des exemplaires de ma collection.

Genre TEREBRATULA, Bruguière.

Sur les cinq espèces de Térébratules que j'ai à citer, il y en a deux qui sont extrêmement abondantes; la couche des marnes panachées surtout en renferme une quantité prodigieuse; on pourrait ramasser en peu de temps des centaines d'exemplaires de la *Ter. acuta*, Quenstedt. L'autre espèce est nouvelle et un peu moins fréquente. Trois autres espèces bien connues se rencontrent également dans le néocomien du Salève, mais elles sont plus rares.

TEREBRATULA ACUTA, Quenstedt.

(Pl. XV, fig. 1 à 10.)

SYNONYMIE.

Terebratula biplicata-acuta, de Buch, 1834, Ueber Terebrateln, p. 108.

    »   »   de Buch, 1834, Mém. Soc. géol. de France, p. 220, vol. III.

?? *Terebratula prælonga,* Sow. in Fitton, Trans. of the Geol. Soc., vol. IV, p. 338, pl. 14, fig. 14.
»   *biplicata,* Rœmer, 1840, Nordd. Kreide, p. 43 (non *biplicata,* Brocchi).
»   *subundata,* Rœmer, 1840, Kreide, p. 42, pl. 7, fig. 15 (non Philipps).
»   *biplicata,* Leymerie, 1842, Mém. Soc. géol. de France, t. V, p. 29.
»   *prælonga,* d'Orbigny, 1847, Pal. franç., Terr. crét., t. IV, p. 75, pl. 506, fig. 1-7 (non *præ-*
         longa, Sow.?).
»   *prælonga,* d'Orbigny, 1850, Prodrome, t. II, p. 85.
»   *acuta,* Quenstedt, 1851, Handbuch der Petref. Kunde, p. 473, pl. 38, fig. 2.
»   *acuta,* Woodward, 1853, Catal. of Mollusca of British Museum, p. 28.

DIMENSIONS :

Longueur.				de 10 à 25 mm.
Largeur, par rapport à la longueur,	moyenne			0,73
»	»	»	extrême	0,87
»	»	»	minime	0,53
Épaisseur	»	»	moyenne	0,53
»	»	»	extrême, très-rare	0,76
Angle apicial				de 55 à 70°

Coquille plus ou moins épaisse, généralement aplatie, allongée, un peu triangulaire, la plus grande largeur se trouvant vers le quart inférieur de la longueur. La grande valve n'est pas plus bombée que l'autre ; elle est toujours pourvue d'un pli très-prononcé qui prend naissance vers le tiers supérieur ou le milieu de la valve, et se prolonge jusqu'au bord frontal. Ce pli est accompagné de chaque côté d'un sillon profond. Crochet allongé, toujours droit ou légèrement recourbé, peu bombé, aplati sur sa face cardinale. Foramen de moyenne grandeur, entamant peu le deltidium, qui est fort grand, toujours très-distinct et bordé des deux côtés par un petit bourrelet accompagné d'une légère dépression. La petite valve offre deux plis médians très-prononcés, séparés par un profond sillon, et deux fortes dépressions latérales. Commissure latérale des valves profondément sinueuse. Bord frontal formant un M très-prononcé, dont les angles sont toujours très-aigus.

Moule intérieur offrant l'empreinte d'un appareil brachial atteignant à peine la moitié de la petite valve.

VARIÉTÉS. Cette espèce est sujette à des variations de forme considérables, mais qui se relient entre elles par des passages insensibles et très-faciles à trouver lorsqu'on a un certain nombre d'individus à sa disposition.

Le type de l'espèce paraît être la forme étroite et allongée (pl. XV, fig. 1) ; elle a alors une largeur moyenne de 60 à 65 mill. et une épaisseur de 50 à 55 mill. La largeur augmente insensiblement et on arrive aux formes qui rappellent la *T. sella,* Sow. (fig. 3). Les passages entre la forme étroite et la forme large peuvent être établis de la manière la plus incontestable pour peu qu'on ait une série un peu nombreuse d'exemplaires, ce qui n'est pas difficile, car elle est partout fort abondante. Une jolie petite variété (fig. 9) se distingue par son aspect arrondi et ses plis beaucoup plus courts ; elle paraît au premier abord assez différente du type, mais il est facile de l'y rattacher. Une forme remarquable (fig. 7) est épaisse, renflée, avec des plis très-saillants. On trouve encore, mais fort rarement, des individus dont la grande valve est ornée de deux plis, tandis que la petite valve en porte trois (fig. 2). Dans toutes ces variétés, les caractères du crochet et du deltidium restent très-stables.

RAPPORTS ET DIFFÉRENCES. Quelques espèces crétacées à deux plis peuvent être confondues avec la *T. acuta*. Généralement on l'en distinguera toujours par son crochet droit, allongé, peu bombé, son deltidium grand, élevé, peu entamé par l'ouverture, ses plis très-saillants et aigus, la commissure palléale de ses valves très-anguleuse et non sinueuse. Ces caractères sont constants, je les ai vérifiés sur des centaines d'individus. En outre, la *T. sella*, Sow., est toujours plus large, ses plis sont généralement moins prononcés, moins réguliers, très-souvent ils manquent complétement, ce qui n'arrive jamais dans la *T. acuta* adulte. La *T. Salevensis* de L. est bien plus épaisse, plus ovale, plus rétrécie, son crochet et ses plis sont tout différents. La *T. Dutempleana*, d'Orb. (*biplicata*, Sow.) a un crochet entièrement différent, un deltidium tout petit et des plis beaucoup moins prononcés. La *T. Carteroniana*, d'Orb., est beaucoup plus épaisse, plus large, et très renflée dans toutes ses parties. De très-bons échantillons de cette espèce provenant de Morteau, que M. Jaccard a bien voulu me communiquer, m'ont permis de m'assurer des profondes différences qui existent entre elle et la *T. acuta*.

OBSERVATIONS. La Térébratule que je viens de décrire est extrêmement caractéristique du néocomien moyen et connue depuis longtemps. M. L. de Buch l'observa dans les environs de Neuchâtel et lui donna le nom de *T. biplicata-acuta* en 1834. Plus tard, en 1836, Sowerby figura dans l'ouvrage de Fitton une Térébratule très-voisine et peut-être identique à la nôtre, sous le nom de *T. prælonga*. D'Orbigny, pensant retrouver dans l'espèce néocomienne l'espèce anglaise de Sowerby, la décrivit et la figura dans la Paléontologie française sous le nom de *T. prælonga*. Maintenant, l'espèce de d'Orbigny est-elle bien la même que celle de Sowerby? C'est ce qui me paraît extrêmement douteux. La figure originale de Sowerby ressemble beaucoup à notre Térébratule, mais les auteurs anglais ne sont pas d'accord sur son interprétation, et M. Davidson lui-même, tout en reproduisant la figure originale prise dans Fitton, représente sous le même nom une Térébratule qui n'est très-probablement pas celle de Sowerby et très-certainement pas celle qui m'occupe. Cette espèce, dit le savant auteur anglais, est très-rare dans le lower greensand.

M. Renevier, qui a fait des recherches en Angleterre pour parvenir à se former une opinion positive sur cette espèce, m'a assuré n'avoir jamais pu en voir un seul exemplaire authentique ni dans les collections publiques ou particulières, ni en place dans les couches du lower greensand, où elle est censée se trouver. M. Quenstedt, en 1851, s'étant sans doute aperçu que la Térébratule néocomienne n'était pas la *T. prælonga* de Sow., lui a restitué l'un des noms sous lesquels M. de Buch l'avait fait connaître, et l'a appelée *T. acuta* dans son Manuel de paléontologie. Cet exemple a été suivi par M. Woodward dans le Catalogue du British Museum. Il conserve la *T. prælonga* de Sow. et donne également le nom de *T. acuta* à l'espèce néocomienne de Léopold de Buch. J'ai longtemps hésité avant de savoir quel nom il convenait de laisser à cette espèce, et je dois avouer que je ne suis pas arrivé à une solution parfaitement certaine. Je n'ai pas pu parvenir à la conviction positive que l'espèce que Sowerby avait eu vue, lorsqu'il a décrit sa *T. prælonga*, ne soit pas celle du néocomien qui m'occupe. Peut-être était-ce un fossile dont la localité n'était pas bien certaine, et qui provenait du néocomien du continent. Quoi qu'il en soit, il est évident pour moi que c'est une espèce douteuse qui peut

118

donner lieu à plusieurs interprétations, et j'ai préféré, laissant de côté la manière de voir de d'Orbigny, adopter celle de MM. Quenstedt et Woodward et appeler l'espèce néocomienne *T. acuta*, nom qui a l'avantage de rappeler celui que lui donna de Buch, qui la décrivit le premier, et de mettre un terme à toutes les incertitudes auxquelles donnait lieu celui de *T. prælonga*.

LOCALITÉS. La Varappe, la Croisette, la Grande-Gorge, extrêmement abondante dans les couches n°s 2, 3, 4, 5. Beaucoup plus rare dans les couches n°s 1 et 6.

Cette Térébratule se trouve partout où existe l'étage néocomien moyen en Suisse, en France et en Allemagne.

Explication des figures.

Pl. XV. *Fig. 1 a, b, c.* *Terebratula acuta*, type, de ma collection.
    Fig. 2 a, b . .   *Id.*   variété à plis plus nombreux, id.
    Fig 3 . . . . .   *Id.*   variété très-large, coll. Pictet.
    Fig. 4 . . . . .   *Id.*   variété plus étroite faisant le passage entre les fig. 2 et 3, de ma collection.
    Fig. 5 a, b . .   *Id.*   variété large et épaisse, de ma collection.
    Fig. 6 a, b . .   *Id.*   variété large et assez bombée, id.
    Fig. 7 a, b . .   *Id.*   variété renflée, id.
    Fig. 8 . . . . .   *Id.*   variété plus petite et à plus petits plis, faisant le passage entre la fig. 1 et la fig. 9.
    Fig. 9 a, b . .   *Id.*   variété petite et à petits plis.
    Fig. 10. . . . .   *Id.*   moule intérieur montrant l'empreinte de l'appareil brachial.

Toutes ces figures sont de grandeur naturelle.

TEREBRATULA SALEVENSIS, de Loriol.

(Pl. XV, fig. 11 à 16.)

DIMENSIONS :

Longueur moyenne.	26 mm.
» extrême	32 »
Largeur moyenne, par rapport à la longueur	0,63
» extrême » »	0,68
Épaisseur moyenne » »	0,60
» extrême » »	0,69
Angle apicial	de 70 à 75°

Coquille ovale, allongée, épaisse, un peu en forme de losange, la plus grande largeur se trouvant toujours vers la moitié de la longueur, et la région palléale étant toujours rétrécie. Les deux valves sont très-régulièrement bombées, la petite un peu plus que l'autre. La surface paraît, à la loupe, finement ponctuée. Grande valve pourvue d'un gros pli à peine sensible, qui prend naissance à peu de distance du bord frontal; il est accompagné de deux dépressions très-courtes, très-peu accusées, souvent à peine appréciables. Le reste de la valve est parfaitement lisse et régulièrement arrondi. Le crochet est court, très-renflé et très-recourbé. Foramen largement ouvert, entamant fortement le deltidium. La petite valve est ornée de deux plis très-courts, peu prononcés, souvent à peine indiqués, séparés par un sillon large et faiblement marqué. Les dépressions latérales sont larges, mais peu profondes. Commissure latérale des valves flexueuse. Commissure palléale sinueuse, les angles sont toujours très-arrondis, quelquefois à peine sensibles, jamais aigus.

Variétés. Comme toutes les Térébratules, cette espèce est sujette à plusieurs variations de forme qui se relient toutes entre elles par des passages insensibles. Certains exemplaires sont larges, renflés et affectent plus particulièrement la forme d'un losange, d'autres sont plus étroits, plus allongés, moins épais. Les plis, qui ne sont jamais bien prononcés, s'atténuent aussi graduellement dans certains échantillons et finissent même par disparaître presque complétement. On peut facilement établir une série d'exemplaires sur lesquels s'observeront tous les passages entre les formes plissées (fig. 11, 13, 14, 16) et les individus presque entièrement lisses et cependant parfaitement adultes (fig. 12 et 15).

Rapports et différences. Par son crochet épais et recourbé, son foramen très-ouvert, son deltidium petit, ses plis toujours beaucoup moins accusés et sa forme générale, cette espèce se distingue à première vue dé la *Terebratula acuta*, Quenstedt; en outre, son deltidium n'est jamais bordé par un petit bourrelet.

Les exemplaires lisses se rapprochent de la *T. longa*, Rœmer; celle-ci, dont j'ai de bons échantillons du Hils, s'en distingue facilement par son crochet et son deltidium différents, sa petite valve plus aplatie, sa forme plus arrondie.

Localités. Très-commune à la Varappe, la Croisette, la Grande-Gorge, mais seulement dans les couches nᵒˢ 2, 3, 4, 5. Je ne l'ai pas rencontrée dans les couches nᵒ 1 et nᵒ 6. Je n'en ai pas vu d'exemplaires provenant d'autres localités.

Explication des figures.

Pl. XV. Fig. 11 a, b, c, d. Échantillon type, de ma collection.
   Fig. 12. . . . . . . Individu presque lisse, id.
   Fig. 13 a, b. . . . Individu très-adulte, de grande taille. Coll. Pictet.
   Fig. 14. . . . . . . Variété allongée, étroite, de ma collection.
   Fig. 15 a, b. . . . Variété presque sans plis.
   Fig. 16 a, b, c . . Individu à plis exceptionnellement prononcés.

Toutes ces figures sont de grandeur naturelle.

TEREBRATULA SELLA, Sowerby.

(Pl. XV, fig. 17.)

SYNONYMIE.

Terebratula sella, Sow., 1823, Min. Conch., p. 53, pl. 437, fig. 1.
  Id.   Rœmer, 1840, Verst. Nordd. Kreide-Geb., p. 43, pl. 7, fig. 17.

120

Terebratula sella, d'Orbigny, 1847, Pal. franç., Terr. crét., t. IV, p. 91, pl. 510, fig. 6-12.
    Id.   d'Orbigny, 1850, Prodrome, p. 108.
    Id.   Davidson, 1855, Pal. Soc. Brit. Cret. Brach., p. 59, pl. 7, fig. 4-10.
    Id.   Pictet et Renevier, 1858, Descr. des foss. du terrain aptien de la Perte-du-Rhône, p. 144,
            pl. 20, fig. 3-6.

DIMENSIONS :

Longueur . . . . 28 mm.
Largeur proportionnellement à la longueur. . . . . : . . . 0,89
Épaisseur 0,54

Coquille généralement comprimée, presque aussi large que longue, très-dilatée en général sur la région palléale. Grande valve présentant un pli médian ordinairement très-peu saillant, bordé de deux dépressions également peu sensibles. Petite valve portant deux plis plus ou moins accusés, séparés par un sillon et bordés par deux dépressions latérales. Crochet de la grande valve court et assez recourbé. Foramen très-grand, entamant fortement le deltidium qui est court, large et bordé de chaque côté par un petit bourrelet, comme dans la *T. acuta*. Bord frontal ordinairement sinueux ; les angles sont toujours arrondis.

RAPPORTS ET DIFFÉRENCES. J'ai déjà indiqué les différences qui séparent les *T. acuta* Quenstedt, et *sella* Sow. Ce sont surtout la forme du crochet de la grande valve et celle du deltidium qui peuvent servir à les distinguer ; la *T. sella* est en outre presque toujours plus large et constamment moins plissée que la *T. acuta*.

OBSERVATIONS. Il m'est absolument impossible de séparer de la *T. sella* l'espèce qui m'occupe ; elle en présente tous les caractères, elle est identique avec les nombreux exemplaires de la *T. sella* du lower greensand d'Angleterre que j'ai eus à ma disposition. La largeur est un peu inférieure à celle qui est indiquée par d'Orbigny, mais j'ai vu des exemplaires anglais encore plus étroits que ceux du Salève. Il est très-facile de la séparer de la *T. acuta* dont elle est bien évidemment distincte. Il est remarquable qu'elle se trouve au Salève seulement dans la partie inférieure du néocomien, dans la couche n° 1, avec l'*Ostrea rectangularis*, Rœmer. Je n'en ai pas encore vu un seul échantillon provenant des couches supérieures. — M. Renevier m'a communiqué des exemplaires de cette Térébratule identiques à ceux du Salève, recueillis par lui à Renaud-du-Mont, dans le néocomien moyen. J'en ai reçu également de M Jaccard, parfaitement semblables et provenant de Morteau.

LOCALITÉ. La Petite-Gorge. Ma collection Coll. Pictet, coll. Favre.

Explication des figures.

Pl. XV. Fig. 17 a, b. Individu de grandeur naturelle, de ma collection.

Terebratula pseudojurensis, Leymerie.

(Pl. XV, fig. 19 à 21.)

SYNONYMIE.

Terebratula pseudojurensis, Leymerie, 1843, Mém. Soc. géol. de France, t. V, p. 12, pl. 15, fig. 5 et 6.
   Id.   d'Orb., 1847, Pal. franç., Terr. crét., t. IV, p. 74, pl. 505, fig. 11-16.
   Id.   d'Orb., 1850, Prodrome, t. II, p. 85.

DIMENSIONS :

Longueur moyenne . . . . 14 mm.
    »   extrême. . . . . 19 »
Largeur, par rapport à la longueur, moyenne. . . . . de 0,77 à 0,81
    »   »   »   extrême 0,92
Épaisseur   »   »   moyenne. 0,59
Angle apicial . . . . de 85 à 95°

Coquille plus ou moins allongée, anguleuse, tantôt assez régulièrement ovale, tantôt presque pentaédrique ; dans ce dernier cas, la plus grande largeur se trouve vers le milieu de la coquille. Le bord palléal est toujours coupé carrément, souvent échancré fortement au milieu. Cette échancrure provient de deux dépressions médianes, une sur chaque valve ; elle n'est pas constante, et quelquefois le bord palléal est parfaitement droit. Valves également bombées. Crochet court, peu recourbé. Foramen grand. Deltidium petit. Commissure latérale des valves droite, quelquefois légèrement sinueuse. Commissure palléale droite. Ponctuations très-visibles en lignes onduleuses transverses.

VARIATIONS. Cette espèce est sujette à quelques variations de forme. La largeur et l'épaisseur sont souvent très-différentes, suivant les individus. Le type est peu anguleux, assez étroit, son bord palléal est profondément échancré. Dans certains individus, la largeur devient assez grande et la forme pentaédrique, le bord palléal est droit. Ce n'est pas à dire toutefois que tous les exemplaires larges aient le bord palléal non sinueux, mais c'est généralement le cas. Les jeunes individus sont arrondis et ne présentent point d'échancrure.

RAPPORTS ET DIFFÉRENCES. La *Terebratula pseudojurensis* est si voisine de la *Terebratula tamarindus*, Sow., qu'il est bien difficile d'indiquer d'une manière suffisamment précise les caractères qui les séparent. Certains de nos exemplaires du Salève ressemblent étonnamment à la fig. 31, pl. IX du Mémoire de M. Davidson, rapportée à la *T. tamarindus,* et cependant ils se relient par des passages très-faciles à trouver au type de la *T. pseudojurensis.* Toutefois, aucun des échantillons du Salève n'atteint la largeur habituelle de la *T. tamarindus,* ni l'ouverture de son angle apicial, et tous les exemplaires sur lesquels j'ai pu m'en assurer m'ont présenté les ponctuations arrangées en lignes transverses sinueuses et non en quinconce. Aussi, malgré la ressemblance de certains individus avec la *T. tamarindus,* je ne crois pas que la présence de cette dernière espèce puisse être jusqu'à présent constatée d'une manière positive dans le néocomien moyen du Salève.

LOCALITÉS. La Varappe, la Croisette, Grande-Gorge. Assez commune. Ma collection. Coll. Pictet, etc.

Explication des figures.

Pl. XV. Fig. 19 a, b. Individu typique, de ma collection.
     Fig. 29 a, b. Individu étroit, id.
     Fig. 21. . . . Variété large, se rapprochant tout à fait de la fig. 16, pl. 505 de la Paléont. franç.

Toutes ces figures sont de grandeur naturelle.

TEREBRATULA SEMISTRIATA, Defrance.

(Pl. XV, fig. 18.)

SYNONYMIE.

Terebratula semistriata, Defrance, 1828, Dict. des Sc. nat., t. LIII, p. 156.
Terebratula suborbicularis, d'Archiac, 1839, Mém. Soc. géol. de France, t. III, p. 311.
Terebratula arcuata, Rœmer, 1840, Kreide, p. 44, pl. 7, fig. 18.
Terebratula suborbicularis, Leymerie, 1842, Mém. de la Soc. géol. de France, t. V, p. 18 et 30, pl. 14, fig. 2.
Terebratula triangularis, Desh. in Leym., 1842, Mém. Soc. géol. de France, t. V, p. 11 et 18, pl. 14, fig. 4.
Terebratula semistriata, d'Orb., 1847, Pal. franç., Terr. crét., t. IV, p. 83, pl. 508, fig. 1-11.
    Id.   d'Orb., 1850, Prodrome, t. II, p. 85.

DIMENSIONS :

Longueur . . . . 22 mm.
Largeur, par rapport à la longueur . . . . 0,86 à 0,90
Épaisseur   »   " . . . . 0,55 à 0,68
Angle apicial . . . . de 80 à 90°

Coquille assez renflée, ovale ou arrondie. Le sommet de chacune des valves est lisse, le reste est orné d'une trentaine de côtes rayonnantes, régulières, plus ou moins fortes, et se terminant au bord frontal où elles forment des denticulations. La grande valve porte quelquefois deux plis peu saillants qui correspondent à deux légères dépressions de la petite valve. Crochet allongé, peu recourbé. Deltidium large et en deux pièces, peu échancré par le foramen, qui est assez grand. Commissure latérale des valves souvent droite dans les exemplaires du Salève, dont le bord frontal est aussi peu sinueux. Ponctuations très-visibles.

RAPPORTS ET DIFFÉRENCES. Cette espèce est voisine de la *T. Marcousana*, d'Orb.; celle-ci a les côtes moins nombreuses, toujours bien plus fortes, et le bord frontal toujours droit et jamais sinueux. En outre, la *T. semistriata* présente constamment un espace lisse au sommet de chacune de ses valves.

Observations. La *T. semistriata,* qui est abondante en France, dans l'étage néocomien, est plutôt rare au Salève; elle n'y présente point les variétés remarquables qu'on rencontre ailleurs. Tous les exemplaires que je connais sont pourvus de côtes sur presque toute leur surface, ils ne varient entre eux que par le nombre et la finesse de ces côtes.

Localité. La Varappe, assise n° 5. Collections Pictet, Favre; ma collection, etc.

Explication des figures.

Pl. XV. Fig. 18 a, b, c. Individu de grandeur naturelle, de la collection de M. Pictet.

Genre TEREBRATELLA, d'Orbigny.

Ce genre, établi par d'Orbigny, n'est pas adopté par tous les auteurs. Plusieurs en font rentrer les espèces dans le genre Terebratula; il s'en distingue en particulier par la présence d'une *area* distincte; l'appareil interne est en outre différent; on y remarque une lame interne au milieu de la petite valve, sur laquelle viennent s'appuyer les anses qui soutiennent les bras. Je n'en ai trouvé qu'une espèce au mont Salève.

TEREBRATELLA OBLONGA, (Sow.) d'Orbigny.

(Pl. XV, fig. 22.)

SYNONYMIE.

Terebratula oblonga, Sow., 1829, Min. Conch., pl. 535, fig. 4 et 5.
    Id.   Rœmer, 1840, Kreide, p. 39.
Terebratella oblonga, d'Orb., 1847, Pal. franç., Terr. crét., p. 113, pl. 515, fig. 7-19.
    Id.   d'Orb., 1850, Prodrome, t. II, p. 85.
Terebratula oblonga, Davidson, 1855, Brit. Cret. Brach., p. 51, pl. 2, fig. 29-32.

DIMENSIONS :

Longueur	16 mm.
Largeur, par rapport à la longueur	0,75
Épaisseur » »	0,62

Coquille oblongue, assez renflée, allongée. Région palléale arrondie. La surface des deux valves est couverte de côtes régulières, plus ou moins serrées, partant du sommet de chaque valve et se prolongeant jusqu'au bord frontal; elles sont séparées par des sillons profonds. Dans les exemplaires du Salève, ces côtes ne sont point dichotomes et les valves ne présentent aucune trace de plis; il en résulte que la commissure palléale est toujours droite. La commissure latérale n'est point non plus sinueuse. Crochet recourbé, deltidium petit, aréa aplatie.

OBSERVATIONS. Cette espèce, qu'il est facile de distinguer des autres, est sujette, au Salève, à peu de variations. Les exemplaires que je connais sont plus ou moins larges ou plus ou moins renflés, mais du reste identiques entre eux. Ils ont le crochet un peu plus recourbé que ceux que d'Orbigny a représentés, mais sont parfaitement semblables aux individus que je possède du Hils de Hanovre.

La *Terebratella oblonga* est une espèce originairement trouvée dans le lower greensand d'Angleterre et décrite par Sowerby. D'Orbigny lui a rapporté les exemplaires trouvés dans le néocomien inférieur en France et en Allemagne. Ils lui ressemblent en effet extrêmement; toutefois les individus nombreux figurés par M. Davidson ont les côtes plus ou moins dichotomes, ou bien il y en a de petites intercalées entre les grandes; en outre, la région cardinale de la petite valve forme un angle beaucoup plus ouvert; il pourrait bien y avoir là une espèce distincte.

LOCALITÉ. La Varappe. Jusqu'ici trouvée seulement dans l'assise n° 5. Assez rare. Ma collection. Coll. Pictet, etc.

Explication des figures.

Pl. XV. Fig. 22. Individu de grandeur naturelle, de ma collection.

CLASSE DES MOLLUSQUES BRYOZOAIRES

Les Bryozoaires sont abondants dans le néocomien moyen du Salève; les couches n°s 2 et 4, ou marnes panachées, sont en particulier remplies de rameaux des *Multicavea*, des *Heteropora*, des *Ceriocava* qui vivaient autrefois en grande abondance fixées sur le fond de la mer néocomienne. On trouve assez rarement en bon état de conservation les restes fossiles de ces animaux; la plupart du temps les colonies sont usées et les cellules indistinctes, leur détermination devient alors impossible. Ce n'est qu'après avoir réuni un nombre d'échantillons très-considérable que j'ai pu établir avec certitude les espèces suivantes. J'en ai reconnu un bien plus grand nombre, mais j'ai dû naturellement laisser de côté toutes celles dont je n'ai pas rencontré d'exemplaire suffisamment bien conservé pour pouvoir être déterminé exactement.

J'ai suivi la classification établie dans la Paléontologie française par d'Orbigny, travail immense qui a jeté un grand jour sur l'étude des Bryozoaires fossiles. Cette classification a été vivement critiquée, mais aucune n'a encore été proposée pour la remplacer d'une manière complète. Haime, dans un Mémoire fort important sur les Bryozoaires jurassiques (*Mém. Soc. géol. de France*, t. V), a supprimé beaucoup de genres. M. Pictet (*Traité de Paléontologie*) attache beaucoup moins d'importance que d'Orbigny à certains caractères et relègue au rang de sous-genres un assez grand nombre des coupes génériques de cet auteur. M. Busk, dans ses travaux récents (*Catalogue of the Polyzoa of the British Museum*, et *Monogr. of the fossil Polyzoa of the Crag*), modifie entièrement la classification de d'Orbigny et diminue considérablement le nombre des genres, en se basant, autant qu'il l'a pu sur l'étude des Bryozoaires vivants. Il convient, du reste (*Crag Polyzoa*, p. 90), de la grande difficulté qu'il a éprouvée à établir des coupes rationnelles, surtout dans la famille des Cyclostomés correspondant à celle des Centrifuginés de d'Orbigny; elle est encore mal connue, parce qu'elle ne compte dans la nature vivante qu'un très-petit nombre de représentants. Tous les genres dont j'ai eu à m'occuper appartiennent à cette famille pour laquelle M. Busk n'a pas encore proposé une classification complète.

Il m'était impossible d'entrer dans la discussion de ces différentes manières de voir. J'ai dû, en conséquence, suivre exactement les divisions établies par d'Orbigny, dont les genres pourront facilement rentrer dans les coupes récemment proposées, si leur validité est décidément reconnue.

Je décris ci-dessous vingt-trois espèces de Bryozoaires appartenant à vingt genres, tous compris dans l'ordre des CENTRIFUGINÉS. Je n'ai rencontré aucun vestige d'espèces appartenant à l'ordre des CELLULINÉS.

Genre LATEROTUBIGERA, d'Orbigny.

Colonies en rameaux cylindriques, divisés par des dichotomisations sur des plans opposés, formant un ensemble dendroïde. Les branches sont couvertes de lignées *transversales* de cellules tubuleuses, saillantes, placées en quinconce et ne formant jamais de lignées longitudinales.

Les *Laterotubigera* ne se distinguent des *Spiropora*, d'Orb., que parce que les cellules ne se correspondent pas dans le sens longitudinal, et que les anneaux qu'elles forment autour des branches sont beaucoup moins écartés. Les cellules des *Entalophora*, d'Orb., ne sont pas disposées par lignées transversales, mais simplement en quinconce. Haime (Mém. Soc. géol. de France, t. V, p. 193) a admis le genre *Spiropora*, Lamouroux, et en fait une grande coupe dans laquelle il a englobé les *Melicertites*, d'Orb., *Laterotubigera*, d'Orb., *Tubigera*, d'Orb., et *Entalophora*, d'Orb. (non Lamouroux). Il est bien reconnu que le genre *Melicertites* doit être conservé, puisque les cellules sont operculées. Les *Spiropora, Laterotubigera* et *Entalophora*, d'Orb., doivent probablement être réunis. Quant aux *Tubigera*, qui ont des rameaux comprimés, il est bien possible que ce caractère soit assez important pour qu'il soit nécessaire de les conserver.

L'espèce unique que j'ai trouvée au Salève appartient incontestablement aux *Laterotubigera*, d'Orb.

LATEROTUBIGERA VARAPENSIS, de Loriol.

(Pl. XVI, fig. 1.)

Colonies composées de rameaux cylindriques du diamètre de 1 à 2 mill., divisés par des dichotomisations nombreuses, et souvent anastomosés. L'ensemble formait un petit buisson très-serré et très-touffu. Les branches sont couvertes de cellules tubuleuses, assez saillantes, dont le péristome est petit et en général arrondi (dans quelques cellules, toutefois, il paraît un peu irrégulier); elles sont bien distinctes et au nombre de douze à quinze par anneau transversal, ceux-ci sont rapprochés, mais ne se confondent pas. Les rameaux usés présentent des séries transverses d'ouvertures à peu près hexagonales.

RAPPORTS ET DIFFÉRENCES. Par le nombre des cellules aux lignées, leur caractère, la disposition des anneaux et la forme très-touffue de la colonie, cette espèce me semble suffisamment distincte de celles qui sont déjà connues. Elle est en particulier bien différente de la *Laterotubigera neocomiensis*, d'Orb. Cette espèce simplement indiquée dans la Paléontologie française, est assez abondante dans le néocomien de Sainte-Croix (Vaud). M. le Dr Campiche a eu l'obligeance de m'en communiquer plusieurs exemplaires authentiques, mais dont toutes les cellules sont usées. J'en ai fait représenter un rameau afin de faire saisir la différence qui existe entre cette espèce et la *L. Varapensis*. Les cellules de cette dernière sont bien plus grandes et bien moins nombreuses.

LOCALITÉ. La Varappe. Rare.

Explication des figures.

Pl. XVI. Fig. 1 a. Colonie de grandeur naturelle, de ma collection.
    » 1 b. Fragment de rameau, grossi.
    » 1 c. Coupe du même, grossie.
    Fig. 2 a. *Laterotubigera neocomiensis*, d'Orb., rameau de grandeur naturelle, de la collection de M. Campiche.
    » 2 b. Fragment du même, grossi.

GENRE REPTOTUBIGERA, d'Orbigny.

Colonie encroûtante représentant des branches élargies, simples ou dichotomes, rampant à la surface des corps sous-marins et pourvues de lignées de cellules transversales, espacées, saillantes en tubes à leur extrémité, du reste peu distinctes. Les *Reptotubigera* peuvent être envisagées comme des *Idmonea* encroûtantes.

REPTOTUBIGERA SIMPLEX, de Loriol.

(Pl. XVI, fig. 3.)

Colonie formée d'une simple branche élargie, virguliforme et très-convexe; elle est couverte de lignées de trois cellules de chaque côté, non séparées sur le faîte. Ces cellules sont assez distinctes et forment comme de petits tubes dressés perpendiculairement à la base de la branche. Entre les lignées de cellules, on remarque une dépression assez prononcée.

Rapports et différences. Cette espèce se rapproche beaucoup de la *Reptotubigera virgula*, d'Orb.; elle s'en distingue toutefois par la forme différente de sa colonie et ses lignées de cellules non alternes sur le faîte de la branche. La *R. neocomiensis*, d'Orb., a ses branches dichotomes et moins convexes, les cellules s'étendent dans le sens de la longueur de la colonie, au lieu d'être perpendiculaires à la base. De très-bons échantillons de cette espèce du néocomien de Sainte-Croix, que M. Campiche a eu la bonté de me communiquer, m'ont permis de bien apprécier les différences qui existent entre ces deux espèces.

Localité. La Varappe, sur un moule intérieur de *Venus sub-Brongniartina*. Très-rare.

Explication des figures.

Pl. XVI. Fig. 3 a. Colonie de grandeur naturelle, de ma collection.
   » 3 b. La même, grossie.
   » 3 c. La même vue de côté, grossie.

Genre ENTALOPHORA, Lamouroux.

Colonie fixe par la base, d'où partent des rameaux cylindriques, divisés par des dichotomisations et formant un ensemble dendroïde. Cellules en lignées longitudinales arrangées en quinconce, sans former de lignées transversales; elles sont tubuleuses, plus ou moins allongées et ne forment qu'une seule couche. Les rameaux sont terminés par une partie convexe, quelquefois conique, couverte de germes de cellules arrangés en quinconce. L'usure fait paraître les rameaux couverts d'ouvertures rhomboïdales contiguës, en quinconce. Jamais de pores intermédiaires. J'ai signalé plus haut les rapports qui existent entre les *Laterotubigera* et les *Entalophora* qui ne diffèrent que par la disposition de leurs cellules, en lignées *transversales* dans le premier de ces genres, et en lignées *longitudinales* ou en quinconce dans le second.

Entalophora Salevensis, de Loriol.

(Pl. XVI, fig. 4.)

Colonies rameuses, formées de rameaux cylindriques d'environ 2 mill. de diamètre, divisés par des dichotomisations sur des plans opposés. Cellules formant de vingt à vingt-cinq lignées longitudinales arrangées en quinconce, fort rapprochées, très-courtes, visibles à l'extérieur par leur ouverture tubuleuse, peu saillante. Les rameaux usés laissent voir des ouvertures en losanges très-rapprochées. Sur la tranche des rameaux, on aperçoit un grand nombre de germes de cellules affectant la forme de losanges et disposés en quinconce. Le centre des rameaux paraît quelquefois rempli d'une matière étrangère, celui que j'ai fait figurer est dans ce cas; dans d'autres fragments, il contient des germes de cellules. Je n'ai pu observer qu'une extrémité de rameau bien conservée; je n'y ai pas vu de germes de cellules, mais bien des cellules entièrement développées.

Observations. L'espèce que je viens de décrire me paraît appartenir en tous points au genre *Entalophora* tel que d'Orbigny l'a circonscrit. Ce que je ne m'explique pas bien c'est pourquoi le centre de la plupart des rameaux paraît d'une matière différente sans qu'on puisse y voir de germes de cellules. Le fait que l'extrémité des rameaux était couverte de cellules suffit pour prouver que les rameaux n'étaient pas *creux* lorsque le bryozoaire vivait, circonstance qui ferait rentrer l'espèce dans le genre *Diastopora*.

Rapports et différences. Voisine de l'*Entalophora angusta*, d'Orb., l'espèce du Salève s'en distingue par ses cellules plus nombreuses, plus courtes, ne formant pas de saillie à l'extérieur et visibles seulement par leur ouverture.

Localité. La Varappe. Très-rare. Ma collection.

Explication des figures.

Pl. XVI. Fig. 4 a. Colonie de grandeur naturelle.
    » 4 b. Rameau grossi.
    » 4 c. Extrémité de rameau, grossie.
    » 4 d. Coupe d'un rameau, grossie.

Genre DIASTOPORA, Lamouroux.

Colonie se développant en une lame libre, mince, enroulée sur elle-même, de manière à former des tubes, ou simplement contournée de diverses manières, couverte en dessous d'une épithèque. Cellules en lignées irrégulières ou en quinconce, ou éparses; elles sont tubuleuses, mais souvent peu saillantes.

Les *Diastopora* telles que les entendait d'Orbigny, sont des *Berenicea* en lame libre et non encroûtante. Cet auteur en avait séparé, sous le nom de *Mesinteripora*, les espèces en forme de lame couverte de cellules des deux côtés. Haime a observé que ce sont de vraies *Diastopores* dont les lames se sont intimement soudées, épithèque contre épithèque.

DIASTOPORA NEOCOMIENSIS, de Loriol.

(Pl. XVI, fig. 8.)

Colonies en lame mince, s'arrondissant en tube du diamètre de 12 mill. environ, duquel se séparaient des rameaux fistuleux dont il ne reste que des traces dans mon exemplaire. Cellules en lignes irrégulières ou en quinconce, écartées les unes des autres, tubuleuses, avec des péristomes circulaires. On observe sur la tranche des lames des germes de cellules assez nombreux, disposés sur une ou deux lignes. La surface entière de la colonie est couverte de perforations très-petites et visibles seulement au microscope. Haime en a observé de semblables dans les Diastopores jurassiques.

RAPPORTS ET DIFFÉRENCES. Voisine de la *Diastopora tubulosa*, d'Orb., cette espèce s'en distingue par ses colonies s'enroulant en tubes beaucoup plus grands, et par ses cellules plus espacées et beaucoup moins saillantes. J'ai pu m'assurer que ces deux espèces sont entièrement différentes en comparant des échantillons très-frais de la *Diastopora tubulosa*, d'Orb., conservés dans la collection de M. Campiche.

LOCALITÉ. La Varappe. Très-rare. Ma collection.

Explication des figures.

Pl. XVI. Fig. 8 a. Portion de colonie de grandeur naturelle.
    » *8 b.* Fragment grossi.

GENRE STOMATOPORA, Bronn.

Colonie fixe, rampante, composée d'une série de cellules tubuleuses, formant une seule rangée, se bifurquant de manière à former un ensemble ramifié et dendroïde. Cellules longues, criblées de pores très-petits, terminés par un péristome légèrement saillant en tube.

Les *Stomatopora* se distinguent des *Proboscina* en ce que les cellules sont disposées sur une rangée unique et non sur plusieurs lignes.

J'ai rencontré deux espèces appartenant à ce genre. Une est nouvelle.

STOMATOPORA INCRASSATA, d'Orbigny.

(Pl. XVI, fig. 5.)

SYNONYMIE.

Alecto incrassata, d'Orbigny, 1850, Prodrome, t. II, p. 86.
Stomatopora incrassata, d'Orb., 1851, Pal. franç., Terr. crét., t. V, p. 837, pl. 628, fig. 9-11.

Colonie formant un réseau à mailles lâches. Rameaux plusieurs fois anastomosés, du diamètre de $^2/_3$ de mill. environ. Cellules fort irrégulières, les unes longues, les autres courtes ; les unes renflées, les autres rétrécies, toutes sont entièrement soudées et peu distinctes, sauf par leur ouverture qui est assez saillante et arrondie ; les parois sont épaisses, criblées de pores très-petits.

RAPPORTS ET DIFFÉRENCES. Les espèces de *Stomatopora* sont très-difficiles à distinguer d'une manière tout à fait satisfaisante, et au premier abord, celle du Salève que je viens de décrire, me paraissait nouvelle. Cependant, bien qu'elle soit quelque peu différente de l'individu figuré par d'Orbigny, elle me paraît devoir être rattachée à cette espèce. Dans l'échantillon représenté dans la Paléontologie française, les cellules sont moins irrégulières et leur péristome un peu plus grand ; les rameaux sont moins divisés et moins anastomosés. L'exemplaire que j'ai fait figurer a été dessiné avec une exactitude parfaite. Celui de d'Orbigny était peut-être dans un autre état de conservation, et les quelques différences qu'ils présentent ne me paraissent pas sortir des limites de variation que peuvent offrir plusieurs individus d'une même espèce.

J'ai pu observer un individu de Sainte-Croix, de la collection de M. Campiche, tout à fait identique à ceux du Salève.

LOCALITÉS. La Varappe, la Croisette. Se trouve sur la surface d'autres bryozoaires. Assez rare. Ma collection. Coll. Pictet.

Explication des figures.

Pl. XVI. Fig. 5 a. Colonie de grandeur naturelle, de ma collection.
 »   *5 b.* Portion de la même, grossie.

Stomatopora filiformis, de Loriol.

(Pl. XVI, fig. 6 et 7.)

Colonie composée de rameaux droits, extrêmement grêles, filiformes, dichotomes, mais ne s'anastomosant pas entre eux. Cellules très-allongées, un peu renflées au milieu, très-distinctes, à parois minces, couvertes de perforations très-petites, terminées par une ouverture arrondie, assez grande, saillante en tube.

Rapports et différences. Cette espèce, voisine de la *Stomatopora subgracilis*, d'Orb., me paraît s'en distinguer suffisamment par ses cellules un peu plus renflées, non ridées, à ouverture plus grande et plus saillante. J'avais d'abord cru lui trouver des rapports très-grands avec la *St. granulata*, Edwards, mais une étude attentive de la figure donnée par cet auteur (Ann. Sc. nat., 2me série, t. IX, p. 205, pl. XVI, fig. 3), m'a convaincu que c'était une espèce très-différente.

Localité. La Varappe. Coll. Pictet. Ma collection.

Explication des figures.

Pl. XVI. Fig. 6 a. Colonie de grandeur naturelle, de la collection de M. Pictet.
   » 6 b. La même, grossie.
Fig. 7 a. Autre colonie de grandeur naturelle.
   » 7 b. La même, grossie.

N. B. Les colonies de grandeur naturelle sont représentées trop larges.

Genre BERENICEA, Lamouroux.

Colonies encroûtantes, fixes, composées d'une seule couche de cellules tubuleuses, plus ou moins saillantes, disposées irrégulièrement et formant des taches ou incrustations sur les corps sous-marins. Les cellules sont soudées à leur base et ordinairement libres à leur extrémité; elles sont terminées par un péristome arrondi et criblées de pores extrêmement petits; d'Orbigny ne mentionne pas ce caractère. Je l'ai observé très-distinctement dans les *B. flabelliformis*, Rœmer, et *pulchella*, de L.; Haime le regardait comme propre à toutes les espèces du genre.

Il est difficile de se faire une idée exacte de ce que doit être le genre *Berenicea*, c'est-à-dire de la manière dont Lamouroux l'a compris lorsqu'il l'a créé. D'Orbigny prétend que le type de Lamouroux est une espèce vivante (*B. proeminens*) qu'il a figurée, et qui n'a qu'*une* couche de cellules. Haime soutient qu'on ne sait ce que c'est que cette *Berenicea proeminens* et que le type du genre est la *Berenicea diluviana*, espèce jurassique qui a plusieurs couches de cellules; conséquemment Haime a assigné ce caractère à tout son genre *Berenicea* qui n'est plus le genre *Berenicea* de d'Orbigny, mais son genre *Reptomultisparsa*. Haime a soutenu également (Mém. Soc. géol. de France, t. V, p. 176) que les *Berenicea* de d'Orbigny, qui toutes n'ont qu'une seule couche de cellules, ne sont que des espèces jeunes n'ayant point atteint leur développement; les *Multisparsa* et *Reptomultisparsa* ne seraient, selon lui, que des *Berenicea* bien développées. M. Pictet (Traité de Paléontologie, t. IV, p. 136) regarde les *Berenicea* comme des *Diastopora* encroûtantes; M. Busk (Crag Polyzoa, p. 109) les envisage comme des *Diastopores* enveloppantes. J'ai admis ici le genre tel qu'il a été défini par d'Orbigny, c'est-à-dire comprenant les espèces dont les colonies sont composées d'une *seule* couche encroûtante de cellules tubuleuses irrégulièrement disposées et formant une incrustation arrondie ou irrégulière.

J'ai à citer trois espèces de Berenicea : une seule est nouvelle.

BERENICEA POLYSTOMA, Rœmer.

(Pl. XVII, fig. 3.)

SYNONYMIE.

Cellepora polystoma, Rœmer, 1839, Oolith. Nachtrag., p. 14, pl. 17, fig. 6.
Rosacilla polystoma, Rœmer, 1840, Kreide, p. 19.
Diastopora polystoma, d'Orb., 1850, Prodrome, t. II, p. 86.
Diastopora gracilis, d'Orb., 1851, Pal. fr., Terr. crét., t. V, pl. 635, fig. 6-9 (non *Diastopora gracilis*. Edw.).
Berenicea polystoma, d'Orb., 1852, Pal. franç., Terr. crét., t. V, p. 863, pl. 635, fig. 6-9.

Colonie fixe formant une tache arrondie, encroûtante, assez régulière. Cellules éparses, allongées, minces, cylindriques, légèrement rétrécies vers leur extrémité, très-rapprochées et très-saillantes en tubes, leur péristome est petit et arrondi. Je n'ai pu voir les fines stries transversales dont parle Rœmer. Il n'y a évidemment qu'une couche de cellules.

Rapports et différences. Cette espèce peut être rapportée avec certitude à la *Berenicea polystoma*, à laquelle elle ressemble en tout point, les cellules sont peut-être un peu plus petites. La *Berenicea gracilis*, d'Orb., me paraît ressembler extrêmement à la *B. polystoma*, et je ne puis comprendre pourquoi elles ont été séparées comme espèces, car les différences indiquées par d'Orbigny peuvent parfaitement n'être dues qu'à un état de développement différent. Il est du reste fort difficile de distinguer entre elles les différentes espèces de Berenicea indiquées par les auteurs, plusieurs n'étant séparées que par des caractères peu tranchés.

Localité. La Varappe. Assez rare. Ma collection. Coll. Pictet.

Explication des figures.

Pl. *XVII. Fig. 3 a.* Colonie de grandeur naturelle, fixée sur une Térébratule. Ma collection.
      » *3 b.* La même, grossie.

Berenicea flabelliformis, (Rœmer) d'Orbigny.

(Pl. XVII, fig. 1 et 2.)

SYNONYMIE.

Aulopora flabelliformis, Rœmer, 1839, Oolith. Nachtrag., p. 15, pl. 17, fig. 4.
Rosacilla flabelliformis, Rœmer, 1840, Kreide, p. 19.
Diastopora flabelliformis, d'Orb., 1850, Prodrome, t. II, p. 86.
Berenicea flabelliformis, d'Orb., 1851, Pal. franç., Terr. crét., t. V, p. 861.

Colonie encroûtante, composée de faisceaux nombreux de cellules rapprochés les uns des autres, disposés irrégulièrement et couvrant parfois une assez grande surface ; dans d'autres exemplaires, on n'en voit que deux ou trois ensemble. Les cellules sont très-allongées, très-distinctes, peu ou point renflées et terminées par une ouverture arrondie et très-saillante ; elles se dichotomisent très-régulièrement, comme on peut le voir (fig. 2). Leurs parois sont percées d'une infinité de petits trous.

Rapports et différences. Cette espèce, par la disposition de ses cellules et leur forme allongée et régulièrement dichotome, est bien distincte des autres : les colonies ont un aspect tout particulier. Les ouvertures saillantes de ses cellules lui donneraient quelque ressemblance avec la *B. megapora*, d'Orb , mais la forme allongée des cellules de la *B. flabelliformis* est tout à fait différente de celles de la *B. megapora*, telles du moins qu'elles sont représentées dans la figure de la Paléontologie française, qui ne me paraît pas assez complète.

Observations. Rœmer a figuré d'une manière assez imparfaite son *Aulopora flabelliformis*, mais il me paraît évident que l'espèce du Salève est exactement la même, elle correspond en tout point à sa description. La fig. 1 *b* (pl. XVII) représente les extrémités grossies de deux faisceaux ; ceux-ci sont souvent très-allongés, et j'en ai vu dans quelques exemplaires qui avaient entièrement l'aspect de celui que Rœmer a représenté. Je n'ai pas observé de faisceau isolé, on en voit toujours plusieurs ensemble qui s'étendent dans tous les sens.

LOCALITÉ. La Varappe. Se rencontre sur des mollusques ou d'autres bryozoaires ; elle n'est pas rare. Ma collection. Coll. Pictet.

Explication des figures.

Pl. XVII. Fig. 1 a. Colonie de grandeur naturelle, de ma collection.
    » 1 b. Fragment de la même, grossi.
    Fig. 2. . Cellule grossie, montrant la manière dont elles se dédoublent.

BERENICEA PULCHELLA, de Loriol.

(Pl. XVI, fig. 9.)

Colonie encroûtante, composée de groupes de cellules disposées en éventail autour d'un noyau central très-petit. Elles sont assez allongées, tubuleuses, renflées, rétrécies aux deux extrémités et notablement près de l'ouverture, qui est arrondie, assez grande et saillante, leurs parois sont couvertes de perforations très-marquées, mais moins nombreuses que dans la *Berenicea flabelliformis;* elle ne se dédoublent point comme dans cette espèce.

RAPPORTS ET DIFFÉRENCES. Cette espèce, à première vue, ressemble beaucoup à la *Berenicea flabelliformis* (Rœmer), d'Orb. Elle m'a paru cependant présenter des différences assez grandes pour devoir en être distinguée. Les cellules sont plus courtes, renflées et non cylindriques, les perforations de leurs parois sont bien moins nombreuses et plus marquées. Dans les échantillons très-frais de la *B. pulchella* que j'ai pu observer, je n'ai point vu de cellules se dédoubler comme c'est le cas pour presque toutes celles de la *B. flabelliformis.* Ce caractère important me paraît justifier à lui seul la séparation des deux espèces.

LOCALITÉ. La Varappe. Rare.

Explication des figures.

Pl. XVI. Fig. 9 a. Colonie de grandeur naturelle, de ma collection.
    » 9 b. Groupe de cellules grossi.

GENRE REPTOMULTISPARSA, d'Orbigny.

Colonies encroûtantes composées de plusieurs couches de cellules qui se recouvrent successivement. Cellules éparses comme celles des *Bere-*

nicea, formant un tube plus ou moins saillant. Les *Reptomultisparsa* sont des *Berenicea* avec plusieurs couches de cellules. Les *Cellulipora,* avec des cellules identiques, se composent de sous-colonies ayant chacune un accroissement individuel. Je n'ai trouvé au Salève qu'une espèce déterminable appartenant à ce genre; il en existe une seconde. mais je n'en connais pas d'exemplaire bien conservé.

Reptomultisparsa Haimeana, de Loriol.

(Pl. XVII, fig. 4.)

Colonies composées de trois ou quatre couches de cellules formant des expansions très-étendues sur les corps sous-marins. La plupart des cellules sont peu distinctes, à parois épaisses, soudées dans toute leur longueur, et distribuées en groupes sur la surface de la colonie, rayonnant en général autour d'un espace lisse. Cette organisation ressemble beaucoup à celle des *Semimultisparsa,* mais notre espèce n'appartient pas à ce genre, puisqu'elle ne forme point de lame libre. Les groupes de cellules ne sont point des sous-colonies ayant un accroissement individuel comme dans les *Cellulipora,* mais leur ensemble forme une seule couche sur toute la surface de la colonie, recouvrant celle qui est dessous.

RAPPORTS ET DIFFÉRENCES. La *Reptomultisparsa glomerata,* d'Orb., est voisine de cette espèce, mais la disposition de ses cellules est différente. La *R. congesta,* d'Orb., a également avec elle beaucoup de rapports; elle en diffère par ses couches de cellules bien plus épaisses et infiniment plus étendues.

LOCALITÉ. La Varappe. Assez rare. Ma collection. Coll. Pictet.

Explication des figures.

Pl. XVII. Fig. 4 a. Colonie de grandeur naturelle, de ma collection.
> *4 b.* Fragment de la même, grossi.

Genre SPIROCLAUSA, d'Orbigny.

Colonie fixée par la base d'où partent des rameaux divergents, formant un ensemble dendroïde. Branches pourvues de zones spirales saillantes,

couvertes de cellules tubuleuses; les intervalles sont lisses dans les échantillons frais, mais l'usure y fait apparaître de nombreuses cellules avortées. Les rameaux usés sont couverts de perforations anguleuses toujours
plus grandes sur les zones spirales proéminentes. L'accroissement se fait
par l'extrémité des rameaux seulement, caractère qui distingue ce genre
des *Terebellaria*, Lamouroux.

Spiroclausa neocomiensis, de Loriol.

(Pl. XVII, fig. 5.)

Colonie fixe sur une base large, d'où partent de nombreux rameaux divergents et divisés
par des dichotomisations sur des plans opposés, formant un ensemble très-touffu. Les rameaux
sont pourvus de zones saillantes en forme d'anneau, couvertes de cellules tubuleuses, à ouverture arrondie, disposées sur environ quatre lignées irrégulières. Ces zones sont très-rapprochées; les intervalles qui les séparent sont presque entièrement lisses; on y remarque pour-
tant ici et là une cellule arrondie; dans les rameaux usés ces intervalles, de même que les
anneaux saillants, sont couverts de perforations anguleuses toujours plus grandes sur les
parties proéminentes. Les rameaux sont très-tortueux; la partie basilaire, qui est assez étalée.
présente des petits monticules couverts de cellules tubuleuses, tandis que les dépressions
correspondantes en sont presque dépourvues. Cette organisation rappelle tout à fait celle des
Reptoclausa. La coupe des rameaux montre l'intérieur tout rempli de germes de cellules.

RAPPORTS ET DIFFÉRENCES. Cette espèce se distingue à première vue de la *Spiroclausa spi-
ralis*, d'Orb., par ses zones saillantes moins régulières, toujours moins obliques et beaucoup
plus rapprochées.

LOCALITÉ. La Varappe. Très-rare. Ma collection. Coll. Pictet.

Explication des figures.

Pl. XVII. Fig. 5 a. Colonie de grandeur naturelle, de la collection Pictet.
> 5 b. Rameau grossi.
< 5 c. Tranche d'un rameau, grossie.

Genre REPTOCLAUSA, d'Orbigny.

Colonie rampante, encroûtante, formée de groupes de cellules étroits,
allongés, élevés en toit, isolés au milieu d'une surface *lisse* dans les échan-

tillons très-frais, mais que l'usure fait paraître couverte de cellules avortées, très-rapprochées. Les cellules sont tubuleuses, courtes, arrangées en lignes transversales alternant sur le faîte des groupes.

Les *Reptoclausa* sont des *Semiclausa* encroûtantes.

REPTOCLAUSA NEOCOMIENSIS, d'Orbigny.

(Pl. XVII, fig. 7.)

SYNONYMIE.

Reptoclausa neocomiensis, d'Orbigny, 1851, Pal. franç., Terr. crét., t. V, p. 888, pl. 765, fig. 1 et 2.

Colonie encroûtante, épaisse, irrégulière. Groupes de cellules nombreux, ovales, allongés, placés assez irrégulièrement, souvent en quinconce, quelquefois se suivant en lignes, toujours très-isolés, mais séparés par des intervalles plus étroits qu'eux-mêmes. Chaque groupe est couvert, en moyenne, d'une dizaine de lignées de trois à quatre cellules alternant sur le faîte. Quelques groupes n'ont que quatre à cinq lignées, d'autres en ont au moins douze. Les intervalles sont lisses dans un échantillon très-frais que j'ai pu recueillir, dans un autre un peu usé ils apparaissent réticulés par le fait des nombreuses cellules avortées, irrégulières, très-rapprochées que recouvre seulement un mince épiderme de matière calcaire.

RAPPORTS ET DIFFÉRENCES. Il n'y a encore que deux espèces décrites appartenant à ce genre : celle-ci, et une autre de l'étage sénonien différente par l'épaisseur bien moindre de ses colonies et l'arrangement des groupes de cellules.

OBSERVATIONS. Les échantillons de cette espèce qui ont été trouvés au Salève, appartiennent incontestablement à la *R. neocomiensis*, d'Orb. Je les ai comparés avec un exemplaire de Sainte-Croix que M. le Dr Campiche a bien voulu me communiquer; ils sont identiques. Les colonies sont grandes, irrégulières, assez contournées, mais présentant partout de petits groupes de cellules allongés; l'une d'elles encroûte complétement une Pleurotomaire.

LOCALITÉ. La Varappe. Ma collection. Coll. Pictet.

Explication des figures.

Pl. XVII. Fig. 7 a. Colonie de grandeur naturelle, de ma collection.
    » 7 b. Fragment de la même, grossi.

GENRE REPTOMULTICLAUSA, d'Orbigny.

Colonie rampante, encroûtante, formée de plusieurs couches de cellules tubuleuses, irrégulièrement disposées, séparées par un intervalle assez grand, lisse, mais au-dessous duquel se trouvent beaucoup de cellules avortées, irrégulières, très-rapprochées, que l'usure met au jour.

Les *Reptomulticlausa* sont des *Semimulticlausa* encroûtantes.

REPTOMULTICLAUSA ORBIGNYANA, de Loriol.

(Pl. XVII, fig. 6.)

Colonie en lame encroûtante, composée de plusieurs couches très-minces de cellules; celles-ci sont assez écartées, peu saillantes. Cellules avortées, petites, irrégulières, nombreuses, visibles seulement après que l'usure a détruit l'épiderme calcaire qui les recouvre. Cet épiderme paraît, sous le microscope, couvert d'une multitude de perforations très-fines, de trop petite dimension pour qu'on puisse leur appliquer le nom de pores intermédiaires, dans le sens du moins que leur donne d'Orbigny. Elles ont du reste été déjà observées dans plusieurs autres bryozoaires.

RAPPORTS ET DIFFÉRENCES. Cette espèce diffère de la seule qui ait été indiquée jusqu'ici par ses colonies formant une simple tache encroûtante couverte de cellules séparées par de grands intervalles remplis de perforations excessivement fines et non de réticulations.

OBSERVATIONS. Je ne connais encore qu'un seul échantillon de cette espèce; elle forme une grande tache encroûtant un spongitaire. Elle est exactement intermédiaire entre le genre *Semimulticlausa*, dont elle a tout à fait l'organisation cellulaire, et les *Reptomulticlausa* dont elle avait le mode de vivre. Il est bien probable que ces deux genres devront être un jour réunis.

LOCALITÉ. La Varappe. Très-rare. Ma collection

Explication des figures.

Pl. XVII. Fig. 6 a. Colonie de grandeur naturelle, de ma collection.

     » 6 b. Fragment grossi. On voit quelques cellules avortées que l'usure a mises au jour.

Genre MULTIZONOPORA, d'Orbigny.

Colonies formant un ensemble dendroïde. Branches cylindriques, divisées par des dichotomisations sur des plans opposés, couvertes de cellules tubuleuses, mais très-peu saillantes, disposées en groupes transverses irréguliers, et de pores également groupés. Entre les cellules sont de nombreux pores intermédiaires.

Ce genre ne diffère des *Zonopora* que par ses cellules distribuées sur plusieurs couches, et non sur une seule.

MULTIZONOPORA RAMOSA, d'Orbigny.

(Pl. XVII, fig. 8.)

SYNONYMIE.

? Heteropora arborea, Koch et Dunker, 1837, Beitr. Nordd. Ool., p. 56, pl. 6, fig. 14.
    Id.   Rœmer, 1839, Ool. Nachtr., p. 12, pl. 17, fig. 17.
Heteropora ramosa, Rœmer, 1840, Kreide, p. 24, n° 4.
Zonopora ramosa, d'Orbigny, 1850, Prodrome, t. II, p. 87.
Ceriopora arborea, d'Orbigny, 1850, Prodrome, t. II, p. 94.
Multizonopora ramosa, d'Orb., Pal. franç., Terr. crét., t. V, p. 927, pl. 772, fig. 1 et 2.

N. B. La synonymie exacte de cette espèce est assez difficile à établir. L'espèce de Koch et Dunker me paraît, à en juger par la figure, appartenir à un autre genre. C'est une vraie *Heteropora;* rien n'indique qu'il y ait des zones de pores sans cellules, ni que ces dernières soient sur plusieurs couches. Si toutefois il venait à être bien reconnu que l'espèce de d'Orbigny est la même, elle devrait prendre le nom de *Multizonopora arborea*, qui est le plus ancien.

Colonies composées de rameaux gros et courts, peu divisés, formant un ensemble dendroïde et flabelliforme. Cellules peu saillantes, disposées par plusieurs couches en groupes très-irréguliers ; elles sont généralement placées en quinconce.

RAPPORTS ET DIFFÉRENCES. La *Multizonopora Ligeriensis*, d'Orb., diffère de celle-ci par ses rameaux ordinairement moins épais, la forme générale de la colonie moins allongée et plus touffue, ses cellules et ses pores plus gros.

Observations. Cette espèce, facile à distinguer, n'est pas très-commune au Salève; je n'en ai que des échantillons peu complets. Comparés avec des exemplaires de Sainte Croix, de la collection de M. le Dr Campiche, ils m'ont paru entièrement identiques.

Localités. La Varappe, la Croisette. Ma collection. Coll. Pictet.

Explication des figures.

Pl. XVII. Fig. 8 a. Colonie de grandeur naturelle.
    » *8 b.* Fragment grossi.

Genre MULTICAVEA, d'Orbigny.

Colonie formée de sous-colonies confluentes, placées autour de tiges cylindriques, rameuses, divisées par des dichotomisations nombreuses formant un ensemble dendroïde. Chaque sous-colonie est analogue à la colonie des *Unicavea,* mais peu régulière, confluente; au milieu est un groupe de pores opposés en nombre plus ou moins grand, d'où partent des lignées de cellules très-irrégulières, plus ou moins tubuleuses. « Dans la tranche « des rameaux, on voit au centre les cellules centrifuges obliques et ascen- « dantes du premier âge; car ensuite les cellules et les pores intermédiaires « sont transversaux et fort irréguliers. »

Telle est la caractéristique que d'Orbigny a donnée de ce genre, dans lequel les colonies sont composées de sous-colonies confluentes semblables à celles des *Unicavea;* il n'est pas très-facile de le bien comprendre. Dans l'une des espèces qui le composent, la *M. magnifica,* d'Orb., les sous-colonies sont très-distinctes; dans la *M. lateralis,* d'Orb., et dans l'espèce du Salève, elles sont au contraire très-indistinctes, irrégulières, séparées par de nombreux pores intermédiaires et présentent tout à fait l'aspect des groupes de cellules des *Zonopora.*

Lorsqu'on ne peut voir distinctement la tranche des rameaux, il est très-difficile de distinguer la *M. neocomiensis* d'une *Zonopora.*

Multicavea neocomiensis, de Loriol.

Colonie formée de rameaux cylindriques, quelquefois légèrement noueux, dont le diamètre atteint 8 et 9 mill., divisés sur des plans opposés et formant un ensemble extrêmement touffu. Sous-colonies éparses tout autour des rameaux, très-irrégulières, confluentes ou séparées par de nombreux pores intermédiaires. On a souvent de la peine à observer les pores opposés du centre, les lignées de cellules sont plus ou moins longues, mais très-irrégulières.

La tranche des rameaux est remarquable : au centre, on voit un grand nombre de petits trous; ce sont, d'après d'Orbigny, les cellules verticales du jeune âge; tout autour sont des tubes qui arrivent à la surface externe de la branche, où ils forment les cellules et les pores. Quelquefois (j'en ai plusieurs échantillons très-frais) le rameau se brise de telle sorte, qu'au centre de la tranche se trouve un petit cône parfaitement régulier, tout couvert de cellules arrondies, un peu plus petites que celles de la surface.

RAPPORTS ET DIFFÉRENCES. La *M. neocomiensis* diffère de la *M. lateralis* en ce que les sous-colonies sont éparses tout autour des branches et encore plus irrégulières; celles de la *M. magnifica*, d'Orb., sont au contraire beaucoup plus distinctes et régulières.

OBSERVATIONS. Cette espèce est fort abondante au Salève, dans les marnes panachées; elle se trouve quelquefois très-bien conservée, et alors il est facile de s'assurer qu'elle appartient au genre Multicavea. Les morceaux incomplets peuvent être pris facilement pour des Zonopora dont la tranche est absolument différente et indique une organisation tout autre. Les colonies sont quelquefois presque entières, la plupart du temps les rameaux sont silicifiés.

LOCALITÉS. La Varappe; très-abondante. La Croisette. Ma collection. Coll. Pictet.

Explication des figures.

Pl. XVIII. *Fig. 1.* . . Colonie réduite de moitié de grandeur naturelle. Coll. Pictet.
   Fig. 2 a . Rameau de grandeur naturelle. Ma collection.
   » 2 b . Coupe à l'extrémité d'un rameau, grossie.
   » 2 c . Coupe d'un autre rameau, grossie.

Genre RADIOPORA, d'Orbigny.

Colonies composées de sous-colonies confluentes superposées par couches et représentant un ensemble encroûtant, fixe, de forme plus ou moins

143

arrondie, souvent bulbeuse, quelquefois tout à fait informe. Chaque sous-
colonie ressemble à la colonie des *Unicavea;* au centre sont des pores nombreux, et autour rayonnent des lignées de cellules tubuleuses placées sur
un seul rang. Entre les cellules se trouvent un grand nombre de pores intermédiaires.

Les Radiopora sont des *Unicavea* confluentes entre elles et placées sur
plusieurs couches. Je n'ai trouvé qu'une espèce appartenant à ce genre.

RADIOPORA HETEROPORA, d'Orbigny.

(Pl. XVIII, fig. 3.)

SYNONYMIE.

Alveolites heteropora, Rœmer, 1839, Ool. Nachtr., p. 14, pl. 17, fig. 16 (fig. 8 sur la planche).
Heteropora tuberosa, Rœmer, 1840, Nordd. Kreide, p. 23, n° 2.
Polytrema subtuberosa, d'Orbigny, 1850, Prodrome, t. II, p. 94.
Monticulipora neocomiensis, d'Orbigny, 1850, Prodrome, t. II, p. 95.
Radiopora heteropora, d'Orbigny, 1850, Pal. franç., Terr. crét., t. V, p. 993, pl. 781, fig. 13-16.

Colonie globuleuse, tubéreuse, variable dans sa forme, couverte de petits mamelons plus
ou moins nettement accusés. En général, chaque sous-colonie occupe un de ces mamelons
et se trouve ainsi plus ou moins convexe; elles sont composées d'un centre rempli de pores,
duquel rayonnent des lignées de cellules tubuleuses plus ou moins régulièrement disposées
et tout entourées de pores intermédiaires.

Toutes les sous-colonies sont très-confluentes entre elles, et les lignées de l'une s'intro-
duisent dans les lignées de l'autre. On voit nettement les diverses couches de cellules superposées dans les exemplaires bien conservés.

RAPPORTS ET DIFFÉRENCES. La forme des colonies de cette espèce et la disposition de ses
sous-colonies la font distinguer facilement.

OBSERVATIONS. Les exemplaires du Salève sont en général moins nettement mamelonnés,
et chaque sous-colonie n'occupe pas son mamelon d'une manière aussi exclusive que semble
l'indiquer d'Orbigny. En outre, les lignées sont plus irrégulières que dans la figure de la
Paléontologie française, et les cellules sont un peu plus tubuleuses. Ces légères différences ne
me paraissent provenir que de la plus ou moins bonne conservation des échantillons.

LOCALITÉS. La Varappe, la Croisette. Assez abondante.

Explication des figures.

Pl. XVIII. *Fig. 3 a.* Colonie de grandeur naturelle, de ma collection.
    »   *3 b.* Deux sous-colonies grossies.

144

Genre ECHINOCAVA, d'Orbigny.

Colonie dendroïde, rameaux cylindriques ou un peu comprimés. Chaque branche est pourvue de saillies coniques en forme d'épines. Tout l'ensemble est couvert de cellules petites simplement percées dans la masse.

Ce sont des *Ceriocava* épineuses.

Echinocava Salevensis, de Loriol.

(Pl. XVIII, fig. 4.)

Colonie dendroïde, rameaux de 16 mill. de largeur, un peu comprimés, couverts de fortes aspérités coniques en forme d'épines. Ensemble percé de cellules petites, très-rapprochées.

Rapports et différences. Cette espèce, dont je ne connais encore qu'un seul exemplaire, diffère de l'*Echinocava Raulini*, d'Orb., par sa taille quadruple et ses épines relativement beaucoup plus petites et plus nombreuses.

Localité. La Varappe. Ma collection.

Explication des figures.

Pl. XVIII. Fig. 4 a. Portion de rameau de grandeur naturelle. Une partie des épines n'ont pu être dégagées de la pierre dans laquelle elles sont empâtées.

    »   4 *b.* Fragment du même, grossi.

Genre CERIOCAVA, d'Orbigny.

Colonie dendroïde formée de rameaux cylindriques couverts d'une seule couche de cellules éparses simplement percées dans la masse, à péristomes égaux, arrondis ou anguleux. Ce sont des *Ceriopora* avec une seule couche de cellules. J'ai rencontré deux espèces appartenant à ce genre, mais une seule m'a offert des exemplaires assez bien conservés pour pouvoir être décrits et figurés.

Ceriocava Lamourouxi, de Loriol.

(Pl. XVIII, fig. 5.)

Colonie dendroïde formant un petit buisson, rameaux allongés, dichotomes, couverts de cellules extrêmement petites, rapprochées, éparses; péristomes anguleux.

Rapports et différences. Cette espèce se distingue facilement des autres par ses colonies en buissons, à rameaux grêles et allongés, beaucoup moins gros que ceux de la *Ceriopora ramulosa*.

Localité. La Varappe. Assez rare. Ma collection. Coll. Pictet.

Explication des figures.

Pl. XVIII. Fig. 5 a. Rameau de grandeur naturelle.
    »   5 b. Fragment grossi.

Genre REPTOMULTICAVA, d'Orbigny.

Colonie fixe, rampante à la surface des corps sous-marins, formée de plusieurs couches de cellules petites, poriformes, simplement percées dans la masse. Outre l'espèce indiquée, j'en ai rencontré une seconde, mais en trop mauvais état pour pouvoir être figurée.

Reptomulticava micropora, (Rœmer) d'Orbigny.

(Pl. XIX, fig. 2.)

SYNONYMIE.

Alveolites micropora, Rœmer, 1839, Nordd. Oolith. Nachtrag., p. 14, pl. 17, fig. 11.
Reptomulticava micropora, d'Orb., 1851, Pal. franç., Terr. crét., t. V, p. 1035, pl. 791, fig. 10-12.

Colonie formant une masse polymorphe, ordinairement globuleuse, à surface unie, composée de couches superposées de cellules très-nombreuses, très-petites, très-serrées, un peu anguleuses.

RAPPORTS ET DIFFÉRENCES. Les espèces de *Reptomulticava* se ressemblent beaucoup ; celle-ci se distingue des autres par ses colonies en grosses masses ordinairement globuleuses, ne présentant pas de rugosités ou de tubérosités sur leur surface extérieure.

OBSERVATIONS. La *R. micropora* est assez abondante au Salève, mais la plupart du temps les exemplaires sont très-encroûtés, on a de la peine à en distinguer les cellules, et ils ne paraissent être que des morceaux de pierre informes, mais ayant cependant toujours leurs angles arrondis. La découverte de quelques échantillons bien conservés m'a permis de reconnaître l'espèce avec certitude.

LOCALITÉS. La Varappe, Grande-Gorge, couches nᵒˢ 2, 3, 4. Commune.

Explication des figures.

Pl. XIX. Fig. 2 a. Colonie de grandeur naturelle.
» *2 b.* Fragment grossi.

GENRE NODICRESCIS, d'Orbigny.

Colonie formée de rameaux cylindriques divisés par des dichotomisations et formant un ensemble dendroïde. Rameaux portant des saillies, des mamelons ou des nœuds, et couverts d'une seule couche de cellules simplement percées dans la masse et entourées de pores intermédiaires.

Les *Nodicrescis* sont des *Heteropora* à surface cellulaire mamelonnée. La valeur de ce genre me paraît bien faible. Haime ne balance pas à le réunir aux *Heteropora*, ainsi que douze autres genres des familles des Ceidées et des Crescisidées. Je n'ai rencontré qu'une espèce de Nodicrescis ; elle est nouvelle.

NODICRESCIS EDWARDSI, de Loriol.

(Pl. XVIII. fig. 7).

DIMENSIONS :

Diamètre des rameaux. . . . . de 5 à 6 mm.

Colonie formée de rameaux nombreux, très-dichotomisés, formant un ensemble touffu; ils sont cylindriques, mais très-noueux; ils portent un grand nombre de tubercules ou mamelons arrondis, assez éloignés et irréguliers dans leur forme et leur distribution. L'extrémité des rameaux est ordinairement lisse et bifurquée. Toute la surface est couverte de cellules arrondies, irrégulièrement disposées, non tubuleuses et entourées de pores intermédiaires.

RAPPORTS ET DIFFÉRENCES. Par son ensemble très-touffu et ses rameaux couverts de nodosités ou mamelons espacés, saillants, et très-irréguliers de forme et de disposition, cette espèce me semble se distinguer suffisamment de la *Nod. tuberculata*, d'Orb., dont les cellules sont en outre plus rapprochées et entourées de pores intermédiaires moins nombreux. La *Nod. verrucosa* (Rœmer), d'Orb., de l'étage sénonien de Goslar, me paraît extrêmement voisine de cette dernière espèce.

LOCALITÉ. La Varappe. Très-rare. Coll. Pictet.

Explication des figures.

Pl. XVIII. Fig. 7 a. Colonie réduite de moitié de la grandeur naturelle.
   » *7 b.* Rameau de grandeur naturelle.
   » *7 c.* Fragment grossi.

GENRE HETEROPORA, de Blainville.

Colonie fixe par sa base, d'où partent des rameaux cylindriques divisés par des dichotomisations nombreuses formant un ensemble dendroïde. Rameaux couverts d'une seule couche de cellules éparses, irrégulières, percées simplement dans la masse, rondes ou polygonales, entre elles sont épars un grand nombre de pores intermédiaires plus petits.

Le genre *Heteropora,* dans lequel un grand nombre d'espèces ont été décrites, a été limité par d'Orbigny à celles qui présentent les caractères énumérés ci-dessus. Ses *Multicrescis* n'en diffèrent que par la présence de plusieurs couches de cellules. Comme je l'ai déjà dit, je donnerai, dans ce travail, aux genres de Bryozoaires la valeur qui leur est assignée dans la Paléontologie française, les matériaux que j'ai à ma disposition ne me permettant pas d'entrer dans une discussion à leur égard. Haime (Mém. Soc. géol. de France, t. V, p. 207) envisageait le genre Heteropora d'une manière entièrement différente. Ses observations l'avaient amené à conclure que dans un même genre pouvaient se trouver non-seulement des espèces, mais même des individus de la même espèce, présentant une seule ou plusieurs couches de cellules, des pores intermédiaires ou des cellules toutes égales, rampant à la surface des corps sous-marins, ou s'élevant en buisson sur une base fixe. Il arrivait ainsi à ramener dans un grand genre *Heteropora*, les genres *Nodicava, Reptonodicava, Ceriocava, Cava, Reptomulticava, Nodicrescis, Reptonodicrescis, Multinodicrescis, Heteropora, Crescis, Multicrescis, Reptomulticrescis* de d'Orbigny.

Ce ne sera que lorsque les zoologistes qui s'occupent des Bryozoaires, M. Busk entre autres, auront bien déterminé le rôle que jouent les pores dans la vie de l'animal, qu'il sera possible de se prononcer avec certitude sur la valeur de ces genres. Il faudra de nouvelles découvertes pour arriver à ce résultat; car, d'après M. Busk, il paraît que jusqu'à présent on n'a pas encore trouvé de Bryozoaires centrifuginés vivants, présentant des cellules de deux grosseurs. Je ne décris ici qu'une espèce d'*Heteropora;* j'en ai rencontré une autre à rameaux très-courts et peu subdivisés. Je n'en connais malheureusement aucun exemplaire assez bien conservé pour pouvoir être décrit et figuré. Je n'ai pas même pu acquérir la certitude parfaite que c'est bien une vraie Heteropora.

HETEROPORA BUSKANA, de Loriol.

(Pl. XVIII, fig. 6.)

Colonie fixe sur une base formée par une expansion foliacée; il en part en général un seul tronc divisé par de très-nombreuses dichotomisations en rameaux dressés, plus ou moins grêles et allongés. Ils sont couverts d'une seule couche de cellules éparses, généralement arrondies, et de pores intermédiaires très-petits et très-nombreux. L'extrémité des branches est ordinairement obtuse, quelquefois bifurquée, plus rarement claviforme.

OBSERVATIONS. La forme de la colonie est assez variable; dans un exemplaire (fig. 6 a), la base est formée par une lame mince, assez étendue, d'où partent plusieurs troncs divisés en nombreux rameaux grêles et allongés. Dans d'autres échantillons l'expansion basilaire manque, le tronc, assez gros, est divisé et subdivisé en une foule de rameaux courts, assez tortueux et présentant la forme d'un petit buisson arrondi; d'autres fois, le tronc est moins divisé et les rameaux sont plus gros. Dans tous ces exemplaires les cellules et les pores étant identiques, il me paraît évident qu'ils appartiennent bien à une seule et même espèce. Il n'y a du reste qu'à jeter les yeux sur la série d'exemplaires de l'*Heteropora conifera*, figurée par Haime (Mém. Soc. géol. de France, t. V, pl. XI), pour s'assurer que la forme des colonies n'a pas une bien grande importance dans les espèces de ce genre.

Rapports et différences. L'*Heteropora Constantii*, d'Orb., présente un nombre beaucoup moins grand de pores intermédiaires, et par conséquent les cellules sont bien plus rapprochées.

Localité. La Varappe. Assez abondante. Ma collection. Coll. Pictet.

Explication des figures.

Pl. XVIII. Fig. 6 a. Colonie de grandeur naturelle, de ma collection.
   » 6 b. Autre colonie de grandeur naturelle, id.
   » 6 c. Fragment grossi.
   » 6 d. Tranche d'un rameau, grossie.

Genre SEMICRESCIS, d'Orbigny.

Colonies en lames contournées de manière à former un tube creux pourvu en dedans d'une épithèque, et en dessus d'une seule couche de cellules espacées, éparses, poriformes, entre lesquelles sont de nombreux pores intermédiaires épars et anguleux. Les *Semicrescis* sont des *Heteropora* en forme de lames.

Semicrescis ramosa, de Loriol.

(Pl. XV, fig. 27.)

Colonies en lames contournées sur elles-mêmes, formant des tubes creux divisés par des dichotomisations. Ces tubes atteignent de grandes dimensions, quelques-uns ont jusqu'à 30 millimètres de diamètre. A l'extrémité des rameaux, la lame se repliait de tous les côtés sur elle-même et fermait l'extrémité du tube en s'arrondissant. Je n'ai pu réussir à examiner l'épithèque, l'intérieur des tubes étant toujours rempli de matière étrangère qu'il est fort difficile d'enlever entièrement. La surface externe est couverte de cellules rondes, poriformes, et de nombreux pores intermédiaires épars.

Observations. L'espèce remarquable que je viens de décrire est abondante au Salève, dans les marnes panachées. Malheureusement, parmi les nombreux exemplaires que nous avons recueillis, il n'en est aucun qui soit dans un état parfait de conservation. Il en résulte que je ne puis être parfaitement certain qu'elle appartienne bien au genre *Semicrescis*. Il est possible (j'ai cru le voir sans en être sûr) que les cellules et les pores soient disposés par groupes, et il se pourrait également que les cellules fussent légèrement tubuleuses comme celles des *Zonopora*. S'il en était ainsi et si la découverte de quelque exemplaire parfaitement conservé venait établir l'existence de ces caractères dans cette espèce, elle devrait former un genre spécial, le genre *Semizonopora*, car ce serait alors une *Zonopora* tubuleuse. Si, au contraire, ce bryozoaire est bien tel que je l'ai décrit, il appartient certainement au genre *Semicrescis*. En présence de ces motifs de doute, qu'il ne m'était pas possible de dissiper avec les matériaux que j'avais à ma disposition, j'ai été sur le point d'abandonner cette espèce, au moins provisoirement. Si je ne l'ai pas fait, c'est afin d'attirer l'attention des paléontologistes sur ce bryozoaire remarquable, abondant dans le néocomien du Salève, qui se rencontrera probablement dans d'autres gisements néocomiens.

Localité. La Varappe, marnes panachées. Ma collection. Coll. Pictet.

Explication des figures.

Pl. XV. Fig. 27 a. Colonie de grandeur naturelle, de ma collection.
> 27 b. Tranche d'un rameau de grandeur naturelle.
> 27 c. Fragment grossi.

Genre REPTOMULTICRESCIS, d'Orbigny.

Colonie encroûtante fixe à la surface des corps sous-marins, formée de couches superposées de cellules arrondies, entourées de nombreux pores intermédiaires.

REPTOMULTICRESCIS NEOCOMIENSIS, de Loriol.

(Pl. XIX, fig 1.)

Colonie composée de couches nombreuses et minces de cellules rondes, assez écartées et irrégulièrement distribuées; elles sont entourées de nombreux pores intermédiaires très-petits. L'ensemble forme une masse arrondie, bulbeuse, encroûtant un spongitaire dans les trois exemplaires que je connais. C'est, jusqu'ici, la seule espèce de ce genre qui ait été rencontrée dans l'étage néocomien.

LOCALITÉ. La Varappe. Rare. Ma collection. Coll. Pictet.

Explication des figures.

Pl. XIX. Fig. 1 a. Colonie de grandeur naturelle.
» 1 b. Fragment grossi.

II. ARTICULÉS

CLASSE DES ANNÉLIDES

Toutes les espèces fossiles appartenant à l'ordre des Annélides tubicoles, avaient été réunies par Linné dans son grand genre *Serpula;* Lamarck, plus tard, a établi plusieurs coupes génériques basées sur le mode de vivre, le caractère de l'enroulement des espèces, et sur la présence d'un opercule. Ces genres ont été admis par quelques auteurs, rejetés par les autres, et en particulier par Goldfuss. M. Pictet les ayant conservés dans son Traité de Paléontologie, je n'ai pas cru devoir en faire abstraction. La distinction des espèces, toujours difficile, ne pourra se faire avec une certitude parfaite que lorsqu'on connaîtra exactement jusqu'à quel point les caractères des animaux sont liés avec ceux des tubes calcaires qu'ils sécrètent. La place des Annélides, dans ce travail, a été intervertie par inadvertance.

Genre SERPULA, Linné.

Tubes solides, calcaires, plus ou moins contournés et repliés sur eux-mêmes, souvent groupés, quelquefois solitaires, fixés, à ouverture terminale arrondie.

Serpula antiquata, Sowerby.

(Pl. XXII, fig. 12.)

SYNONYMIE.

Serpula antiquata, Sow., 1820, Min. Conch., pl. 598, fig. 5-7.
    Id.   Rœmer, 1840, Nordd. Kreide, p. 100.
    Id.   Pictet et Renevier, 1854, Paléont. suisse, Fossiles de l'étage aptien de la Perte-du-Rhône,
        p. 16, pl. 1, fig. 9.

Tubes cylindriques, solides, ordinairement solitaires, peu enroulés, d'un diamètre maximum de 9 à 10 millimètres. Leur surface ne présente aucun ornement proprement dit, mais de simples lignes d'accroissement irrégulières devenant, surtout près de l'extrémité, de véritables bourrelets souvent très-prononcés, mais irrégulièrement disposés. Dans l'exemplaire figuré, le tube est, dès sa naissance, enroulé de manière à former une espèce de spire fixée sur quelque corps sous-marin, puis il se projetait en partie droite et libre. Un autre individu du Salève est simplement contourné en divers sens et replié une ou deux fois sur lui-même.

Rapports et différences. Cette espèce a du rapport avec la *S. Amphisbœna*, Goldf., qui présente comme elle des bourrelets d'accroissement, mais ils sont plus espacés, et on y remarque, en outre, des étranglements qui ne se retrouvent point dans la *S. antiquata*. Je ne trouve aucune différence entre les exemplaires du Salève et ceux de l'aptien de la Perte-du-Rhône décrits par M. Pictet.

Localité. La Varappe, marnes panachées. Ma collection. Coll. Pictet.

Explication des figures.

Pl. XXII. Fig. 12 a. Individu de grandeur naturelle, de ma collection.
    » 12 b Coupe du même.

Serpula parvula, Munster.

(Pl. XXII, fig. 13.)

SYNONYMIE.

Serpula parvula, Munster, 1826, in Goldfuss, Petrefact. Germ., p. 239, pl. 70, fig. 18.
    Id.   Rœmer, 1840, Nordd. Kreide, p. 100.

Tubes très-petits, lisses, n'ayant pas plus de $^1/_5$ de millimètre de diamètre, enroulés sur eux-mêmes de manière à former une sorte de spire très-allongée, qui atteint jusqu'à 6 millimètres de longueur, et 1 $^1/_2$ millimètre de largeur; elle est toujours diversement tordue et repliée à son origine, et se termine par une partie droite. Cette espèce, à première vue, peut paraître voisine de certains foraminifères, mais un examen un peu attentif au microscope et l'aspect de la coupe font reconnaître bientôt que c'est une véritable Serpule. Goldfuss, du reste, en a déjà donné une très-bonne figure grossie.

Localités. La Varappe, la Croisette, etc., partout. Très-commune sur presque tous les fossiles, se trouve fréquemment sur des moules intérieurs d'Acéphales. Elle a été trouvée dans le Hils de Hanovre par M. Rœmer.

Explication des figures.

Pl. XXII. Fig. 13 a. Individu de grandeur naturelle.
    » *13 b.* Un exemplaire grossi.

Genre SPIRORBIS, Lamarck.

Ce sont des Serpules qui ne se rencontrent jamais associées et dont chaque individu s'enroule régulièrement en spire trochoïde ou discoïde.

Spirorbis Phillipsii, Rœmer.

(Pl. XXII, fig. 14.)

SYNONYMIE.

Serpula Phillipsii, Rœmer, 1840, Nordd. Kreide, p. 102, pl. 16, fig. 1.

Tube de 5 millimètres de diamètre, cylindrique, lisse ou un peu strié, enroulé à gauche en spire trochoïde, assez fortement ombiliquée.

Je ne connais que deux exemplaires de cette espèce qui me paraissent appartenir au genre Spirorbis. Je ne saurais la distinguer de la *Serpula Phillipsii*, Rœmer; le tube est seulement plus lisse et la taille plus faible. L'exemplaire figuré par Rœmer est enroulé à droite; mais, d'après cet auteur, l'espèce s'enroule indifféremment à droite et à gauche.

Localité. La Varappe, marnes panachées. Ma collection.

Explication des figures.

Pl. XXII. Fig. 14 a. Individu de grandeur naturelle.
    » *14 b.* Le même, grossi.

Genre GALEOLARIA, Lamarck.

Tubes calcaires fermés par un opercule, unis dans toute leur longueur, très-nombreux, très-serrés, droits ou ondés, formant des touffes épaisses.

Galeolaria neocomiensis, de Loriol.

(Pl. XXII, fig. 15.)

Tubes très-fins, très-nombreux, très-serrés, cylindriques, de $\frac{1}{4}$ millimètre de diamètre, formant une grosse touffe ou buisson dendroïde. Ils sont les uns droits, les autres tortueux, intimement enchevêtrés et soudés les uns aux autres. Ouverture cylindrique.

RAPPORTS ET DIFFÉRENCES. Je ne connais pas d'espèce de Galéolaire décrite à laquelle je puisse rapporter celle-ci; elle diffère de la *Serpula angulosa*, Rœmer, par ses tubes cylindriques et non anguleux; ils sont plus nombreux, plus fins et plus serrés que ceux de la *Serpula socialis*, Goldfuss.

LOCALITÉS. La Croisette, la Varappe. Assez commune. Se retrouve également dans le néocomien de Neuchâtel et à Germigney (Haute-Saône).

Explication des figures.

Pl. XXII. Fig. 15 a. Groupe de tubes, de ma collection.
    » *15 b.* Coupe du même.

Ces figures sont de grandeur naturelle.

III. ZOOPHYTES

CLASSE DES ÉCHINODERMES

Je n'ai rencontré au Salève que des espèces appartenant à l'ordre des Échinides; elles sont assez nombreuses, mais trois seulement sont abondantes en individus. Parmi celles-ci, il faut citer en première ligne l'*Echinospatagus cordiformis* (*Toxaster complanatus*), qui se trouve en nombre prodigieux dans les couches marneuses. Je n'ai à décrire que peu d'espèces nouvelles, et il m'a été impossible de retrouver des exemplaires de quelques espèces qui demeurent d'une excessive rareté.

Mon travail a été extrêmement facilité par la grande obligeance de M. le professeur Desor, qui a bien voulu revoir toutes mes déterminations et qui m'a aidé de ses précieux conseils. M. Cotteau a eu également la bonté d'examiner quelques-unes de mes espèces difficiles; je lui dois plusieurs observations qui m'ont été fort utiles. Qu'il me soit permis d'exprimer ma vive reconnaissance à ces deux savants éminents, qui ont fait faire tant de pas à l'étude des Échinides.

Je n'ai pas fait représenter toutes les espèces, plusieurs d'entre elles étant déjà décrites et figurées avec une grande perfection dans les ouvrages de d'Orbigny et de MM. Agassiz, Desor, et Cotteau.

Genre ECHINOSPATAGUS, Breynius.

Ce genre, qui correspond au genre Toxaster de M. Agassiz, comprend des oursins renflés, à test mince. Les ambulacres sont très-ouverts à l'extrémité, flexueux, l'antérieur impair est logé dans un sillon. Le péristome est pentagonal, non labié. Périprocte à la face postérieure.

Echinospatagus cordiformis, Breynius.

SYNONYMIE.

Echinospatagus cordiformis, Breynius, 1732, Schediasma de Echinis, p. 61, pl. 5, fig. 3 et 4.
Spatangus retusus, Lamarck, 1816, Animaux sans vertèbres, t. III, p. 33.
Holaster complanatus, Agassiz, 1835, Mém. Soc. des Sc. nat. de Neuchâtel, t. I, p. 128, pl. 14, fig. 1.
    Id.   Agassiz, 1835, Ech. foss. Suisse, 1re partie, p. 14, pl. 2, fig. 10-12.
Toxaster complanatus, Agassiz et Desor, 1847, Catalogue raisonné, p. 131, pl. 16, fig. 4.
    Id.   d'Orb., 1850, Prodrome, t. II, p. 88.
Echinospatagus cordiformis, d'Orb., 1853, Pal. franç., Terr. crét., t. VI, p. 155, pl. 840.
Toxaster complanatus, Desor, 1858, Synopsis, p. 351.
Echinospatagus cordiformis, Cotteau, Echin. Yonne, vol. II, p. 118, pl. 61, fig. 1-6.

Voir la synonymie complète de cette espèce dans l'ouvrage de M. Cotteau, *Echin. de l'Yonne,* t. II, p. 118.

Espèce très-anciennement connue et abondante partout dans le néocomien moyen, dont elle est un des fossiles les plus caractéristiques. Elle est facile à reconnaître à sa forme rétrécie en arrière, élargie en avant, à sa face supérieure généralement déclive en avant, renflée du côté postérieur, qui est tronqué et légèrement oblique, à ses ambulacres presque pétaloïdes et très-arqués, dont l'antérieur impair est logé dans un profond sillon, enfin à son sommet ambulacraire excentrique. — La forme de cet oursin est très-variable, et, comme l'a dit M. Agassiz, on trouve à peine deux exemplaires semblables. Il n'est donc pas étonnant qu'on ait cherché à faire plusieurs espèces de ses diverses variétés. Parmi celles que j'ai observées au Salève, deux sont particulièrement remarquables, et on ne saurait comprendre comment les exemplaires bien caractérisés qui se rencontrent abondamment, peuvent appartenir à la même espèce, si ces types extrêmes n'étaient pas reliés par une foule de passages insensibles. L'une a la face supérieure extrêmement déclive et aplatie en avant, l'ensemble est très-déprimé, la plus grande hauteur se trouve assez en arrière du sommet ambulacraire. L'autre, au contraire, est renflée, gibbeuse, élevée, la face supérieure est à peine déclive en avant, la plus grande hauteur se trouve au sommet ambulacraire, l'aire interambulacraire postérieure est renflée et comme carénée. Le type de l'espèce, tel qu'il a été figuré par d'Orbigny, se trouve entre ces deux variétés extrêmes; il se rencontre également au Salève.

RAPPORTS ET DIFFÉRENCES. L'*Echinospatagus granosus*, d'Orb., est bien voisin de l'*E. cordiformis*, mais ses ambulacres sont plus droits, le sillon antérieur beaucoup moins profond, les tubercules plus saillants dans la partie antérieure et surtout dans le sillon de l'ambulacre impair. L'*E. neocomiensis*, Cotteau, est beaucoup plus renflé que les variétés hautes de l'*E. cordiformis;* son sommet est central, son appareil apicial plus allongé. L'*E. Ricordeanus*, Cotteau, est également bien plus renflé, plus élevé, son sillon ambulacraire est beaucoup moins profond, quoique très-large, son sommet central.

LOCALITÉ. Très-abondante partout au Salève et dans toutes les couches, sauf cependant dans la plus inférieure n° 1, dans laquelle je n'en ai pas encore rencontré un seul exemplaire.

GENRE HOLASTER, Agassiz.

Oursins cordiformes, à test mince. Péristome toujours excentrique, bilabié. Périprocte à la face postérieure. Ambulacres à fleur de test. Zones porifères non sinueuses, composées de pores allongés, inégaux. Point de fascioles. Le genre *Echinospatagus*, Breynius (*Toxaster*, Agassiz), qui en est voisin, s'en distingue par ses ambulacres flexueux, dont les pairs sont pétaloïdes, par son péristome non labié et par son appareil apicial non allongé. Je n'en connais qu'une espèce au Salève.

HOLASTER INTERMEDIUS, (Munster) d'Orbigny.

SYNONYMIE.

Spatangus intermedius, Münster, 1826, in Goldfuss, Petr. Germ., p. 149, pl. 46, fig. 1.
Holaster L'Hardyi, Dubois, 1836, Voyage au Caucase, pl. 1, fig. 8, 9, 10 (d'après Agassiz).
 Id. Agassiz, 1839, Échin. suisses, 1re partie, p. 12, pl. 2, fig. 4-6.
 Id. Agassiz et Desor, 1847, Catalogue raisonné, p. 133.
 Id. d'Orbigny, 1850, Prodrome, t. II, p. 87.

Holaster intermedius, d'Orbigny, 1853, Pal. franç., Terr. crét., t. VI, p. 76, pl. 810 (non Agassiz).
Holaster L'Hardyi, Desor, 1858, Synopsis, p. 342.
Holaster intermedius, Cotteau, 1861, Échin. de l'Yonne, vol. II, p. 109, pl. 60, fig. 1-5.

DIMENSIONS :

Longueur.	de 25 à 37 mm.
Largeur, par rapport à la longueur, moyenne	0,93
Hauteur » "	de 0,60 à 0,72

Espèce bien connue, très-abondante partout dans le néocomien moyen, et décrite dans le plus grand détail par d'Orbigny et par M. Cotteau. Elle est ordinairement un peu plus longue que large, cordiforme et assez arrondie. Sa face supérieure est régulièrement bombée ; elle se fait remarquer par une carène quelquefois assez prononcée qui va du sommet ambulacraire au périprocte. Les ambulacres sont droits et n'ont point la forme de pétales, l'antérieur impair est logé dans un sillon profond allant jusqu'au sommet et généralement caréné sur ses bords. Le sommet ambulacraire est presque central, quelquefois un peu excentrique en avant. Périprocte situé au sommet de la face postérieure. Appareil apicial très-allongé. J'ai observé au Salève quelques exemplaires de cette espèce, qui sont remarquables par leur carène dorsale très-prononcée et par le passage qu'ils établissent entre la forme aplatie et la forme élevée, presque conique. Il est impossible de trouver aucun autre caractère par lequel on puisse les distinguer de l'*Holaster intermedius* type. Sans être tout à fait aussi coniques que l'exemplaire de l'*H. conicus* figuré par M. Cotteau, ils s'en rapprochent néanmoins beaucoup. Comme les individus élevés du Salève présentent des passages graduels à la forme normale, je les envisage comme des variétés ou déformations de l'*H. intermedius.* M. Cotteau ayant conservé l'*H. conicus*, d'Orb., je ne veux pas élever des doutes sur la valeur de cette espèce, qui paraît présenter quelques caractères distinctifs outre ceux tirés de la forme.

RAPPORTS ET DIFFÉRENCES. L'espèce qui se rapproche le plus de l'*H. intermedius* est l'*H. cordatus,* Dubois, dont M. Jaccard m'a envoyé des exemplaires bien caractérisés, quoique de petite taille, du valangien de Villers-le-Lac ; il s'en distingue par son ambitus plus circulaire, sa face supérieure entièrement dépourvue de carène, son appareil génital notablement plus allongé, ce qui rend ses ambulacres tout à fait disjoints au sommet.

LOCALITÉS. La Varappe. La Croisette, couches n°ˢ 2, 3, 4, 5. Les Pitons, couche, n° 6. Abondante. Toutes les collections de fossiles du Salève.

GENRE PYGURUS, Agassiz.

Oursins discoïdes, clypéiformes. Ambulacres pétaloïdes, pétales larges à leur sommet, longs et effilés. Péristome toujours excentrique, entouré d'un floscelle toujours très-distinct. Face inférieure ondulée, marquée de cinq sillons lisses, correspondant aux phyllodes. Ce genre est facile à distinguer. J'ai deux espèces à mentionner.

Pygurus Montmollini, Agassiz.

(Pl. XIX, fig. 6.)

SYNONYMIE.

Echinolampas Montmollini, Agassiz, 1835, Mém. Soc. des Sc. nat. de Neuchâtel, t. I, p. 134, pl 14, fig. 4, 5, 6.
Pygurus Montmollini, Agassiz, 1839, Échin. suisses, 1re partie, p. 69, pl. 11, fig. 1-3.
    Id.   Agassiz et Desor, 1847, Catalogue raisonné, p. 104.
    Id.   d'Orb., 1850, Prodrome, t. II, p. 88.
    Id.   d'Orb., 1855, Pal. franç., Terr. crét., t. VI, p. 305, pl. 916 et 917.
    Id.   Desor, 1858, Synopsis, p. 310.
    Id.   Cotteau, 1860, Échinides de l'Yonne, t. II, p. 104, pl. 59, fig. 1-6.

DIMENSIONS :

Mon exemplaire n'étant pas assez bien conservé pour être mesuré exactement, j'inscris ici les dimensions données par d'Orbigny.

Largeur . . . . 80 mm.
Longueur, par rapport à la largeur. 0,90
Hauteur   »   » 0,40

Oursin de grande taille, plus large que long, un peu carré, fortement échancré en avant, rostré en arrière et pourvu d'un profond sinus de chaque côté du rostre. Face supérieure renflée, conique en avant, déprimée en arrière. Face inférieure mal conservée dans mon exemplaire; elle est concave et très-pulvinée. Sommet ambulacraire très-excentrique en avant. Ambulacres à fleur de test, l'antérieur impair est placé dans une large dépression. Pétales très-larges au sommet, et si rapprochés que les aires interambulacraires deviennent complétement indistinctes. Les zones porifères tendent à se resserrer promptement, aussi le pétale est-il très-lancéolé. Péristome invisible dans l'individu du Salève; les bons exemplaires le montrent entouré d'un floscelle très-distinct. Périprocte infra-marginal à l'extrémité du rostre.

RAPPORTS ET DIFFÉRENCES. Assez voisin du *Pygurus rostratus,* le *Pyg. Montmollini* s'en distingue par sa forme plus carrée, bien plus lobée et sinueuse en arrière, sa face supérieure beaucoup plus conique et son sommet ambulacraire plus excentrique en avant. En outre, ses ambulacres sont contigus au sommet, ce qui n'existe au même degré dans aucune autre espèce du genre. J'indiquerai plus bas les caractères qui séparent le *Pyg. Montmollini* du *Pyg. Salevensis.*

Observations. Je ne connais qu'un seul exemplaire de ce Pygurus trouvé au Salève ; il est imparfaitement conservé, mais toutefois il l'est assez bien pour qu'on puisse reconnaître facilement l'espèce. M. Desor, qui a eu l'obligeance de l'examiner, a entièrement confirmé ma détermination.

Localité. « Salève. » De la couche n° 5, à en juger par la roche. Musée de Genève.

Explication des figures.

Pl. XIX. Fig. 6 a. Individu du Salève, de grandeur naturelle.
   »   6 b. Le même, vu de côté.

Pygurus Salevensis, de Loriol.

(Pl. XIX, fig. 3-5.)

DIMENSIONS :

Longueur. . . . . 60 mm.
Largeur, par rapport à la longueur. 0,90
Hauteur   »   »   environ 0,36

Espèce de taille moyenne, déprimée, plus longue que large, rétrécie, coupée carrément et non échancrée en avant, rostrée, mais non sinueuse ou lobée en arrière. Sommet un peu excentrique en avant, situé aux 52 centièmes de la longueur totale. Face supérieure un peu conique et relevée en avant, déprimée en arrière. Face inférieure très-imparfaitement conservée. Ambulacres assez larges, rétrécis cependant au sommet de manière à être très-nettement séparés par les aires interambulacraires. Les zones porifères se rapprochent bien avant d'atteindre le bord et forment ainsi un pétale très-lancéolé. Péristome invisible. Périprocte infra-marginal placé à l'extrémité du rostre. Je n'ai pas trouvé d'exemplaire entièrement complet de cette espèce, mais les fragments qui ont été recueillis sont très-suffisants pour la faire bien connaître.

Rapports et différences. Cette espèce est voisine du *Pygurus Montmollini*, Agassiz, dont elle se distingue par sa taille toujours inférieure, sa forme plus déprimée, moins conique, rétrécie en avant, son sommet plus central, son bord antérieur non échancré, son bord postérieur rostré ou plutôt acuminé, mais non sinueux ou bilobé, ses pétales ambulacraires plus resserrés au sommet, ne se touchant point, mais séparés toujours par une aire interambulacraire très-distincte. Le *Pyg. Salevensis* est encore plus voisin du *Pyg. Gillieroni*, Desor, *nov. Spec. in notis*, du valangien des bords du lac de Bienne, dont M. Gillieron a bien voulu me communiquer de très-bons exemplaires. Cette espèce, que j'ai fait représenter (pl. XIX, fig. 7 et 8), ressemble beaucoup au *Pyg. Salevensis*, mais elle en diffère par sa forme encore plus déprimée et plus acuminée en arrière, moins rétrécie en avant, sa face supérieure régulièrement bombée et point conique, ses ambulacres dont les zones porifères se rapprochent tout près du bord pour former un pétale bien moins lancéolé que celui du *Pyg. Salevensis*. M. Jaccard a retrouvé également le *Pyg. Gillieroni* dans plusieurs localités du département du Doubs et du canton de Neuchâtel, ainsi que dans le valangien de Ballaigue ; il a eu la bonté de m'en envoyer plusieurs exemplaires en communication.

LOCALITÉS. Grange-Marin. Environs des Pitons. Au-dessous des Treize-Arbres. Couches n°s 5 et 6. Coll. Favre. Ma collection.

Explication des figures.

Pl. XIX. Fig. 3 a. *Pygurus Salevensis*, de la collection de M. le professeur Favre.
   » 3 b. Le même, vu de côté.
Fig. 4 . . Individu de ma collection.
Fig. 5 . . Autre individu montrant une portion de la face inférieure. Coll. Favre.
Fig. 7, 8. *Pygurus Gillieroni*, de la collection de M. Gilliéron.

GENRE ECHINOBRISSUS, Breynius.

Oursins déprimés, de forme assez diverse, tronqués en arrière. Pétales ouverts, à zones porifères conjuguées. Péristome excentrique, sans bourrelets distincts, placé dans une dépression de la face inférieure. Périprocte supérieur ou supra marginal. Les *Echinobrissus* se distinguent essentiellement des *Nucleolites*, dont ils sont très-voisins par leur forme trapue et leurs zones porifères conjuguées. Outre les deux espèces citées, j'en connais une troisième, mais dont il n'a encore été trouvé que des exemplaires trop frustes pour pouvoir être déterminés : elle paraît nouvelle.

ECHINOBRISSUS OLFERSII, Agassiz.

(Pl. XIX, fig. 12.)

SYNONYMIE.

Nucleolites Olfersii, Agassiz, 1835, Mém. Soc. Sc. nat. Neuchâtel, t. I, p. 133, pl. 14, fig. 2 et 3.
   Id.   Agassiz, 1839, Échinides fossiles de la Suisse, 1re partie, p. 42, pl. 7, fig. 7-9.
   Id.   Agassiz et Desor, 1847, Catalogue raisonné, p. 97.
   Id.   d'Orb., 1850, Prodrome, t. II, p. 88.

Echinobrissus Olfersii, d'Orbigny, 1854, Rev. et Mag. de zoologie, 2ᵉ série, t. VI, p. 26.
Trematopygus Olfersii, d'Orbigny, 1855, Pal. franç., Terr. crét., t. VI, p. 376, pl. 949.
Echinobrissus Olfersii, Desor, 1858, Synopsis, p. 272.
　　Id.　　　　Cotteau, 1860, Échinides fossiles de l'Yonne, t. II, p. 74, pl. 55, fig. 5-8.

DIMENSIONS :

Longueur totale. . . . . de 20 à 22 mm.
Hauteur, par rapport à la longueur . . . . de 0,50 à 0,56
Largeur　　　　》　　　　　》　. 0,85

N. B. Dans la *Paléontologie française*, d'Orbigny dit que la largeur est des 30 centièmes de la longueur ; c'est évidemment une faute d'impression, puisque la figure donne une largeur de 0,77.

Espèce oblongue, allongée, arrondie et rétrécie en avant, élargie et plus ou moins rostrée en arrière. Face supérieure renflée en avant, déclive en arrière. Face inférieure déprimée au centre, marquée de cinq sillons ambulacraires. Sommet excentrique, rapproché du bord antérieur. Ambulacres pétaloïdes, rétrécis près du bord, et se prolongeant en ligne droite jusqu'à la bouche. Pores distinctement conjugués. Tubercules petits, mamelonnés, entourés d'un scrobicule distinct, abondamment et irrégulièrement distribués sur toute la surface du test. Granules fins, serrés, couvrant tout l'espace entre les tubercules. Appareil apicial peu distinct dans mes exemplaires. Péristome excentrique en avant, oblique. Periprocte à la face supérieure, placé dans un sillon profond, mais peu évasé, légèrement acuminé au sommet. s'étendant jusqu'au tiers environ de la longueur totale.

Rapports et différences. L'*E. Olfersii* a de grands rapports avec l'*E. Campicheanus*, d'Orb.; celui-ci paraît avoir son sommet moins excentrique, un périprocte moins grand, et une forme plus arrondie et jamais rostrée en arrière. L'*E. subquadratus*, Agassiz, a le côté postérieur coupé carrément et bien plus élargi. Son sillon anal est d'ailleurs tout différent.

Observations. L'*E. Olfersii* n'est pas très-rare au Salève, mais tous les exemplaires que je connais sont de petite taille, ils sont aussi moins rostrés en arrière que les individus typiques et de plus grande dimension, provenant de Neuchâtel, etc. Ils en présentent cependant tous les caractères, et M Desor, à qui je les ai soumis, n'a pas hésité à prononcer leur identité.

Localités. La Varappe. Rare. Plus fréquente dans les champs labourés au-dessous des Treize-Arbres. Collections Pictet, Favre.

Explication des figures.

Pl. XIX. Fig. 12. Echinobrissus Olfersii, grandeur naturelle, de la collection de M. Pictet.

Echinobrissus subquadratus, (Ag.) d'Orb.

(Pl. XIX, fig. 11.)

SYNONYMIE.

Nucleolites subquadratus, Agassiz, 1839, Échin. suisses, 1re partie, p. 41, pl. 7, fig. 1-3.
     Id.   Agassiz et Desor, 1847, Catalogue raisonné, p. 96.
     Id.   d'Orbigny, 1850, Prodrome, t. II, p. 88.
Echinobrissus subquadratus, d'Orbigny, 1854, Revue zoologique, 2me série, t. VI, p. 24.
Clypeopygus subquadratus, d'Orb., 1857, Pal. franç., Terr. crét., t. VI, p. 423, pl. 965, fig. 7-12.
Echinobrissus subquadratus, Desor, 1858, Synopsis des Éch. foss., p. 268.

DIMENSIONS:

Longueur totale . . . . 22 mm.
Largeur, par rapport à la longueur 0,86
Hauteur   »   »   0,34

N. B. Ces dimensions sont celles de l'exemplaire du Salève; l'espèce arrive à une taille plus forte.

Espèce déprimée, allongée, arrondie et rétrécie en avant, élargie et tronquée en arrière.
Face supérieure très-déprimée du côté postérieur. Face inférieure concave. Sommet très-
excentrique en avant. Ambulacres étroits, pores conjugués. Tubercules peu distincts sur
l'exemplaire du Salève; je les vois, sur d'autres échantillons, assez uniformément répandus
sur la surface du test, entourés d'un scrobicule petit mais profond. Péristome excentrique
placé dans une dépression profonde exactement au-dessous du sommet. Périprocte situé à
l'origine d'un sillon très-profond, très-élargi près du bord postérieur qu'il échancre assez
fortement; il occupe le tiers de la longueur totale de l'individu.

RAPPORTS ET DIFFÉRENCES. La forme élargie et carrée du côté postérieur de cette espèce,
ainsi que le développement de son sillon anal, la distinguent facilement de ses congénères,
et en particulier de l'*Ech. Olfersii.* L'*Ech. placentula,* Desor, est plus allongé, moins distinctement élargi en arrière, et son sillon anal est moins évasé.

LOCALITÉ. La Varappe. Un seul exemplaire. Coll. Pictet.

Explication des figures.

Pl. XIX. Fig. 11. *Echinobrissus subquadratus* de grandeur naturelle.

Genre PHYLLOBRISSUS, Cotteau.

Forme oblongue, subcirculaire, arrondie en avant, subtronquée en arrière. Face supérieure renflée. Face inférieure presque plane. Sommet un peu excentrique en avant. Ambulacres pétaloïdes. Zones porifères formées de pores conjugués, inégaux, les internes arrondis, les externes allongés. Appareil apical compacte. Quatre plaques génitales et cinq plaques ocellaires, toutes perforées. Péristome un peu excentrique en avant, pentagonal, entouré d'un floscelle. Périprocte placé à la face postérieure, au sommet d'un sillon toujours apparent. Tels sont les caractères que M. Cotteau assigne à son nouveau genre (Échinides de l'Yonne, t. II, p. 81); il diffère du genre *Echinobrissus* par son péristome entouré d'un floscelle, son sillon anal postérieur et subvertical, sa face inférieure plane et pulvinée; du genre *Clypeopygus* par ces deux derniers caractères et sa forme allongée et renflée. Les *Catopygus* ont une forme plus renflée, plus cylindrique, plus étroite en avant, un floscelle plus apparent, leur péristome est allongé d'avant en arrière, et leur périprocte ne s'ouvre pas dans un sillon.

Tous les *Phyllobrissus* connus jusqu'à présent appartiennent au terrain néocomien (néocomien inférieur ou valangien, néocomien moyen, et néocomien supérieur ou urgonien); ils ont un facies distinct, facile à reconnaître.

PHYLLOBRISSUS NEOCOMENSIS, (Agassiz) Desor.

(Pl. XX, fig. 2).

SYNONYMIE.

Catopygus neocomensis, Agassiz; 1839, Échinides suisses, 1re partie, p. 53, pl. 8, fig. 12-14.
Nucleolites neocomensis, Agassiz et Desor, 1847. Catal. raisonné, p. 98.
Phyllobrissus neocomensis, Desor, 1862, in litt.

Obs. L'*Echinobrissus neocomiensis,* d'Orb., Pal. franç., n'est point le *Catopygus neocomiensis,* Agassiz, mais le *Catop. Renaudi,* Ag.

DIMENSIONS :

Longueur totale. . . . . 30 mm.

Largeur, par rapport à la longueur 0,90

Hauteur   »   »   0,61

Espèce allongée, presque carrée, arrondie et rétrécie en avant, un peu élargie en arrière. Côté postérieur coupé carrément. Face supérieure déclive du côté antérieur, s'élevant graduellement jusqu'au sommet, puis légèrement abaissée jusqu'au bord postérieur qui est brusquement tronqué. L'aire interambulacraire impaire est renflée et presque carénée. Face inférieure mal conservée dans l'exemplaire du Salève. Sommet excentrique en avant. Ambulacres pétaloïdes; larges. Zones porifères moins larges que l'intervalle qui les sépare. Péristome invisible dans mon exemplaire. Périprocte légèrement supra marginal; on en voit une partie seulement depuis la face supérieure; il est logé dans un sillon assez profond, presque vertical, qui échancre le bord posérieur. Test très-mince.

RAPPORTS ET DIFFÉRENCES. C'est avec le *Phyllobrissus Renaudi*, Agassiz, que cette espèce a le plus d'analogie; elle s'en distingue cependant facilement par les caractères suivants : la face supérieure du *Phyll. Renaudi* est régulièrement bombée, en sorte que la plus grande hauteur se trouve au sommet, tandis qu'elle est située très-près du bord postérieur dans le *Phyll. neocomiensis*. En outre, l'aire interambulacraire impaire n'est point renflée et relevée, et le côté postérieur n'est pas coupé carrément. Le sommet du *Phyll. neocomensis* est plus excentrique, ses ambulacres sont un peu plus larges, le périprocte est placé plus près du sommet, à l'origine d'un sillon plus allongé.

Le *Phyllobrissus Gresslyi*, (Ag.) Cotteau, est aussi voisin de notre espèce; il s'en distingue par sa forme moins renflée, bien plus ovale-oblongue, et moins relevée en arrière, son côté postérieur arrondi, légèrement tronqué à l'extrémité et point coupé carrément, son périprocte placé plus bas et cependant plus visible d'en haut.

OBSERVATIONS. L'exemplaire du Salève que je viens de décrire appartient à M. A. Favre; il est bien conservé, quoique un peu usé; les tubercules ne sont plus apparents, la face inférieure est recouverte d'une roche si dure que je n'ai pu la dégager. Il fut examiné par M. Agassiz dans la collection de M. Favre, déterminé sous le nom de *Catopygus neocomensis* et cité sous celui de *Nucleolites neocomensis* dans le *Catalogue raisonné*, p. 98. — M. Desor, dans son *Synopsis*, avait réuni à l'*Ech. Renaudi* le *Cat. neocomensis*, dont l'exemplaire type figuré par M. Agassiz dans les *Échinides suisses*, est en mauvais état. Ayant bien voulu, à ma prière, étudier l'exemplaire du Salève, il a modifié son opinion, et nous sommes convenus que le *Cat. neocomensis* devait être conservé comme bonne espèce et rangé dans le genre Phyllobrissus. Quant au *Catopygus Renaudi*, Agassiz, il est bien reconnu maintenant que c'est une espèce du valangien inférieur. M. Gilliéron en a trouvé un grand nombre dans cet étage, à Vignoles près de Bienne, et m'en a envoyé un très-bon exemplaire que j'ai fait figurer (pl. XX, fig. 1). C'est évidemment cette espèce que d'Orbigny a nommée *Ech. neocomiensis*. et dont il a donné une figure très-exacte. L'*Ech. Cottaldinus*, Desor, est dès lors une espèce à supprimer de la nomenclature, car M. Cotteau a réuni son *Ech. neocomiensis* ou *Phyll. Gresslyi*, M. Desor est d'accord avec moi sur cette suppression. Telle devra donc être désormais la synonymie de cette espèce, qui rentre aussi dans le genre Phyllobrissus.

Phyllobrissus Renaudi (Agassiz) Desor.

(Pl. XX, fig. 1.)

SYNONYMIE.

Catopygus Renaudi, Agassiz, 1839, Échin. suisses, 1ʳᵉ partie, p. 53, pl. 8, fig. 12-14.
Nucleolites Renaudi, Agassiz et Desor, 1847, Catal. raisonné, p. 47.
Echinobrissus neocomiensis, d'Orbigny, 1855, Pal. franç., Terr. crét., t. VI, p. 394, pl. 954, fig. 1-5.
Echinobrissus Renaudi, Desor, 1858, Synopsis, p. 270 (exclus. varietas).
Echinobrissus Cottaldinus, Desor, 1858, Synopsis, p. 271.
Phyllobrissus Renaudi, Desor, 1862, in litteris.

Espèce caractérisée par sa face supérieure régulièrement bombée, sa face inférieure déprimée et accidentée, son périprocte à la face postérieure, invisible d'en haut, échancrant le bord postérieur.

Localité. Du valangien de Vignoles, près Bienne.

Explication des figures.

Pl. XX. Fig. 1 a. *Phyllobrissus Renaudi.* Exemplaire de grandeur naturelle, vu sur la face supérieure. De ma collection.
   » 1 b.   Id.   Le même, vu de côté.
   » 1 c.   Id.   Face postérieure.
   » 1 d.   Id.   Face inférieure.

Il faut observer que les figures données par M. Agassiz de ces deux espèces (*Phyll. Renaudi* et *neocomiensis*) ne sont pas très-exactes ; elles ont été faites d'après des exemplaires très-déformés et incomplets, comme l'attestent les moules en plâtre S, 9 et S, 10, pris sur les originaux.

Le *Phyllobrissus Duboisii*, Desor, n'ayant pas encore été figuré, j'en ai fait représenter un bon exemplaire que M. Gilliéron m'a envoyé du valangien de Vignoles, près Bienne (pl. XIX, fig. 10). Cette espèce est bien plus déprimée que les précédentes, elle est fortement élargie en arrière, sa face supérieure est presque plane, l'inférieure déprimée au centre.

Localité. Le *Phyllobrissus neocomensis* a été trouvé à Grange Marin, couches nᵒ 5. Coll. de M. le professeur Favre.

Explication des figures.

Pl. XX. Fig. 2 a. *Phyllobrissus neocomensis*, de grandeur naturelle, vu sur la face supérieure.
   » 2 b. Le même, vu de côté.
   » 2 c. Le même, vu sur la face postérieure.

PHYLLOBRISSUS ALPINUS, (Agassiz) d'Orbigny.

(Pl. XIX, fig. 9.)

SYNONYMIE.

Catopygus alpinus, Agassiz, 1839, Échin. suisses, p. 52, pl. 8, fig. 10 et 11.
Nucleolites alpinus, Agassiz et Desor, 1847, Catalogue raisonné, p. 98.
    Id.   d'Orbigny, 1850, Prodrome, t. II, p. 89.
Echinobrissus alpinus, d'Orbigny, 1854, Revue zoologique, 2me série, t. VI, p. 26.
    Id.   d'Orbigny, 1857, Pal. franç., Terr. crét., t. V, p. 401, pl. 956, fig. 7 et 8.
    Id.   Desor, 1858, Synopsis, p. 270.
Phyllobrissus alpinus, Desor, 1862, in litt.

DIMENSIONS :

Longueur . . . . 29 mm.
Largeur, par rapport à la longueur. 0,72
Hauteur   »   »   0,55

Espèce allongée, arrondie et rétrécie en avant, élargie et renflée en arrière. La face supérieure est déprimée en avant, puis elle s'élève graduellement jusqu'aux deux tiers de la longueur totale, et s'abaisse un peu jusqu'au bord postérieur qui est subitement tronqué. Face inférieure très-mal conservée. Sommet un peu excentrique en avant. Ambulacres assez larges, distinctement pétaloïdes, deux d'entre eux, dans le seul exemplaire connu, sont un peu renflés, ce n'est qu'un simple accident de fossilisation ; les autres sont parfaitement plats. Appareil apicial mal conservé ; on aperçoit cependant les quatre trous des plaques génitales. Périprocte à la face postérieure ; celle-ci étant en très-mauvais état, on ne peut voir s'il existait un sillon. Face inférieure mal conservée. Péristome invisible. Test très-mince, presque entièrement enlevé.

RAPPORTS ET DIFFÉRENCES. Cette espèce, par sa forme allongée, se distingue facilement des autres Phyllobrissus ; elle présente certains rapports de forme avec une variété du *Phyll. Gresslyi* figurée par M. Cotteau dans *Ech. de l'Yonne,* t. II, pl. 56, fig. 13, mais elle n'a point comme celle-ci la face supérieure uniformément bombée et elle est proportionnellement plus étroite.

OBSERVATIONS. Je ne connais qu'un seul exemplaire de cette espèce, le même qui a été figuré par M. Agassiz ; il appartient au musée de Berne et il m'a été communiqué de la manière la plus obligeante par M. de Fischer-Ooster. Il est mal conservé. C'est un moule intérieur avec des lambeaux de test sur lesquels on n'aperçoit aucun tubercule. C'est donc à tort que M. Agassiz les a figurés. On ne connaît pas l'endroit précis où cet individu a été trouvé au Salève ; cependant la nature de la roche et l'apparence du fossile me font conclure avec certitude qu'il provient du néocomien moyen, couche n° 5, et non de l'urgonien dont les fossiles ont une apparence toute différente.

Explication des figures.

Pl. XIX. Fig. 9 a. Phyllobrissus alpinus, de grandeur naturelle, vu sur la face supérieure.
      »   *9 b.* Le même, vu de côté.

Genre PYGAULUS, Agassiz.

Oursins renflés, allongés. Ambulacres subpétaloïdes, zones porifères se rapprochant peu, pores inégaux, conjugués. Péristome non entouré d'un floscelle. Périprocte ovale, en général infra marginal. Ce genre se rapproche beaucoup des *Botriopygus,* dont il diffère par le manque de floscelle et sa forme en général cylindrique et non aplatie, et des *Caratomus,* qui ont les pores égaux et le périprocte triangulaire.

Pygaulus Lorioli, Desor.

(Pl. XX, fig. 5.)

SYNONYMIE.

Pygaulus Lorioli, Desor, 1862, nov. Sp. in notis.

DIMENSIONS :

Longueur totale, environ. . . . . 34 mm.
Largeur . . . . 25 »
Hauteur . . . . 14 »

Espèce allongée, ovale, oblongue, arrondie en avant, le côté postérieur n'est pas intact. Face supérieure très-uniformément convexe, ayant sa plus grande hauteur vers le sommet ambulacraire, et de là s'abaissant en courbe parfaitement régulière vers les deux extrémités. Sommet ambulacraire un peu excentrique en arrière. Ambulacres larges, rapprochés au sommet. Zones porifères se resserrant vers le bord de manière à former un pétale ouvert. La

22

face inférieure n'est pas conservée; la position du péristome et celle du périprocte sont inconnues.

RAPPORTS ET DIFFÉRENCES. D'après M. Desor, ce Pygaulus se distingue entre toutes les espèces de ce genre par sa face supérieure régulièrement arquée et voûtée, et par son sommet ambulacraire un peu excentrique en arrière. C'est du *Pygaulus Desmoulinii*, Agassiz, qu'il se rapprocherait le plus; il en est séparé par ces caractères; en outre, ses ambulacres sont plus pétaloïdes et paraissent plus rapprochés au sommet.

OBSERVATIONS. Bien que le seul exemplaire connu de ce Pygaulus ne soit pas intact et qu'on ne puisse observer la position du périprocte, M. Desor n'a pas balancé à en faire une espèce nouvelle que la découverte de meilleurs exemplaires viendra sans doute confirmer, car c'est le seul Pygaulus du néocomien moyen.

LOCALITÉ. « Face nord du Salève. » Musée de Berne. M. de Fischer-Ooster, qui a eu l'obligeance de me communiquer cette espèce, me l'a envoyé avec cette indication. D'après la nature de la roche, il appartient incontestablement au calcaire bleu néocomien, couche n° 5, avec *Echinosp. cordiformis*.

Explication des figures.

Pl. XX. Fig. 5. *Pygaulus Lorioli*, de grandeur naturelle, vu sur la face supérieure.

GENRE COLLYRITES, Desmoulins.

Oursins à pourtour ovoïde ou triangulaire, avec un sillon antérieur plus ou moins prononcé. Péristome toujours excentrique. Périprocte à la face postérieure. Ambulacres entièrement disjoints. Appareil apicial allongé, les plaques ocellaires paires s'intercalant entre les plaques génitales. Très-voisins des *Collyrites*, les *Dysaster* s'en distinguent par leur appareil apicial compacte, les plaques génitales étant toutes contiguës. Ce caractère est difficile à apprécier.

COLLYRITES OVULUM, (Desor) d'Orbigny.

(Pl. XX, fig. 3.)

SYNONYMIE.

Dysaster ovulum, Desor, 1842, Monogr. Dysaster, p. 22, pl. 3, fig. 5-8.

Dysaster ovulum, Agassiz et Desor, 1847, Catal. raisonné, p. 139.
   Id.   d'Orbigny, 1850, Prodrome, t. II, p. 87.
Collyrites ovulum, d'Orb., 1853, Pal. franç., Terr. crét., t. V, p. 54, pl. 801, fig. 7-13.
   Id.   Desor, 1858, Synopsis, p. 209.

DIMENSIONS:

Longueur. . . . . 25 mm.
Largeur, par rapport à la longueur 0,88
Hauteur   »   »   0,72

Espèce ovale, cordiforme, renflée, élargie en avant, rétrécie et acuminée en arrière. Face supérieure uniformément bombée. Face inférieure convexe, surtout en arrière. Périprocte infra marginal. Péristome très-rapproché du bord antérieur. Appareil apicial allongé, mais pas suffisamment distinct dans mes exemplaires pour pouvoir être figuré. Sommet ambulacraire antérieur situé aux 76 centièmes de la longueur totale; le postérieur en est assez rapproché. Ambulacres très-larges, à peine visibles dans mes individus. L'antérieur impair est logé dans un sillon profond. Toute la surface du test est couverte de tubercules perforés, très-espacés, distribués irrégulièrement et d'une granulation fine et homogène, mais peu serrée.

Rapports et différences. Par sa forme ovale, cordiforme et renflée, son périprocte infra marginal, ses ambulacres postérieurs assez rapprochés des antérieurs, cette espèce se distingue facilement des autres *Collyrites* crétacés.

Localités. Je connais quatre exemplaires bien caractérisés de cette espèce trouvés au Salève, soit à la Varappe soit dans les champs, au-dessous des Treize-Arbres. Couche n° 5.

Explication des figures.

Pl. XX. Fig. 3 a. Collyrites ovulum, de grandeur naturelle, vu sur la face supérieure. De ma collection.
  » *3 b.* Le même, vu sur la face inférieure.

Genre PYRINA, Desmoulins.

Oursins renflés, ovoïdes ou cylindriques. Péristome central, légèrement oblique, pentagonal, sans bourrelets. Périprocte situé à la face postérieure, supra marginal. Très-voisins des *Nucleopygus*, les *Pyrines* s'en distinguent par leur face supérieure non aplatie et leur péristome non décagonal.

Pyrina incisa, (Agass.) d'Orb.

(Pl. XX, fig. 4.)

SYNONYMIE.

Nucleopygus incisus, Agassiz, 1840, Cat. syst. Ectyp., p. 7.
Nucleolites truncatulus, Rœmer, 1840, Verst. deut. Kreide-Gebirge, p. 33, pl. 6, fig. 12.
Nucleopygus incisus, Desor, 1842, Monogr. Galérites, p. 33, pl. 5, fig. 23-26.
    Id.   Agassiz et Desor, 1847, Catalogue raisonné des Échinides, p. 94.
Desoria incisa, Cotteau, 1855, Échin. foss. de l'Yonne, t. I, p. 223.
Desorella incisa, Cotteau, 1855, Bull. Soc. géol. de France, t. XII, p. 715.
Pyrina incisa, d'Orb., 1857, Pal. franç., Terr. crét., t. VI, p. 469, pl. 978, fig. 1-6.
Pyrina Campicheana, d'Orb., 1857, Pal. franç., Terr. crét., t. VI, p. 468, pl. 978, fig. 7-11.
Pyrina incisa, Desor, 1858, Synopsis des Échinides fossiles, p. 191.

DIMENSIONS :

Longueur . . . . de 20 à 24 mm.
Largeur, par rapport à la longueur . . . . 0,90 à 0,92
Hauteur   »   »   . . . . 0,52 à 0,58

N. B. Les exemplaires du Hils d'Allemagne sont en général un peu plus aplatis.

Espèce ovale, déprimée, arrondie en avant, à peine rétrécie et un peu tronquée en arrière. Face supérieure aplatie au milieu, légèrement déprimée en avant, régulièrement convexe aux deux extrémités. Face inférieure déprimée au centre, pulvinée sur les bords. Sommet central. Ambulacres droits, légèrement renflés. Pores disposés par simples paires obliques, séparées par une rangée de granules. Tubercules assez gros, entourés d'un scrobicule distinct, distribués d'une manière irrégulière, plus abondants sur la face inférieure. Granules très-nombreux, très-serrés, homogènes, couvrant tout l'espace entre les tubercules. Appareil apicial peu distinct dans mes exemplaires. Péristome oblique, central. Périprocte supra marginal, remontant souvent très-près du sommet, quelquefois un peu plus près du bord, mais jamais visible en dessous, et n'échancrant *jamais* l'ambitus.

RAPPORTS ET DIFFÉRENCES. La *Pyrina incisa* est très-voisine de la *Pyrina pygea*, Ag. Celle-ci est en général plus renflée, plus rétrécie en arrière, les ambulacres sont plus renflés et le périprocte est placé au bord postérieur, dans un sillon échancrant *toujours* le bord postérieur, et visible, par conséquent, en partie d'en bas, ce qui n'a jamais lieu dans les exemplaires de la *Pyrina incisa*, où le périprocte est toujours placé à la face supérieure. La *Pyrina Campicheana*, d'Orb., a été réunie à la *Pyrina incisa* par M. Desor. L'exemplaire figuré dans la Paléontologie française appartient évidemment à cette dernière espèce. Les individus de la vraie *Pyrina Pygea* qui sont venus à ma connaissance ont tous été trouvés dans l'étage urgonien; la *Pyrina incisa* paraîtrait spéciale au néocomien moyen.

Localités. La Petite-Gorge, couche n° 1. Rare. Coll. Renevier, Favre. Ma collection. —
La Varappe, couche n° 4, un seul exemplaire. Ma collection.

Explication des figures.

Pl. XX. *Fig. 4 a. Pyrina incisa,* de grandeur naturelle, de la collection de M. le professeur Favre.
» *4 b.* La même, vue en dessous.

Genre HOLECTYPUS, Desor.

Oursins circulaires, coniques ou subconiques. Tubercules disposés en
série. Péristome central, décagonal, entaillé. Périprocte pyriforme, infra
marginal, très-grand. Pores disposés par simples paires. Point de cloisons
intérieures, par conséquent moule non entaillé. Les *Holectypus* diffèrent
des *Pygaster* par leur périprocte placé à la face inférieure, et des *Discoidea*
par le manque de sillons au moule, le péristome plus décagonal, les tubercules plus réguliers.

Je n'ai qu'une espèce de ce genre à citer : elle est depuis longtemps
connue.

HOLECTYPUS MACROPYGUS, (Agassiz) Desor.

SYNONYMIE.

Discoidea macropyga, Agassiz, 1835, Mém. Soc. Sc. nat. Neuchâtel, t. I, p. 137, pl. 14, fig. 7, 8, 9.
 Id. Agassiz, 1839, Échin. foss. de la Suisse, 1re partie, p. 85, pl. 6, fig. 1-3.
 Id. Agassiz, 1840, Cat. syst. Ectyp., p. 7.
 Id. Desor, 1842, Monogr. Galérites, p. 73, pl. 7, fig. 8-11.
Holectypus macropygus, Agassiz et Desor, 1847, Catalogue raisonné des Échinides, p. 88.
 Id. d'Orb., 1850, Prodrome, t. II, p. 89.
 Id. Desor, 1857, Synopsis des Échinides fossiles, p. 173, pl. 23, fig. 4-6.
 Id. Cotteau, 1859, Echin. foss. de l'Yonne, t. II, p. 67, pl. 54, fig. 11-18.
 Id. Cotteau, 1861, Paléontol. française (suite), t. VII, p. 44, pl. 1014, fig. 1-4 ; pl. 1015,
    fig. 1-4.

On trouve dans l'ouvrage précité une synonymie très-complète de cette espèce, accompagnée d'une
description détaillée et de figures qui ne laissent rien à désirer.

DIMENSIONS :

Hauteur	de 8 à 14 mm.
Diamètre transversal	de 14 à 29 »
Diamètre antéro-postérieur.	de 15 à 31 »

Espèce de taille très-variable, subcirculaire, légèrement allongée d'avant en arrière, plus ou moins conique. Ambulacres à fleur de test, composés de pores disposés par simples paires obliques. Tubercules crénelés, imperforés, beaucoup plus prononcés à la face inférieure, disposés en séries verticales, au nombre de dix à seize dans les aires interambulacraires, dont deux seulement arrivent jusqu'au sommet, et de quatre à huit dans les aires ambulacraires, dont deux également arrivent seules au sommet. Granules très-fins, très-nombreux à la face supérieure où ils sont disposés en séries, beaucoup moins nombreux à la face inférieure où ils sont disposés en cercle autour des tubercules. Péristome assez grand, décagonal, entaillé, placé au centre d'une dépression profonde de la face inférieure. Périprocte très-développé, pyriforme, s'étendant jusqu'au bord marginal. Appareil apical petit, composé de cinq plaques génitales et de cinq plaques ocellaires, toutes perforées et couvertes de petits granules. J'ai pu voir très-distinctement, dans des exemplaires très-bien conservés du Salève, la perforation de la plaque génitale impaire déjà indiquée par M. Cotteau, mais souvent le trou paraît plus petit que celui des autres plaques génitales. Corps madréporiforme très-étendu.

RAPPORTS ET DIFFÉRENCES. Le fait d'avoir les cinq plaques génitales perforées sépare cette espèce des *Holectypus* jurassiques. L'*Holectypus Grasii*, Desor (*neocomiensis*, Gras), est plus conique, son périprocte est plus grand, ses tubercules secondaires et ses granules plus inégalement disposés. Le *Holect. cenomanensis*, Guer., qui a aussi ses cinq plaques génitales perforées, s'en distingue par l'arrangement de ses tubercules et de ses granules

LOCALITÉS. La Varappe, Grande-Gorge, Croisette, couches nᵒˢ 2, 3, 4. Abondante.

GENRE PSEUDODIADEMA, Desor.

Oursins couverts de tubercules égaux en grosseur sur les aires ambulacraires et interambulacraires; on en compte au moins deux rangées dans les aires ambulacraires, et jusqu'à six rangées dans les autres. Zones porifères simples.

Deux espèces ont été trouvées au Salève.

Pseudodiadema rotulare, (Agassiz) Desor.

SYNONYMIE.

Diadema rotulare, Agassiz, 1835, Mém. Soc. Sc. nat. de Neuchâtel, vol. I, p. 139, pl. 14, fig. 10, 11, 12.
Id.　　　Agassiz, 1839, Ech. foss. de la Suisse, 2me partie, p. 4, pl. 16, fig. 1-5.
Id.　　　Agassiz et Desor, 1847, Catalogue raisonné, p. 42.
Id.　　　d'Orb., 1850, Prodrome, t. II, p. 89.
Pseudodiadema rotulare, Desor, 1858, Synopsis, p. 69.
Id.　　　Cotteau, 1859, Échin. foss. de l'Yonne, t. II, p. 24, pl. 49, fig. 1-5.

DIMENSIONS :

Diamètre . . . . de 10 à 20 mm.
Hauteur, par rapport au diamètre, moyenne 0,52

Espèce un peu pentagonale, plane en dessous. Ambulacres pourvus de deux rangées de tubercules crénelés et perforés, très-rapprochés entre eux, entourés de granules irréguliers et serrés. Interambulacres ayant deux rangées de tubercules principaux, semblables à ceux des aires ambulacraires, et deux rangées au moins de tubercules secondaires très-régulières à la face inférieure, s'atténuant peu à peu en approchant de l'ambitus, et disparaissant vers le sommet. Zone miliaire large, très-granuleuse, granules épars, irréguliers. Zones porifères très-droites. Pores par simples paires obliques. Péristome assez entaillé.

RAPPORTS ET DIFFÉRENCES. Très-voisin du *Pseudodiadema Bourgueti*, le *Ps. rotulare* s'en distingue par ses tubercules secondaires plus nombreux, plus gros, dont les rangées montent beaucoup plus près du sommet, et par sa granulation beaucoup plus irrégulière et moins homogène.

LOCALITÉS. Grande-Gorge, Varappe, Croisette, Vouvray. Couches n°s 2, 3, 4, 5. Plus rare que le *Pseudodiademo Bourgueti*. Toutes les collections.

Pseudodiadema Bourgueti, (Agassiz) Desor.

(Pl. XX, fig. 7.)

SYNONYMIE.

Diadema ornatum, Agassiz, 1835, Mém. Soc. Sc. nat. de Neuchâtel, t. I, p. 139 (non Goldfuss).
Diadema Bourgueti, Agassiz, 1839, Échin. suisses, 2me partie, p. 6, pl. 16, fig. 6-10.
Id.　　　Agassiz et Desor, 1847, Catalogue raisonné, p. 42.
Id.　　　d'Orbigny, 1850, Prodrome, t. II, p. 89.
Id.　　　Cotteau, 1851, Catal. Échin. néoc. Yonne, p. 6.

Diadema Foucardi, Cotteau, 1851, Catal. Échin. néoc. Yonne, p. 6.
Pseudodiadema Bourgueti, Desor, 1858, Synopsis, p. 70.
    Id.   Cotteau, 1859, Échinides fossiles de l'Yonne, vol. II, p. 27, pl. 49, fig. 6-14; pl. 50, fig. 1-6.

DIMENSIONS :

Diamètre . . . . de 10 à 20 mm.
Hauteur, par rapport au diamètre, moyenne. 0,51

Espèce ayant les plus grands rapports avec la précédente ; elle en diffère seulement par ses aires interambulacraires moins tuberculeuses, les tubercules secondaires manquant souvent complétement, et lorsqu'ils existent se trouvant limités à la face inférieure; la granulation est aussi bien plus homogène, plus serrée, tandis que celle du *Ps. rotulare* est irrégulière. En outre, les rangées des tubercules interambulacraires sont plus rapprochées des zones porifères, ce qui fait paraître les aires plus nues au sommet.

J'ai observé au Salève une variété intéressante de cette espèce déjà décrite et figurée par M. Cotteau sous le nom de *Ps. Bourgueti*, var. *B.*, dans ses *Échinides de l'Yonne*, vol. II, p. 29, pl. 50, fig. 1, 2, 3. Elle se distingue du type par sa forme déprimée, ses tubercules inter-ambulacraires moins nombreux et notablement plus développés vers l'ambitus; les tubercules ambulacraires par contre, diminuent très-rapidement à la face supérieure et deviennent pres-que insensibles aux approches du disque apicial. Il en résulte qu'au premier abord les indi-vidus appartenant à cette variété paraissent avoir la face supérieure bien plus nue que les exemplaires typiques. Ces caractères n'ont du reste point paru suffisants pour établir une espèce nouvelle.

OBSERVATIONS. Le *Ps. Bourgueti* est plus commun au Salève que le *Ps. rotulare;* il se trouve généralement en bon état de conservation. La variété est rare. On trouvera dans l'ouvrage précité de M. Cotteau une description très-détaillée et des figures fort exactes de cette espèce.

LOCALITÉS. La Varappe, la Croisette, champs au-dessous des Treize-Arbres, etc. Couches n°ᵉ 3, 4, 5.

Explication des figures.

Pl. XX. *Fig. 7. Pseudodiadema Bourgueti*, var. *B*, de grandeur naturelle, d'après un exemplaire de ma collection.

PSEUDODIADEMA PICTETI, Desor.

(Pl. XX, fig. 6.)

SYNONYMIE.

Diadema Picteti, Desor, 1846, in Agassiz et Desor, Catal. raisonné des Échinides, p. 46.
Pseudodiadema Picteti, Desor, 1858, Synopsis, p. 71.

Diamètre. . . . . 15 mm.
Hauteur, par rapport au diamètre 0,33

Oursin circulaire, aplati. Tubercules disposés sur quatre rangées dans les aires interambulacraires ; ils sont nombreux, assez saillants, perforés, peu crénelés et sensiblement égaux entre eux. Les aires ambulacraires sont un peu renflées et portent deux rangées de tubercules très-rapprochés. Pores disposés par simples paires, ayant une tendance prononcée à se dédoubler au sommet et autour du péristome. Granules assez rares, irrégulièrement disposés.

RAPPORTS ET DIFFÉRENCES. Le *Ps. Picteti* se distingue facilement du *Ps. Bourgueti* et *rotulare* par ses pores dédoublés au sommet et autour du péristome, et par ses tubercules formant quatre rangées dans les aires interambulacraires, sensiblement égaux et uniformes ; l'absence de tubercules secondaires et la rareté des granules intermédiaires sont autant de caractères qui, réunis, le font reconnaître parmi les autres Pseudodiadèmes néocomiens, de la section des Diplopodia.

OBSERVATIONS. Cette espèce, par ses pores dédoublés au sommet, rentrerait dans le genre *Diplopodia*, M'Coy, que ce seul caractère distingue du genre *Pseudodiadema*. Des passages ayant été observés entre les deux genres, il me semble naturel, ainsi que le propose M. Cotteau, de réduire la valeur du genre Diplopodia à celle d'une simple section des Pseudodiadèmes. J'ai soumis à M. Desor l'exemplaire unique de cette espèce qui ait été trouvé au Salève ; il l'envisage comme un bon type du *Ps. Picteti*. Telle est aussi l'opinion de M. Cotteau, qui a eu également l'obligeance de l'examiner ; il m'écrit que, en revanche, il ne regarde plus comme de vrais *Ps. Picteti* les exemplaires qu'il a fait figurer sous ce nom (*Échin. de l'Yonne*, t. II, p. 31, pl. 50, fig. 7-10). C'est pour cette raison que j'ai omis cette citation dans la synonymie.

LOCALITÉ. La Varappe, marnes panachées. **Très-rare. Coll. Pictet.**

Explication des figures.

Pl. XX. Fig. 6 a. *Pseudodiadema Picteti*, de grandeur naturelle, vu sur la face supérieure.
» 6 b. Le même, vu en dessous.
» 6 c. Une aire interambulacraire grossie.

PSEUDODIADEMA INCERTUM, de Loriol.

(Pl. XX, fig. 8.)

(Radioles.)

Longueur, environ . . . . 15 mm.
Diamètre maximum, environ. . . . . 2 ¼ »

Test inconnu. Radioles allongés, presque cylindriques, légèrement atténués à la base et subulés vers le sommet. On les croirait lisses au premier abord, mais, examinés à la loupe, ils paraissent entièrement couverts de stries fines très rapprochées. Bouton saillant. Facette articulaire légèrement crénelée.

Je ne connais que deux radioles de cette espèce, ils appartiennent probablement à quelque Pseudodiadème déjà connu. Toutefois, en attendant que leur identité puisse être exactement constatée, je me suis décidé à les faire figurer et à leur donner un nom provisoire.

Localité. La Varappe, marnes panachées. Ma collection.

Explication des figures.

Pl. XX. Fig. 8 a. *Pseudodiadema incertum*, radiole de grandeur naturelle.
    » 8 b. Fragment du même, grossi.

Genre CIDARIS, Klein.

Ce genre n'est représenté au Salève que par les radioles de deux espèces. Je n'ai rencontré aucun débris de test. Un fragment de radiole indique la présence d'une troisième espèce; il est trop incomplet pour pouvoir être déterminé.

CIDARIS SALEVENSIS, Desor.

(Pl. XX, fig. 10, 11, 12.)

SYNONYMIE.

Cidaris Salevensis, Desor, 1862, in notis.

DIMENSIONS:

Longueur d'un radiole complet. . . . . 39 mm.
Largeur . . . . 3 »

Test inconnu. Radiole grêle, allongé, cylindrique, couvert de petites côtes longitudinales plus ou moins régulières, épineuses, très-rapprochées, plus distinctes et moins nombreuses à l'extrémité du radiole. Collerette très-longue, circonscrite au sommet par un petit bourrelet flexueux, marquée de stries longitudinales très-fines, très-régulières. Bouton court. Anneau saillant, strié. Facette articulaire dépourvue de crénelures.

RAPPORTS ET DIFFÉRENCES. Par leur forme allongée, grêle, la longueur de leur collerette et la nature de leurs ornements, ces radioles se rapprochent beaucoup de ceux du *Cidaris punctata*, Rœmer; ils s'en distinguent par leur forme constamment cylindrique et non fusiforme et acuminée, leur collerette striée et circonscrite au sommet par un bourrelet flexueux. Les radioles du *Cid. lineolata*, Cotteau, ont une collerette beaucoup plus courte; en outre, les côtes longitudinales qui ornent le corps du radiole sont plus espacées.

OBSERVATIONS. Je connais six exemplaires de cette espèce, tous identiques. M. Desor, à qui je les ai communiqués, a trouvé les caractères qui les séparent des radioles du *C. punctata* suffisants pour autoriser la création d'une espèce nouvelle.

LOCALITÉ. La Varappe, couches nᵒˢ 2 et 4. Ma collection. Coll. Pictet.

Explication des figures.

Pl. XX. Fig. 10. . Radiole du *Cid Salevensis*, de grandeur naturelle; de ma collection.

   Fig. 11 a. Fragment de grandeur naturelle.

   » 11 b. Le même, grossi.

   Fig. 12 a. Autre fragment de grandeur naturelle, montrant la collerette. Coll. Pictet.

   » 12 b. Le même, grossi.

N. B. Les granules sont disposés un peu plus régulièrement dans les figures qu'ils ne le sont réellement ; ils sont aussi plus serrés.

CIDARIS PUNCTATISSIMA, Agassiz.

(Pl. XX, fig. 9.)

SYNONYMIE.

Cidaris punctatissima, Agassiz, 1840, Catal. syst. Ectyp. foss. Ech., p. 10.
   Id.   Agassiz et Desor, 1847, Catalogue raisonné, p. 26.
   Id.   A. Gras, 1848, Oursins fossiles de l'Isère, p. 23, pl. 3, fig. 1.
   Id.   d'Orb., 1850, Prodrome, t. II, p. 90.
   Id.   Desor, 1858, Synopsis, p. 35, pl. 6, fig. 5.
   Id.   Cotteau, 1861, in d'Orbigny, Pal. fr., Terr. crét., t. VII, p. 216, pl. 1044, fig. 22-30.

DIMENSIONS :
(Radioles.)

Longueur, du sommet à la naissance de la collerette . . . .   8 mm.
Diamètre . . . .   5 »

Test inconnu. Radiole allongé, claviforme, à sommet arrondi, couvert de granules abondants, serrés, disposés en lignées longitudinales assez régulières. Collerette et bouton invisibles dans le seul exemplaire trouvé jusqu'ici. Ces radioles se reconnaissent assez facilement à leur forme claviforme, épaisse, à la nature de leur granulation et à leur collerette presque nulle.

RAPPORTS ET DIFFÉRENCES. Voisins des radioles du *Cid. ryzacantha*, A. Gras, ils s'en distinguent par leur granulation ordinairement moins régulière, ne formant pas de petites côtes au sommet.

OBSERVATIONS. Je ne connais encore qu'un seul individu de cette espèce, il en présente bien tous les caractères. M. Cotteau, qui a bien voulu l'examiner, l'a reconnu aussi pour un individu jeune du *C. punctatissima*.

LOCALITÉ. La Varappe, marnes panachées. Ma collection.

Explication des figures.

Pl. XX. Fig. 9 a. Cid. punctatissima, grandeur naturelle.
    » *9 b.* Individu un peu grossi.

CLASSE DES ÉPONGES

Les couches néocomiennes du Salève renferment un grand nombre de *Spongitaires* ou Éponges fossiles, à squelette pierreux. Leur détermination ne m'a pas présenté de sérieuses difficultés, grâce aux excellents ouvrages de M. de Fromentel, et surtout à l'extrême obligeance avec laquelle il a bien voulu consentir à examiner tous mes échantillons; ses nombreuses et précieuses observations m'ont été du plus grand secours, et je désire lui en témoigner ici ma profonde reconnaissance. J'ai suivi exactement la classification proposée par ce savant, dans son *Introduction à l'étude des Éponges fossiles*, et augmentée de quelques genres dans son *Catalogue des Spongitaires de l'étage néocomien*. Je rappellerai brièvement ici les caractères principaux qui ont servi à M. de Fromentel pour l'établissement de ses coupes.

N'attachant qu'une importance secondaire à la nature des tissus, à la présence ou à la forme des spicules, à la forme de l'ensemble, il s'est servi des caractères tirés des organes qui sont pour l'éponge les représentants rudimentaires des organes de la digestion, c'est-à-dire des canaux divers qui la pénètrent et servent à l'absorption ou à la sortie des liquides qui lui fournissent sa nourriture. L'existence de ces canaux est toujours révélée chez les éponges fossiles par leurs ouvertures, qui se trouvent à la surface et peut être établie, au besoin, par des sections longitudinales.

Il y en a de trois sortes:

1° Les *pores,* très-petits, se trouvant dans toutes les espèces.

2° Les *oscules,* ouvertures plus grandes, ne se rencontrant que chez certains Spongitaires, tantôt peu profonds (*oscules superficiels*), tantôt pénétrant latéralement (*oscules perforants*).

3° Les *tubules,* ouvertures profondes, cylindriques, partant toujours du sommet et se dirigeant vers la base. Ils sont isolés ou groupés; ils n'existent que dans quelques genres.

M. de Fromentel divise d'abord les Spongitaires en trois sous-ordres:

1° Les Sp. TUBULÉS, qui sont pourvus de *tubules,* quelques-uns aussi d'*oscules,* tous de *pores.*

2° Les Sp. OSCULÉS, pourvus d'*oscules* et de *pores,* mais privés de tubules.

3° Les Sp. POREUX, n'ayant ni oscules ni tubules, mais des *pores* seulement.

Les Spongitaires *tubulés* se divisent en trois familles:

Les *Eudéens,* qui possèdent des tubules, des oscules et des pores.

Les *Siphonocœliens,* qui sont privés d'oscules, mais possèdent des pores et des tubules *toujours isolés.*

Les *Téréens,* également privés d'oscules, mais pourvus de pores et de tubules en *faisceau* ou en *série.*

Les Spongitaires *osculés* sont divisés en quatre familles:

Les *Épithéliens,* massifs, n'affectant jamais la forme de lames ou de coupes, isolés ou divisés en spongites, ou réunis par la base, mais toujours libres dans une grande étendue.

Les *Stellispongiens,* massifs, indistincts.

Les *Cribroscyphiens,* toujours en forme de coupe.

Les *Élasmostomiens,* toujours en forme de lames, non cupuliformes.

Les Spongitaires *poreux* sont divisés en trois familles :

Les *Cupulochoniens,* en forme de coupes.

Les *Porosmiliens,* en forme de lames.

Les *Amorphofongiens,* massifs, globuleux ou polymorphes.

Toutes ces familles se subdivisent en un nombre de genres assez considérable, dont les caractères sont tirés de l'isolement des Spongitaires ou de leur subdivision en Spongites, de la présence ou de l'absence d'une épithèque, de la nature des oscules, de la présence ou de l'absence de sillons en forme d'étoile autour des oscules, de la présence des oscules sur une paroi des coupes, ou sur les deux parois, etc., etc.

J'ai pu déterminer, dans l'étage néocomien moyen du Salève, trente et une espèces de Spongitaires ; elles appartiennent à seize genres. En outre, quelques espèces n'ont pu être mentionnées vu leur mauvais état de conservation, qui ne permettait pas une détermination rigoureuse.

Presque tous ces spongitaires se trouvent dans les couches n°s 2 et 4, ou marnes panachées, surtout dans le n° 4. On en rencontre aussi dans la couche n° 3, ce sont les mêmes espèces, mais elles sont plus rares et généralement mal conservées.

Genre SIPHONEUDEA, E. de Fromentel.

Spongier simple, globuleux ou pyriforme, porté par une tige élevée et racineuse. Sommet percé d'un tubule n'atteignant ordinairement pas toute la longueur du spongite. Oscules irréguliers, épars sur toute la surface, sauf sur la tige et les racines, et servant d'ouverture à des canaux irréguliers aboutissant au tubule.

SIPHONEUDEA NEOCOMIENSIS, de Loriol.

(Pl. XX, fig. 13, 14.)

DIMENSIONS :

Hauteur du spongier, sans la tige.	de 20 à 25 mm.
Largeur »	22 à 27 »
Diamètre du tubule	4,5 à 5 »

Spongier globuleux, plus large que haut, à sommet un peu tronqué, porté sur une tige de 7 à 9 millimètres de diamètre à sa naissance, et d'une longueur inconnue. Oscules petits, irréguliers, assez rares. Tubule cylindrique. Pores très-petits. Parenchyme très-fin et très-serré. La coupe montre des canaux osculaires aboutissant au tubule, irréguliers, bien prononcés et généralement obliques ; ils sont trop droits dans la figure. Le tubule paraît avoir été assez profond, probablement jusqu'à la naissance de la tige.

RAPPORTS ET DIFFÉRENCES. Cette espèce, que je ne connais encore que d'une manière incomplète, paraît avoir assez de rapports avec la *Siphoneudea ficus*, E. de Fr. ; elle en diffère par sa forme plus globuleuse, plus large que longue, et non conique au sommet. Les oscules sont aussi beaucoup plus irréguliers.

LOCALITÉ. La Varappe, marnes panachées. Rare. Ma collection.

Explication des figures.

Pl. XX. *Fig. 13 a.* Individu de grandeur naturelle.
    »   *13 b.* Le même vu en dessus.
    Fig. 14. . Coupe d'un autre exemplaire.

SIPHONEUDEA TRUNCATA, de Loriol.

(Pl. XX, fig. 15 et 16.)

DIMENSIONS :

Hauteur du spongier, environ	22 mm.
Largeur »	16 »
Diamètre du tubule	3 »

Spongier court, trapu, claviforme, tronqué au sommet, rétréci en pédoncule et probablement quelquefois porté sur une véritable tige. Tubule cylindrique au sommet, puis conique, assez profond, mais n'atteignant point l'extrémité basilaire du spongier. Oscules petits, irréguliers; canaux osculaires partant du tubule et se dirigeant obliquement vers l'extérieur. La coupe en laisse voir deux vers la base qui sont presque verticaux; ils font paraître fourchue l'extrémité du tubule. Pores petits et nombreux. Parenchyme serré.

RAPPORTS ET DIFFÉRENCES. Cette espèce, par sa forme et le diamètre de son tubule, est bien différente de l'espèce précédente. Elle est intermédiaire entre les *Cnemiseudea* et les *Siphoneudea*, car elle ne me paraît pas avoir eu toujours une véritable tige. Quelques échantillons paraissent toutefois en avoir possédé une, ou au moins un pédoncule très-étroit. L'organisation intérieure est, en revanche, tout à fait celle des *Siphoneudea*; c'est ce qui m'a engagé à la rapporter à ce dernier genre.

LOCALITÉ. La Varappe, marnes panachées. Assez commune. Ma collection. Coll. Pictet.

Explication des figures.

Pl. XX. Fig. 15 a. *Siphoneudea truncata.* D'après un individu de ma collection.

» 15 b. Le même, vu en dessus.

Fig. 16. . Coupe d'un autre exemplaire.

Ces figures sont de grandeur naturelle.

GENRE STENEUDEA, de Loriol.

Spongier massif, turbiné, simple, percé de deux tubules profonds, séparés par une mince cloison. Parois présentant des oscules perforants, communiquant avec le tubule, petits, irrégulièrement disposés. Pores nombreux. Les *Steneudea* peuvent être considérées comme des *Siphoneudea* intimement soudées ensemble dans toute leur hauteur; elles sont les représentants, dans la famille des Eudéens, des *Stenocœlia* de la famille des Siphonocœliens.

STENEUDEA VARAPENSIS, de Loriol.

(Pl. XX. fig. 17).

DIMENSIONS :

Hauteur du spongier	de 15 à 18 mm.
Largeur	15 »
Diamètre des tubules	3 »

Spongier simple, court, presque globuleux ou pyriforme, tronqué au sommet, rétréci à la base, probablement porté par un pédicelle allongé, percé par deux tubules larges, séparés par une cloison très-mince, peu profonds, n'atteignant guère que la moitié de la hauteur du spongier, et se terminant par plusieurs petits canaux correspondant aux oscules; ceux-ci sont petits, disposés sur toute la surface. Pores nombreux.

OBSERVATIONS. Je ne connais encore que deux exemplaires de cette espèce, pour laquelle je suis obligé de créer un nouveau genre, lequel trouve très-facilement sa place dans la classification de M. de Fromentel. La coupe permet de saisir très-bien l'organisation intérieure. Les oscules étant petits et souvent remplis de matières étrangères, ils sont assez difficiles à découvrir à la surface.

LOCALITÉ. La Varappe. Ma collection

Explication des figures.

Pl. **XX.** *Fig. 17 a. Steneudea Varapensis,* de grandeur naturelle.
    »   *17 b.* Le même vu en dessus.
    »   *17 c.* Coupe d'un autre exemplaire.

GENRE SIPHONOCÆLIA, E. de Fromentel.

Spongier simple, cylindro-conique, allongé et pédicellé. Un seul tubule central, rond et profond. Point d'oscules. Parois latérales garnies de pores nombreux et irréguliers.

SIPHONOCÆLIA NEOCOMIENSIS, E. de Fromentel.

(Pl. XX, fig. 18.)

SYNONYMIE.

Hippalimus neocomiensis, d'Orbigny, 1850, Prodrome, t. II, p. 96.
Siphonocælia neocomiensis, E. de Fromentel, 1861, Catal. des Éponges néocomiennes, p. 7, pl. 1, fig. 2.

DIMENSIONS :

Hauteur totale du spongier (exemplaire du Salève) . . . . 20 à 25 mm.
    »   »   (exempl. figuré par M. de Fromentel) . . . . . . 38 »
Largeur extrême (exempl. du Salève) . . . . 19 »
    »   (exempl. figuré par M. de Fromentel) . . . . 23 »
Diamètre du tubule . . . . 3 »

Spongier assez allongé, étroit dans sa partie basilaire, s'élargissant graduellement jusque vers les deux tiers supérieurs de sa longueur; à partir de ce point, il se rétrécit de nouveau jusqu'au sommet, qui est tronqué dans les exemplaires adultes, et plus ou moins arrondi dans les jeunes. Parenchyme fin. Pores nombreux et très-petits. Le tubule s'ouvre dans une dépression du sommet.

RAPPORTS ET DIFFÉRENCES. Voisine de la *Siphonocælia truncata*, E. de From., cette espèce s'en distingue par son tubule bien plus large, sa forme plus allongée, tronquée au sommet et non arrondie dans les adultes. La *Siph. cylindrica*, dont le tubule a les mêmes dimensions, est beaucoup plus allongée et entièrement cylindrique.

LOCALITÉ. La Varappe, marnes panachées. Assez rare. Ma collection. Coll. Pictet.

Explication des figures.

Pl. XX. Fig. 18 a. Siphonocælia neocomiensis. Jeune individu de grandeur naturelle.
» *18 b.* Le même, vu en dessus.

SIPHONOCÆLIA OBLONGA, de Loriol.

(Pl. XX, fig. 19.)

DIMENSIONS :

Hauteur totale du spongier. . . . . 25 mm.
Largeur extrême . . . . 16 »
Diamètre du tubule . . . . 4 $^{1}/_{2}$ »

Spongier trapu, oblong, peu rétréci vers la base, mais notablement vers le sommet qui est presque conique. Tubule large, ne s'ouvrant pas dans une dépression. Parenchyme assez lâche.

RAPPORTS ET DIFFÉRENCES. Cette espèce se distingue de la *Siphonocælia neocomiensis* par son tubule bien plus large, son parenchyme d'un tissu moins serré, sa forme plus oblongue et jamais tronquée au sommet, qui est conique.

LOCALITÉ. La Varappe, marnes panachées. Rare.

Explication des figures.

Pl. XX. Fig. 19 a. Siphonocælia oblonga. Exemplaire de ma collection, de grandeur naturelle.
» *19 b.* Le même, vu en dessus.

Siphonocælia excavata, (Rœmer) E. de Fromentel.

(Pl. XX, fig. 20.)

SYNONYMIE.

Scyphia excavata, Rœmer, 1839, Nordd. Oolith., Nachtrag, p. 11, pl. 7, fig. 30.
Scyphia tetragona, Rœmer, 1840, Nordd. Kreide, p. 6 (non Goldfuss).
Siphonocælia excavata, E. de Fromentel, 1861, Catalogue des Spongitaires néocomiens, p. 19.

N. B. Rœmer (Kreide, p. 6) a voulu assimiler sa *Scyphia excavata* à la *Scyphia tetragona*, Goldf. La figure de Goldfuss me paraît représenter une tout autre espèce.

DIMENSIONS :

Hauteur totale du spongier, environ . . . . 26 mm.
Largeur au sommet . . . . 15 »
Diamètre du tubule . . . . 2 »

Spongier allongé, turbiné, graduellement rétréci en pédicule. Sommet tronqué, aplati. Tubule étroit, s'ouvrant au fond d'une dépression profonde du sommet, ce qui le fait paraître comme évasé en entonnoir à son extrémité. Parenchyme assez serré. Pores petits et nombreux. RAPPORTS ET DIFFÉRENCES. Voisine de la *Siph. neocomiensis*, cette espèce en diffère par son sommet toujours aplati, évidé en entonnoir, sa forme plus turbinée et son pédicule étroit. LOCALITÉ. La Varappe. Ma collection. Coll. Pictet.

Explication des figures.

Pl. XX. Fig. 20 a. *Siphonocælia excavata.* Individu de ma collection, de grandeur naturelle.
» 20 b. Le même, vu en dessus.

Siphonocælia expansa, de Loriol.

(Pl. XX, fig. 21.)

DIMENSIONS :

Largeur au sommet . . . . 28 mm.
Diamètre du tubule . . . . 7 »

Spongier très-court, très-trapu, large et tronqué au sommet; il est à peine rétréci en pédicule, mais se trouve fixé sur une base très-volumineuse, comme mamelonnée, qui paraît s'être étendue assez loin sous la forme d'une expansion foliacée. Tubule très-large, s'ouvrant dans une dépression du sommet. Parenchyme très-fin, pores à peine visibles à l'œil nu.

RAPPORTS ET DIFFÉRENCES. Par la largeur de son tubule, la finesse de son parenchyme et le développement insolite de sa partie basilaire, cette espèce se distingue facilement; il est à regretter qu'il n'en ait été trouvé jusqu'ici qu'un seul exemplaire, car elle doit être sujette à diverses modifications de forme.

LOCALITÉ. La Varappe, marnes panachées. Très-rare. Ma collection.

Explication des figures.

Pl. XX. *Fig. 21. Siphonocœlia expansa,* de grandeur naturelle.

GENRE DISCÆLIA, E. de Fromentel.

Spongier composé de spongites plus ou moins nombreux, plus ou moins unis par leurs parois latérales, mais toujours pourvus chacun d'un tubule central. Ce sont des *Siphonocœlia* unies par une base commune. J'ai huit espèces à citer ici, dont une seule est nouvelle. Il en existe encore au Salève au moins deux autres dont je n'ai trouvé que de mauvais fragments.

DISCÆLIA ICAUNENSIS, (d'Orb.) E. de Fromentel.

(Pl. XXI, fig. 1.)

SYNONYMIE.

Hippalimus Icaunensis, d'Orbigny, 1850, Prodrome, t. II, p. 96.
Discælia Icaunensis, E. de From., 1861, Catalogue des Spong. néocom., p. 9.

DIMENSIONS :

Hauteur totale du spongier	de 40 à 50 mm
Largeur moyenne des spongites.	de 7 à 10 »
Diamètre du tubule	2 »

Spongier formant un buisson ordinairement touffu. Spongites partant d'une base large, plus ou moins ramifiés, tantôt libres, tantôt soudés entre eux, quelquefois cylindriques, ordinairement atténués vers le sommet qui est tronqué; on remarque ici et là quelques étranglements sur leur surface. Tubules non évasés à leur extrémité, cylindriques, larges relativement aux parois. Parenchyme serré et finement poreux.

RAPPORTS ET DIFFÉRENCES. Cette espèce, par son ensemble buissonneux composé de spongites dichotomes, se distingue assez facilement à première vue. Elle se rapproche assez des *Discælia ramosa* et *dumosa;* elle en est séparée nettement par ses tubules plus larges; en outre, ses spongites sont toujours bien plus larges que ceux de la première espèce, et plus courts et plus ramifiés que ceux de la seconde. La *Disc. glomerata,* E. de From., qui a des tubules de même dimension, s'en distingue par son parenchyme beaucoup plus lâche, la forme de son ensemble et ses spongites tout différents.

OBSERVATIONS. C'est d'après l'autorité de M. de Fromentel que je rapporte cette espèce à l'*Hippalimus Icaunensis,* d'Orb., connu seulement par quelques mots du Prodrome. Elle n'avait pas encore été figurée. C'est une des espèces de Discælies les plus communes au Salève; elle se rencontre ordinairement en bon état de conservation.

LOCALITÉS. La Varappe, la Croisette, marnes panachées. Ma collection. Coll. Pictet.

Explication des figures.

Pl. XXI. Fig. 1. *Discælia Icaunensis,* de grandeur naturelle, dessinée d'après un individu de ma collection.

DISCÆLIA GLOMERATA, E. de Fromentel.

(Pl. XX, fig. 23.)

SYNONYMIE.

Discælia glomerata, E. de From., 1861, Catal. des Spong. néocom., p. 9, pl. 2, fig. 6.

DIMENSIONS :

Hauteur des spongites, environ. . . . . 15 mm.
Largeur   »   . . . . de 7 à 9 »
Diamètre des tubules . . . . 2 »

Spongier composé de spongites courts, cylindriques, arrondis au sommet, serrés, peu ou point divisés. Tubule cylindrique, parenchyme assez lâche, rugueux. Mes exemplaires du Salève sont un peu plus courts que celui qui a été figuré par M. de Fromentel; leur base est plus large, ce qui fait paraître l'ensemble moins pédiculé; du reste, tous les caractères sont parfaitement semblables.

RAPPORTS ET DIFFÉRENCES. Voisine de la *Discælia Ricordeana,* E. de From., cette espèce s'en distingue par ses tubules plus larges, ses spongites plus globuleux et son ensemble moins serré.

Localités. La Varappe; la Croisette. Marnes panachées. Assez commune. Ma collection. Coll. Pictet.

Explication des figures.

Pl. XX. Fig. *23 a.* Spongier de grandeur naturelle.
     » *23 b.* Un spongite du même, vu en dessus.

DISCÆLIA MACROPORA, E. de Fromentel.

SYNONYMIE.

Discælia macropora, E. de Fromentel, 1861, Catalogue des Spong. néocom., p. 8, pl. 1, fig. 7.

DIMENSIONS :

Largeur des spongites, environ. . . . . 15 mm.
Diamètre des tubules . . . . 3 »

Spongier à l'état adulte, composé de spongites en séries labelliformes, peu divisés, le plus souvent simplement bifurqués, larges et cylindriques, un peu atténués à l'extrémité. Tubules larges, ronds. Parenchyme très-poreux. Je n'ai trouvé au Salève que quelques exemplaires incomplets de cette espèce, ce sont probablement des jeunes; les spongites présentent tous les caractères de l'espèce.

Rapports et différences. Par la largeur de ses tubules, la nature de son parenchyme, l'épaisseur et la disposition de ses spongites, cette espèce se distingue facilement des autres Discælies.

Localité. La Varappé, marnes panachées. Rare. Coll. Pictet. Ma collection.

DISCÆLIA MONILIFERA, (Rœmer) de Loriol.

(Pl. XXI, fig. 2.)

SYNONYMIE.

Scyphia monilifera, Rœmer, 1839, Nordd. Oolith., Nachtrag, p. 11; pl. 17, fig. 29.
    Id.   Rœmer, 1840, Nordd. Kreide, p. 6.
Hippalimus moniliferus, d'Orb., 1850, Prodrome, t. II, p. 96.
Siphonocælia monilifera, E. de Fromentel, 1861, Catalogue des Spong. néocom., p. 19.

DIMENSIONS :

Hauteur d'un spongite. . . . . 26 mm.
Largeur moyenne. . . . . 12 »
Diamètre des tubules . . . . 2 »

Spongier formant probablement une touffe peu serrée. Spongites allongés, claviformes, pourvus de quelques étranglements assez larges, leur sommet est tronqué et très-aplati. Tubules étroits relativement à l'épaisseur des parois. Parenchyme très-fin, serré, distinctement granuleux. .

RAPPORTS ET DIFFÉRENCES. La nature particulière du parenchyme, ainsi que la forme claviforme et tronquée au sommet des spongites, font distinguer facilement cette espèce entre celles dont les tubules présentent des dimensions analogues.

OBSERVATIONS. Rœmer n'a représenté qu'un spongite isolé de cette espèce, ce qui l'avait fait envisager comme une Siphonocælie par M. de Fromentel. Je n'ai pas trouvé d'exemplaires entièrement parfaits au Salève ; celui que je fais figurer suffit pour montrer que c'est une véritable Discælia. Il devait probablement se trouver d'autres spongites associés.

LOCALITÉ. La Varappe. Très-rare. Ma collection.

Explication des figures.

Pl. XXI. Fig. 2 a. Discælia monilifera, de grandeur naturelle.
   » *2 b.* Un spongite vu en dessus.
   » *2 c.* Portion de parenchyme grossi.

DISCÆLIA PERRONI, E. de Fromentel.

(Pl. XX, fig. 22.)

SYNONYMIE.

Discælia Perroni, E. de Fromentel, 1861, Catalogue des Spong. néocom., p. 10, pl. 2, fig. 1.

Je n'ai encore trouvé au Salève qu'un seul spongite isolé de cette espèce ; il en présente bien tous les caractères, et M. de Fromentel a confirmé ma détermination. Ce spongite est globuleux, un peu conique au sommet, long de 20 millimètres, large de 15, percé dans toute sa longueur par un tubule de 3 $^{1}/_{2}$ millimètres, évasé au sommet. Parenchyme serré. Pores petits et nombreux.

RAPPORTS ET DIFFÉRENCES. Assez voisine de forme de la *Discælia strangulata*, cette espèce s'en distingue par son tubule bien plus large. Les spongiers complets sont fort différents par le mode d'association des spongites.

LOCALITÉ. La Varappe, marnes panachées. Très-rare. Ma collection.

Explication des figures.

Pl. XX. Fig. 22 a. Spongite de *Discælia Perroni*, de grandeur naturelle.
   » *22 b.* Le même, vu en dessus.

Discælia subfurcata, (Rœmer) E. de Fromentel.

(Pl. XXI, fig. 4 et 5.)

SYNONYMIE.

Scyphia subfurcata, Rœmer, 1839, Nordd. Oolith., Nachtrag, p. 11, pl. 17, fig. 28.
Scyphia furcata, Rœmer, 1840, Nordd. Kreide, p. 5 (non Goldfuss).
Discælia subfurcata, E. de Fromentel, 1861, Catalogue des Spong. néocomiens, p. 19.

DIMENSIONS :

Hauteur totale du spongier . . . . 20 à 25 mm.
Diamètre d'un spongite. . . . . 5 à 7 »
Diamètre des tubules. . . . . 1,5 à 2 »

Spongier simple et cylindrique à sa base, divisé au sommet en deux, trois ou quatre rami-
fications formant autant de spongites percés chacun d'un tubule spécial. Ces spongites sont
très-courts, soudés intimement dans presque toute leur longueur, distincts seulement au
sommet qui est arrondi. Tubules cylindriques. Parenchyme assez lâche. Pores gros.

RAPPORTS ET DIFFÉRENCES. Cette espèce est facile à distinguer par la forme de son spongier, simple à la base et divisé au sommet en spongites très-courts, à peine distincts. J'ai
trouvó au Salòve quatre exemplaires de cette espèce conformés exactement de même. Rœmer,
après avoir établi en 1839 la *Scyphia subfurcata*, la donne en 1840 comme synonyme de la
Scyphia furcata, Goldfuss, ainsi que de sa *Scyphia ramosa*. L'espèce du Salève est bien distincte
de la *Sc. ramosa* que M. de Fromentel a retrouvée et fait représenter ; elle ne ressemble point
non plus à la figure de la *Sc. furcata* de Goldfuss. Je la maintiens donc comme espèce distincte et parfaitement identique à la *Sc. subfurcata,* Rœmer.

LOCALITÉ. La Varappe, la Croisette. Ma collection. Coll. Pictet.

Explication des figures.

Pl. XXI. *Fig. 4.* . Individu avec quatre spongites.
» *4 a.* Le même, vu en dessus.
Fig. 5. . Autre individu avec deux spongites.

Ces figures sont de grandeur naturelle.

Discælia porosa, E. de Fromentel.

(Pl. XXI, fig. 6.)

SYNONYMIE.

Discælia porosa, E. de Fromentel, 1861, Catalogue des Spongitaires néocomiens, p. 8, pl. 2, fig. 4.

DIMENSIONS :

Diamètre des spongites.	5 à 6 mm.
Diamètre des tubules.	1 à 1,5 »

Je n'ai pas trouvé au Salève un spongier complet de cette espèce, mais plusieurs fragments assez bien conservés, du reste, et présentant les caractères de l'espèce. Les spongites sont libres ou soudés entre eux, à sommet arrondi et percé d'un tubule ordinairement de 1,5 millimètre de diamètre, un peu plus étroit dans les jeunes bourgeons. Le parenchyme est serré, les pores très-nombreux et très-petits.

RAPPORTS ET DIFFÉRENCES. Très-voisine de la *Discælia ramosa* (Rœmer) E. de From., cette espèce s'en distingue par ses spongites moins ramifiés, ses tubules presque toujours plus larges, et son parenchyme plus serré et plus poreux.

LOCALITÉS. La Varappe, la Croisette, marnes panachées. Assez rare. Collection Pictet. Ma collection.

Explication des figures.

Pl. XXI. Fig. 6 a. Fragment de grandeur naturelle.
» 6 b. Un spongite vu en dessus.

Discælia Salevensis, de Loriol.

(Pl. XXI, fig. 3.)

DIMENSIONS :

Hauteur des spongites	de 20 à 22 mm.
Largeur »	20 »
Diamètre des tubules	1 »

Spongier court, massif, composé d'une base large d'où partent deux spongites globuleux, soudés entre eux dans presque toute leur longueur, aussi larges que longs, un peu rétrécis

25

au sommet, lequel est généralement arrondi. Tubules cylindriques, larges. Parenchyme très-serré et très-poreux.

RAPPORTS ET DIFFÉRENCES. La dimension des tubules de cette espèce et la forme globuleuse des spongites ne permettent pas de la confondre avec aucune autre.

LOCALITÉ. La Varappe. Rare. Ma collection.

Explication des figures.

Pl. XXI. Fig. 3 a. Discœlia Salevensis, de grandeur naturelle, d'après un individu de ma collection.
   » *3 b.* Spongite vu en dessus.

GENRE STENOCÆLIA, E. de Fromentel.

Spongiers simples ou composés, massifs ou quelquefois dendroïdes, à surface supérieure percée çà et là d'un tubule profond indiquant un centre d'activité vitale. Les Sténocélies peuvent être considérées comme plusieurs Siphonocélies intimement soudées dans toute leur hauteur, ou comme des Discélies dont les spongites présenteraient plusieurs tubules.

STENOCÆLIA FLABELLIFORMIS, de Loriol.

(Pl. XXI, fig. 7.)

DIMENSIONS :

Hauteur du spongier . . . . 65 mm.
Diamètre d'un spongite . . . . de 5 à 7 »
Diamètre des tubules . . . . 1 »

Spongier composé, formé de spongites allongés, très-serrés, souvent soudés les uns aux autres, libres seulement au sommet, quelquefois bifurqués, disposés en séries en forme d'éventail. Chacun de ces spongites est percé de deux et très-rarement de trois tubules cylindriques. Surface très-poreuse.

OBSERVATIONS. Cette espèce, que M. de Fromentel a reconnue comme une vraie *Stenocælia*, appartient aux formes dendroïdes de ce genre; elle se rapprocherait, par la disposition de ses spongites, de la *Discœlia dumosa*, mais chaque spongite est percé de deux ou même de trois tubules.

LOCALITÉ. La Varappe, marnes panachées. Assez rare en buisson. On en trouve des spongites détachés à la Croisette.

Explication des figures.

Pl. XXI. Fig. 7 a. Stenocœlia flabelliformis. De ma collection. Les spongites sont presque tous brisés au sommet; un seul, en arrière, est resté intact.

GENRE JEREA, E. de Fromentel.

Spongier simple, globuleux, percé au centre d'un faisceau de tubules qui se prolongent jusqu'à la base. Les tubules ont sensiblement le même diamètre. Surface extérieure très-poreuse, présentant parfois des oscules irréguliers.

JEREA FROMENTELIANA, de Loriol.

(Pl. XXI, fig. 8.)

DIMENSIONS :

Hauteur du spongier . . . . 35 mm.
Largeur   » . . . . 32 »
Diamètre des tubules. . . . . $^1/_4$ »

Spongier massif, pyriforme, pédiculé, pourvu au sommet d'une dépression peu profonde, large d'environ 8 millimètres, au fond de laquelle vient s'ouvrir un faisceau d'au moins quarante tubules, larges de $^1/_4$ millimètre, réguliers, de dimensions égales, pénétrant pour la plupart jusqu'à la base. Surface couverte de pores assez gros.

OBSERVATIONS. C'est la première espèce de ce genre qui, à ma connaissance, ait été trouvée dans l'étage néocomien; elle est très-nettement caractérisée. Je n'en ai trouvé qu'un seul exemplaire au Salève.

LOCALITÉ. La Varappe, marnes panachées. Très-rare. Ma collection.

Explication des figures.

Pl. XXI. Fig. 8 a. Jerea Fromenteliana, de grandeur naturelle.
  »   *8 b.* Le même, vu en dessus.
  »   *8 c.* Section verticale montrant le faisceau de tubules.

Genre ELASMOIEREA, E. de Fromentel.

Spongier constitué par des lames pouvant se plier directement, mais n'affectant jamais la forme d'une coupe. Les tubules, qui s'ouvrent sur la tranche supérieure, sont disposés sur une ou plusieurs séries. Lorsque la lame est mince, le trajet des tubules est indiqué sur les parois externes par de légers renflements.

Je n'ai à citer qu'une seule espèce.

Elasmoierea Sequana, E. de Fromentel.

(Pl. XXI, fig. 9.)

SYNONYMIE.

Elasmoiera Sequana, E. de Fromentel, 1859, Introd. à l'étude des Éponges fossiles, p. 34, pl. 2, fig. 3.
    Id.   E. de From., 1861, Catalogue des Spongitaires néocomiens, p. 10.

DIMENSIONS:

Hauteur de la lame . . . . 30 mm.
Épaisseur   »   . . . . de 3 à 4 »
Diamètre des tubules . . . . 1 »

Spongier formé d'une lame en éventail, mince et onduleuse. Elle est quelquefois diversement plissée; je ne l'ai pas trouvée sous cette forme au Salève. Les parois latérales sont criblées de pores fins et réguliers. Tubules sur la tranche de la lame, disposés en série unique, séparés par des intervalles aussi grands qu'eux-mêmes.

RAPPORTS ET DIFFÉRENCES. Voisine de l'*Elasmoiera plana*, E. de From., cette espèce s'en distingue par ses tubules plus petits formant toujours une série unique, et ses pores plus régulièrement disposés.

LOCALITÉ. La Varappe. Très rare. Ma collection.

Explication des figures.

Pl. XXI. Fig. 9 a. Elasmoiera Sequana, de grandeur naturelle.
    » *9 b.* Le même, vu en dessus.

Genre MONOTHELES, E. de Fromentel.

Spongier simple, pyriforme, pédiculé, poreux, présentant au sommet un oscule étoilé ou non. Les *Monotheles*, voisins des *Epitheles*, s'en distinguent par l'absence complète d'épithèque.

Je n'ai rencontré qu'une seule espèce appartenant à ce genre.

MONOTHELES STELLATA, E. de Fromentel.

(Pl. XXI, fig. 10.)

SYNONYMIE.

Monotheles stellata, E. de From., 1859, Introd. à l'étude des Éponges fossiles, pl. 2, fig 6, 6 *a*.

Monotheles neocomiensis, E. de From., 1859, id. Explication-de la planche, p. 35. Ce nom a été abandonné par l'auteur.

Monotheles stellata, E. de From., 1861, Catalogue des Spongitaires néocomiens, p. 11.

DIMENSIONS :

Hauteur du spongier	17 à 23 mm.
Diamètre du spongier au sommet	13 à 15 »
Diamètre de l'oscule	2 »

Spongier pyriforme, pédiculé, à sommet arrondi ou un peu tronqué, au centre duquel se trouve un oscule rond, peu profond, étoilé ; les rayons sont profondément creusés dans le parenchyme, longs de 3 millimètres environ, et larges de $^1/_2$ millimètre ; on en compte six ou sept principaux, et quelquefois quelques autres plus petits. Parenchyme lâche. Pores assez gros.

RAPPORTS ET DIFFÉRENCES. Les jeunes individus de cette espèce ressemblent, par la forme, au *Monotheles pisiformis*, E. de From. ; ce dernier s'en distingue toujours par son oscule non étoilé et plus petit, son parenchyme plus fin.

LOCALITÉS. La Varappe, la Croisette, marnes panachées. Assez commune. Coll. Pictet. Ma collection.

Explication des figures.

Pl. XXI. Fig. 10 a. Monotheles stellata, de grandeur naturelle, dessiné d'après un individu de la collection de M. Pictet.

   » *10 b.* Le même, vu en dessus.

Genre STELLISPONGIA, d'Orbigny.

Spongier globuleux, étalé ou arborescent. Parenchyme très-poreux, présentant des oscules irrégulièrement étoilés, irrégulièrement disposés.

Stellispongia Salevensis, de Loriol.

(Pl. XXI, fig. 11.)

DIMENSIONS :

Hauteur du spongier.	28 mm.
Diamètre des oscules	1 $^1/_2$ »

Spongier massif, irrégulier, mamelonné, rétréci en pédoncule. Oscules irrégulièrement disposés, occupant en général le sommet des mamelons, entourés de cinq ou six sillons courts, mais très-profonds et très-larges. Parenchyme lâche, pores assez écartés.

RAPPORTS ET DIFFÉRENCES. Par sa forme plus allongée, rétrécie en pédoncule, et par ses oscules plus grands, entourés de sillons beaucoup plus larges et plus profonds tout en étant plus courts, cette espèce se distingue facilement de la *Stellispongia Sequana*, E. de From.

LOCALITÉ. La Varappe. Très-rare. Ma collection.

Explication des figures.

Pl. XXI. Fig. 11 a. *Stellispongia Salevensis.* Individu de grandeur naturelle.
» 11 b. Oscule grossi.

Genre CRIBROCYPHIA, E. de Fromentel.

Spongier cupuliforme, dont les surfaces externes et internes sont munies d'oscules ronds ou irréguliers, et souvent placés en séries. Le reste de l'ensemble est poreux.

Cribroscyphia sinuata, de Loriol.

(Pl. XXI, fig. 15.)

DIMENSIONS :

Hauteur de la coupe. environ . . . . 45 mm.
Épaisseur des parois . . . . 4 »
Diamètre des oscules . . . . $^{1}/_{2}$ à $^{3}/_{4}$ »

Spongier en forme de coupe profonde, dont l'ouverture présente un ou deux plis qui la rendent sinuense. Les parois de la coupe sont assez minces et munies en dedans et en dehors d'oscules petits, nombreux, irrégulièrement disposés, entourés de pores très-petits.

Je ne connais que trois exemplaires de cette espèce facile à distinguer par la petitesse de ses oscules et la forme constamment sinueuse de l'ouverture de la coupe.

Localité. La Varappe. Coll. Pictet. Ma collection.

Explication des figures.

Pl. XXI. Fig. 15. *Cribroscyphia sinuata*, de grandeur naturelle, dessinée d'après un individu de la collection de M. Pictet.

Genre ELASMOSTOMA, E. de Fromentel.

Spongier en forme de lame peu épaisse, adhérente par un point aux corps sous-marins, s'étendant horizontalement et plus ou moins contournée. Une des faces est formée d'un tissu irrégulièrement poreux; l'autre, couverte d'une épithèque, est munie d'oscules, très-superficiels et très-irréguliers.

Elasmostoma neocomiensis, de Loriol.

(Pl. XXII, fig. 1, 2.)

DIMENSIONS :

Épaisseur des lames . . . . 3 à 4 mm.
Diamètre des oscules . . . . $^{1}/_{2}$ à $^{3}/_{4}$ »

Spongier en lame, fixé par la base, et se développant ensuite en éventail en se contournant plus ou moins, jusqu'à former une sorte de coupe incomplète. La partie interne de la lame est couverte d'une épithèque très-mince qui se détruit facilement; lorsqu'elle existe, on distingue très-nettement les oscules, qui sont petits, nombreux et assez régulièrement disposés. Lorsque l'épithèque est détruite, ce qui arrive très-fréquemment, on a quelque peine à distinguer les oscules au milieu d'un parenchyme assez lâche, comme vermicellé et percé de pores nombreux. La partie externe de la lame est sans oscules, le parenchyme est plus serré, plus grenu, et les pores plus nombreux.

RAPPORTS ET DIFFÉRENCES. Cette espèce est voisine de l'*Elasmostoma acutimargo* (Rœmer), de From., mais elle a des oscules plus petits et les lames sont plus minces. L'*El. frondescens*, E. de From., est facile à reconnaître à ses gros oscules déchiquetés.

LOCALITÉS. La Varappe, marnes panachées. Assez rare. Ma collection. Coll. Pictet. Elle se retrouve dans le Hils de Hanovre et dans le néocomien des environs de la Neuveville, d'où M. Gilliéron m'en a communiqué de nombreux exemplaires.

Explication des figures.

Pl. XXII. Fig. 1 a. Elasmostoma neocomiensis. Individu de grandeur naturelle. Coll. Pictet.
     » *1 b.* Fragment du même, grossi.
    Fig. 2. . Individu en forme de lame contournée. De la Varappe. Ma collection.

GENRE POROSTOMA, E. de Fromentel.

Spongier en lames épaisses. L'une des faces est couverte d'oscules ronds ou ovalaires, marginés, assez régulièrement disposés; l'autre est rugueuse, irrégulière et poreuse. Point d'épithèque; ce dernier caractère sépare les espèces de ce genre des *Elasmostoma* dont les oscules sont en outre plus superficiels et plus irréguliers.

Une seule espèce a été trouvée au Salève; elle est nouvelle.

POROSTOMA FROMENTELIANA, de Loriol.

(Pl. XXI, fig. 12.)

DIMENSIONS :

Épaisseur de la lame	4 à 5 mm.
Diamètre des oscules	2 »

Espèce en lame épaisse, fort étendue. Je n'ai aucun exemplaire complet. Un des fragments a une largeur de 90 millimètres : c'est la partie supérieure de la lame ; son sommet est entier et régulièrement arrondi. L'une des faces est couverte d'oscules nombreux, placés dans de petites dépressions, ovales, légèrement marginés, à peu près égaux, disposés en quinconces assez réguliers. La surface du parenchyme est très-lisse et criblée de pores très-petits, très-nombreux. L'autre face de la lame est très-rugueuse et couverte de pores très-petits ; elle n'est pas pourvue d'oscules.

Rapports et différences. Les dimensions de la lame et des oscules font distinguer facilement cette espèce de la *Porostoma porosa*, E. de From. La *Porostoma marginata*, Goldf., a les oscules beaucoup plus grands et plus marginés.

Localité. La Varappe, marnes panachées. Rare. Ma collection. Coll. Pictet.

Explication des figures.

Pl. *XXI. Fig. 12 a. Porostoma Fromenteliana*, de grandeur naturelle. De ma collection.
    » *12 b.* Fragment grossi.

Genre CUPULOCHONIA, E. de Fromentel.

Spongier en forme de coupe plus ou moins régulière, mais sans bord réfléchi et présentant un réseau irrégulier, percé de pores nombreux et sans ordre. Point de tubules ni d'oscules.

CUPULOCHONIA CUPULIFORMIS, E. de From.

(Pl. XXII, fig. 9, 10.)

SYNONYMIE.

Cupulospongia cupuliformis, d'Orb., 1850, Prodrome, t. II, p. 97.
Cupulochonia cupuliformis, E. de From., 1859, Introd. à l'étude des Éponges fossiles, pl. 3, fig. 8.
    Id.   E. de From., 1861, Catalogue des Spongitaires néocomiens, p. 15.

DIMENSIONS :

Hauteur du spongier	35 à 40 mm.
Diamètre de l'ouverture de la coupe, environ	35 »
Diamètre du pédicule	7 à 10 »
Épaisseur des parois	4 »

26

Spongier en forme de coupe évasée et très-profonde, rétrécie à la base en pédicule étroit et assez long ; la cavité se prolonge jusqu'à son extrémité. Parois assez épaisses. Parenchyme lisse, serré et très-poreux. Cette espèce est sujette à quelques variations dans la forme de la coupe, qui est plus ou moins évasée, et dans celle du pédicule qui est plus ou moins étroit, mais ne dépasse pas 10 millimètres de diamètre.

RAPPORTS ET DIFFÉRENCES. Voisine par la forme de sa coupe de la *Cupulochonia Sequana*, E. de From., cette espèce s'en distingue facilement par ses parois plus minces, son pédicule plus étroit, son parenchyme lisse et non échinulé.

LOCALITÉ. La Varappe, marnes panachées. Assez commune. Coll. Pictet. Ma collection.

Explication des figures.

Pl. XXII. Fig. 9. Individu jeune du Salève.

Fig. 10. Copie de la figure précitée de M. de Fromentel, les exemplaires adultes du Salève étant mal conservés et en partie empâtés par la roche.

CUPULOCHONIA SABAUDIANA, de Loriol.

(Pl. XXII, fig. 14).

DIMENSIONS :

Hauteur totale du spongier	25 mm.
Épaisseur des parois	2 »
Épaisseur du pédicule	7 »
Diamètre de l'ouverture de la coupe	30 »

Spongier en coupe assez évasée, mais profonde, rétrécie à sa base en pédicule étroit et très-court. Parois très-minces. Parenchyme uni, très-fin, serré, très-poreux.

RAPPORTS ET DIFFÉRENCES. Cette espèce sera toujours facile à distinguer de la *Cupulochonia cupuliformis* par la forme plus régulièrement conique de la coupe dont les parois sont beaucoup plus minces et le pédicule plus court. En outre, le parenchyme est encore plus serré et plus finement et régulièrement poreux. La *Cup. tenuicula*, E. de From., forme une coupe beaucoup plus étalée et moins profonde, soutenue par un pédicule beaucoup plus large.

LOCALITÉ. La Varappe, marnes panachées. Très-rare. Ma collection.

Explication des figures.

Pl. XXII. Fig. 14. Cupulochonia Sabaudiana. Individu de grandeur naturelle.

Cupulochonia tenuicula, E. de Fromentel.

(Pl. XXII, fig. 5.)

SYNONYMIE.

Cupulochonia tenuicula, E. de From., 1861, Catalogue des Spongitaires néocomiens, p. 15, pl. 4, fig. 3.

Spongier en forme de coupe très-évasée, large de 30 millimètres environ, supportée par un pédicule très-large. Parois minces. Parenchyme rugueux et très-poreux.

RAPPORTS ET DIFFÉRENCES. Cette espèce, que le peu d'épaisseur de ses parois pourrait faire rapprocher de la *Cup. Sabaudiana*, s'en distingue facilement par la forme très-évasée de sa coupe et son pédicule fort élargi.

OBSERVATIONS. Cette Cupulochonia est fort rare au Salève. Je n'en ai pas d'échantillon assez complet pour être figuré. Le meilleur, qui appartient incontestablement à cette espèce, est accollé à une *Cupulochonia cupuliformis*, et se trouve par conséquent déformé. Afin de bien faire comprendre les caractères de la *Cup. tenuicula*, j'ai fait copier la figure qu'en a donnée M. de Fromentel.

LOCALITÉ. La Varappe. Très-rare. Coll. Pictet.

Explication des figures.

Pl. XXII. Fig. 5. Cupulochonia tenuicula. Copiée d'après M. de Fromentel.

Cupulochonia angusta, de Loriol.

(Pl. XXI, fig. 13.)

DIMENSIONS :

Hauteur totale du spongier . . . . 28 mm.
Épaisseur des parois de la coupe . . . . 4 »
Diamètre de l'ouverture de la coupe . . . . de 9 à 12 »

Spongier en forme de coupe étroite, profonde, allongée, assez irrégulière au dehors, ne se rétrécissant pas en pédoncule et fixée par une base probablement assez étendue. Parois épaisses. Parenchyme grenu, fin, un peu rugueux.

RAPPORTS ET DIFFÉRENCES. Cette espèce, au premier abord, ressemble à une *Siphonocælia* par sa forme et le peu de diamètre de sa cavité intérieure. Elle est très-distincte des autres *Cupulochonia*, et en particulier des espèces néocomiennes.

Localité. La Varappe, marnes panachées. Assez rare. Coll. Pictet. Ma collection.

Explication des figures.

Pl. XXI. Fig. 13. Cupulochonia angusta, de grandeur naturelle, d'après un individu de la collection de
M. Pictet.

Cupulochonia elongata, de Loriol.

(Pl. XXII, fig. 3.)

DIMENSIONS :

Hauteur totale du spongier.	50 mm.
Largeur	20 à 24 »
Épaisseur des parois, environ	5 »
Grand diamètre de la coupe	13 à 15 »

Spongier très-allongé, en forme de coupe rétrécie, à parois épaisses, très-profonde, ovale
et en général assez comprimée. Parenchyme très-poreux. On remarque çà et là, sur la surface, de petites cavités arrondies que j'avais d'abord prises pour des oscules. M. de Fromentel
m'a fait observer que ces cavités étant tout à fait superficielles ne peuvent par conséquent
pas être envisagées comme de vrais oscules. J'ai donc classé cette espèce dans les *Cupulochonia*.

Rapports et différences. Cette espèce se distingue facilement des autres *Cupulochonia*
par sa forme cylindro-conique, les dimensions de la cavité cupuliforme et la nature de son
parenchyme.

Localité. La Varappe, marnes panachées. Assez commune, mais rarement bien conservée.
Coll. Pictet. Ma collection.

Explication des figures.

Pl. XXII. Fig. 3. Cupulochonia elongata, de grandeur naturelle. Coll. de M. Pictet.

Genre DISCHONIA, E. de Fromentel.

Spongier composé. Spongites affectant la forme d'une coupe allongée,
libres dans leur plus grande étendue et réunis par une base commune.

Point de tubules ni d'oscules, des pores seulement. Spicules formant dans l'intérieur du parenchyme un réseau régulier. Les *Dischonia* présentent les caractères des *Cupulochonia,* seulement le spongier est composé et le réseau spiculaire très-apparent.

DISCHONIA SALEVENSIS, de Loriol.

(Pl. XXII, fig 6, 7.)

Spongier composé, de dimensions très-variables. Un très-bel exemplaire appartenant à M. le professeur Favre, forme un ensemble de 15 centimètres de diamètre, les spongites ayant une largeur de 20 à 25 millimètres. D'autres exemplaires, quoique adultes, sont bien plus petits. Spongites allongés, libres dans la plus grande partie de leur étendue, formant une cavité cupuliforme, arrondie, ovale, ou rétrécie en forme de 8. Ces diverses modifications se rencontrent dans le même échantillon. Parois de 3 à 5 millimètres d'épaisseur. Parenchyme finement poreux, serré. Réseau spiculaire très-fin, à mailles carrées.

OBSERVATIONS. Cette espèce est commune au Salève, où elle se présente sous des formes très-diverses, mais se rattachant toujours facilement au même type. Certains spongiers ont jusqu'à vingt spongites, d'autres n'en ont que deux ou trois.

LOCALITÉS. La Varappe, la Croisette, les Treize-Arbres, couches nᵒˢ 4 et 5. Commune. Coll. Pictet, coll. Favre. Ma collection.

Explication des figures.

Pl. XXII. Fig. 6 a. *Dischonia Salevensis.* D'après un exemplaire de la collection de M. Favre, réduit de moitié.
    » 6 b. Un spongite du même, vu en dessus, de grandeur naturelle.
Fig. 7 . . Autre individu de grandeur naturelle. De ma collection.

GENRE ACTINOFUNGIA, E. de Fromentel.

Spongier tantôt composé de mamelons saillants, tantôt simplement en masse polymorphe. Au sommet des mamelons, ou çà et là sur la surface se montrent des sillons divergents et donnant lieu à une étoile informe.

Base entourée d'une épithèque plus ou moins développée. Point de tubules ni d'oscules, des pores seulement.

Actinofungia porosa, E. de Fromentel.

(Pl. XXII, fig. 8.)

SYNONYMIE.

Actinofungia porosa, E. de Fromentel, 1861, Catalogue des Spongitaires néocomiens, p. 17, pl. 3, fig. 5.

Spongier en masse arrondie au sommet. Étoiles bien marquées, assez nombreuses, à cinq ou six rayons. Parenchyme vermicellé, fin, très-poreux.

RAPPORTS ET DIFFÉRENCES. Cette espèce me paraît se distinguer de l'*Actinofungia pediculata*, E. de From., par ses étoiles à sillons bien plus simples, à peine ramifiés et moins nombreux. Je n'en ai encore trouvé que deux échantillons au Salève; ils sont assez mal conservés.

LOCALITÉ. La Varappe. Ma collection.

Explication des figures.

Pl. XXII. Fig. 8. *Actinofungia porosa*, de grandeur naturelle.

Genre AMORPHOFUNGIA, E. de Fromentel.

Spongier sans forme bien arrêtée, le plus souvent arrondi ou mamelonné. Point de tubules, point d'oscules, point de sillons. Parenchyme poreux.

Amorphofungia cylindrica, de Loriol.

(Pl. XXII, fig. 11.)

DIMENSIONS :

Longueur extrême du spongier. . . . . 90 mm.
Diamètre moyen. . . . . 20 »

Spongier très-allongé, ordinairement presque cylindrique, non ramifié. Parenchyme assez fin, très-poreux, présentant des petites cavités tout à fait superficielles. Cette espèce, fort commune au Salève, me paraît distincte des autres par sa forme constamment allongée et cylindrique. Il est du reste bien difficile de distinguer les espèces dans un genre qui offre aussi peu de caractères.

LOCALITÉS. La Varappe, la Croisette, marnes panachées. Abondante.

Explication des figures.

Pl. XXII. Fig. 11. Amorphofungia cylindrica, de grandeur naturelle. De ma collection.

AVERTISSEMENT

La première Livraison, page 1 à 112, et planche I à XIV, a paru en Avril 1861.

La deuxième Livraison, page 113 à 212, et planche XV à XXII, a paru en Février 1863.

TABLE ALPHABÉTIQUE

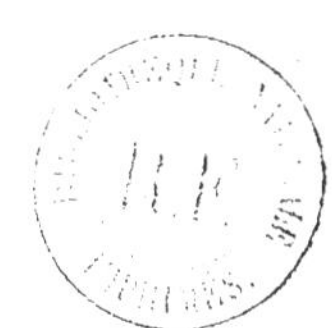

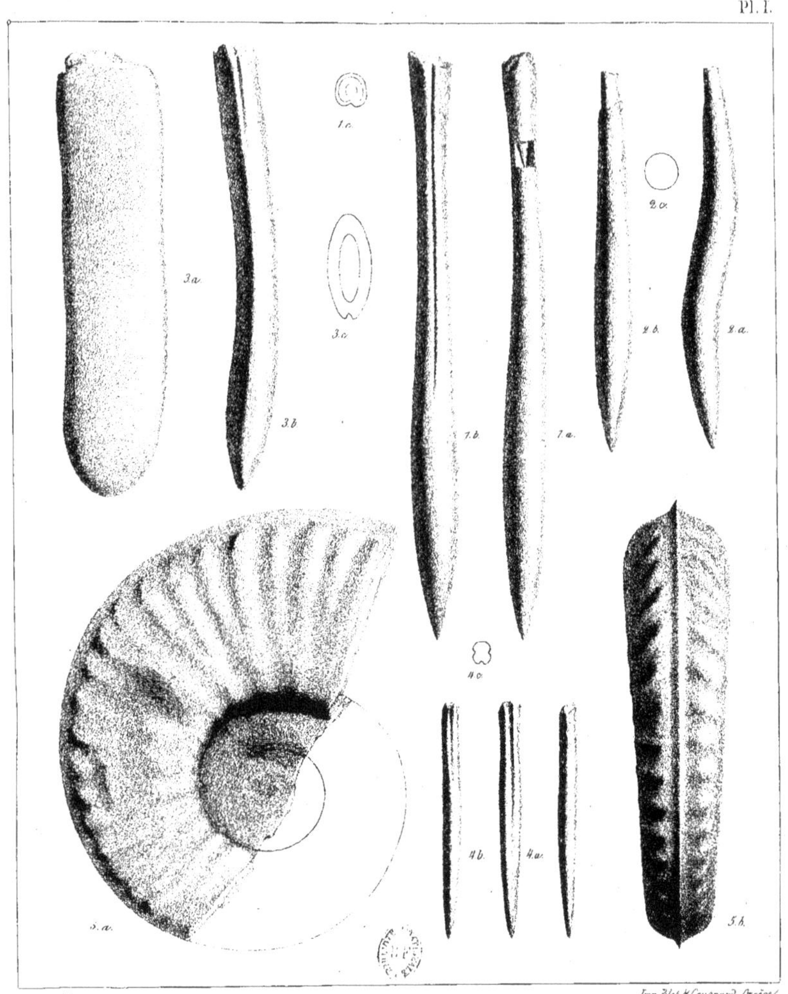

Fig. 1 et 2. BELEMNITES pistilliformis , Blainv.— Fig. 3. B. dilatatus, Blainv.
Fig. 4. B. bipartitus *(Catullo)* Blainv.— Fig. 5. AMMONITES cultratus , d'Orb.

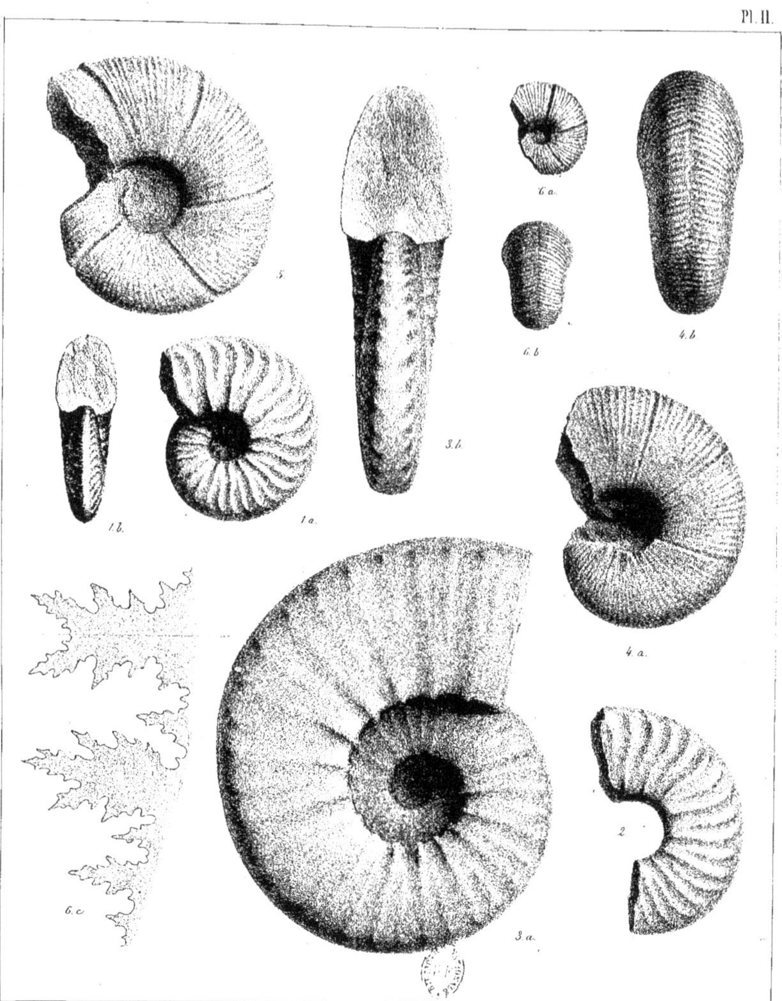

Fig. 1 et 2. AMMONITES castellanensis, d'Orb.— Fig. 3. A. cryptoceras, d'Orb.
Fig. 4. 5. 6. A. Vandeckii, d'Orb.

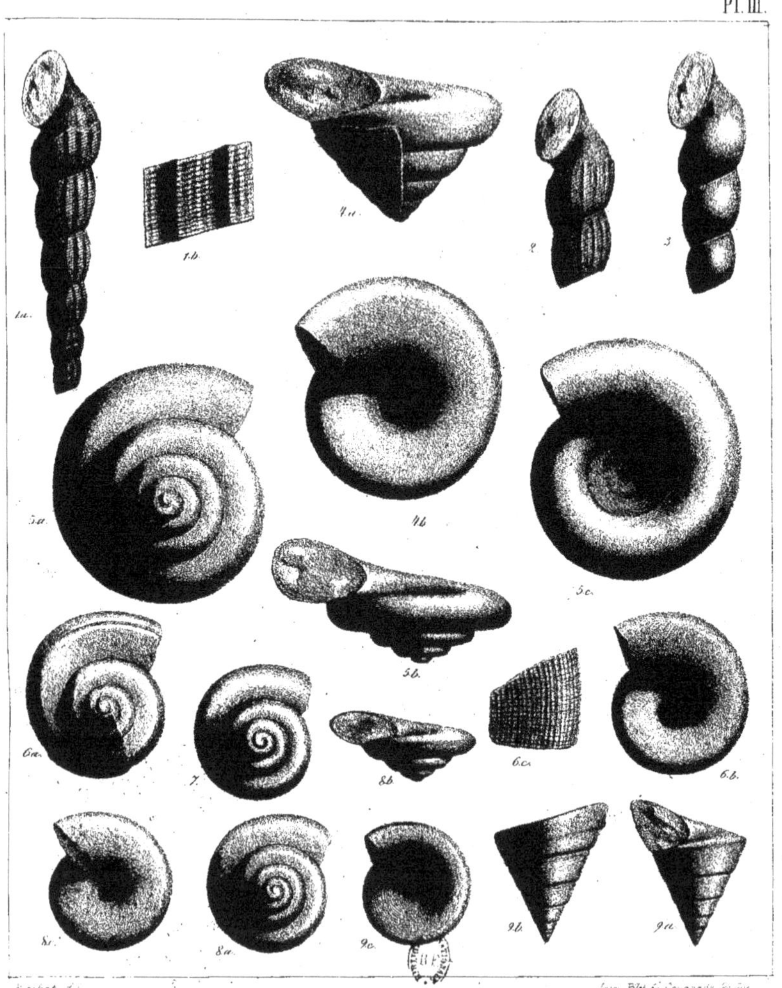

Fig.1-3. SCALARIA neocomiensis, de Loriol.- Fig. 4. PLEUROTOMARIA neocomiensis, d'Orb.-
Fig. 5-7. P. Bourgneti, Agassiz.-Fig.8. P. saleviana, de Loriol.- Fig.9. P. lemani, de Loriol.-

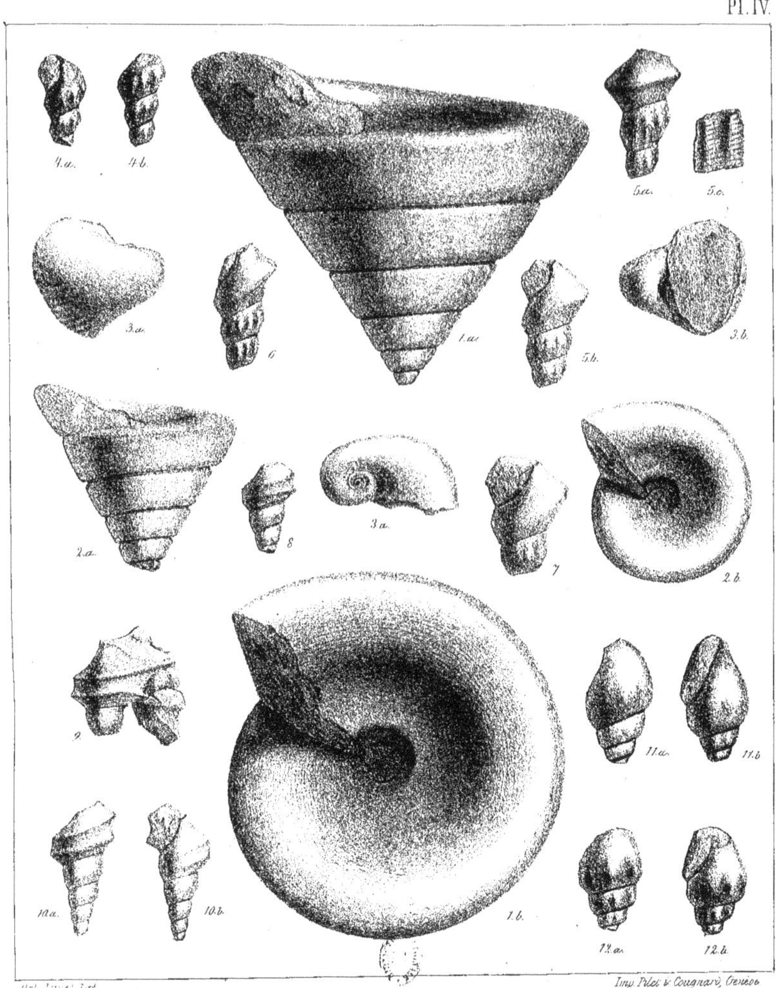

Fig. 1-2. PLEUROTOMARIA Favrina, de Loriol.— Fig. 3. NERITOPSIS Meriani, de Loriol.—
Fig. 4. ROSTELLARIA elegans, de Loriol.— Fig. 5,6,7. ROSTELLARIA Pictetiana, de Loriol.—
Fig. 8,9,10. CHENOPUS Couloni, de Loriol.— Fig. 11-12. ROSTELLARIA incerta, de Loriol.—

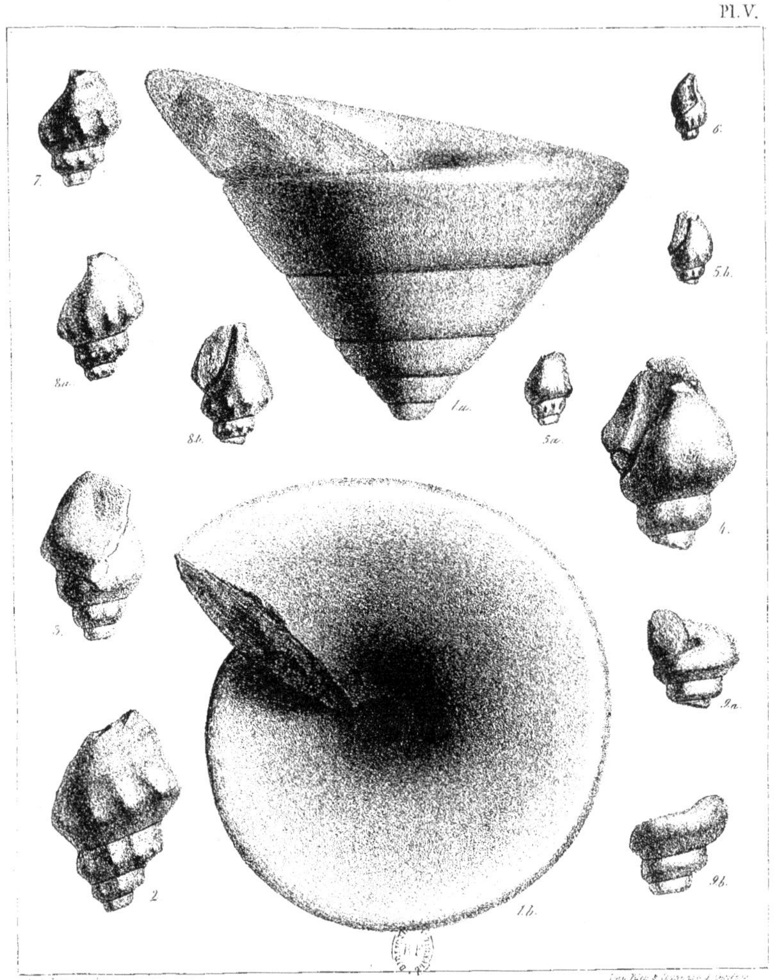

Fig. 1. a. b. PLEUROTOMARIA Phidias, d'Orb. — Fig. 2, 3, 4. COLUMBELLINA maxima, de Loriol.
Fig. 5. 6. COLUMBELLINA dentata, de Loriol.—Fig. 7, 8. FUSUS neocomiensis d'Orb.—Fig. 9. TURBO Desvoidii, d'Orb.

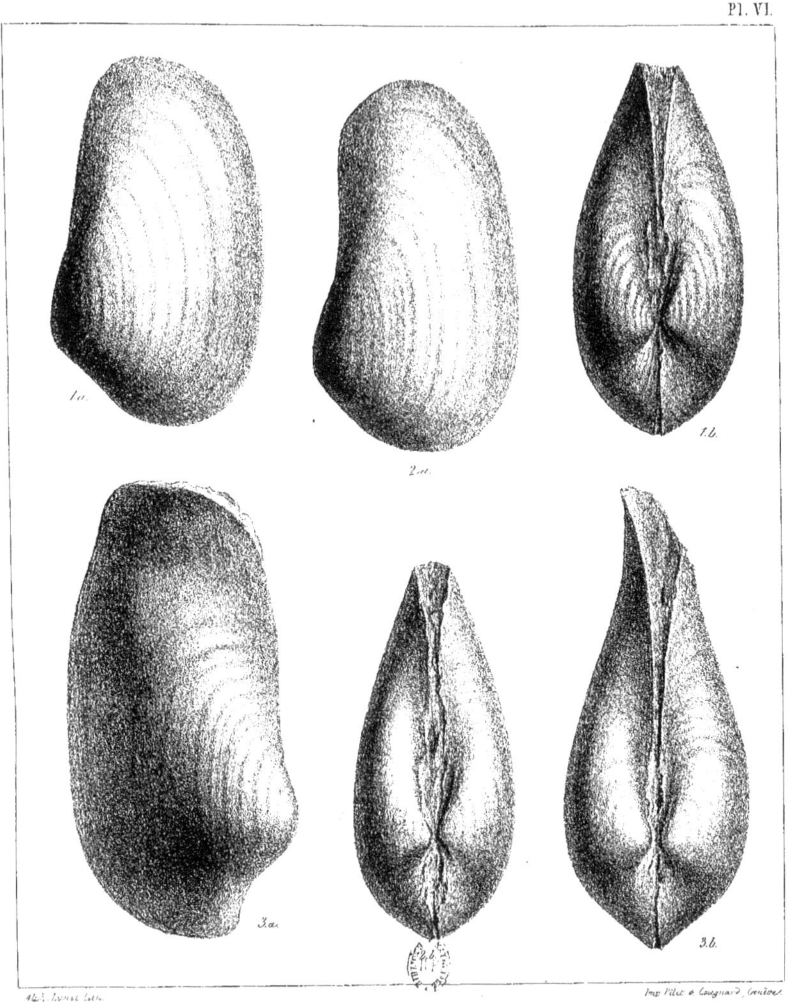

Fig. 1 et 2. PANOPÆA arcuata, Agassiz – Fig. 3. PANOPÆA rostrata, (Math.) d'Orb.

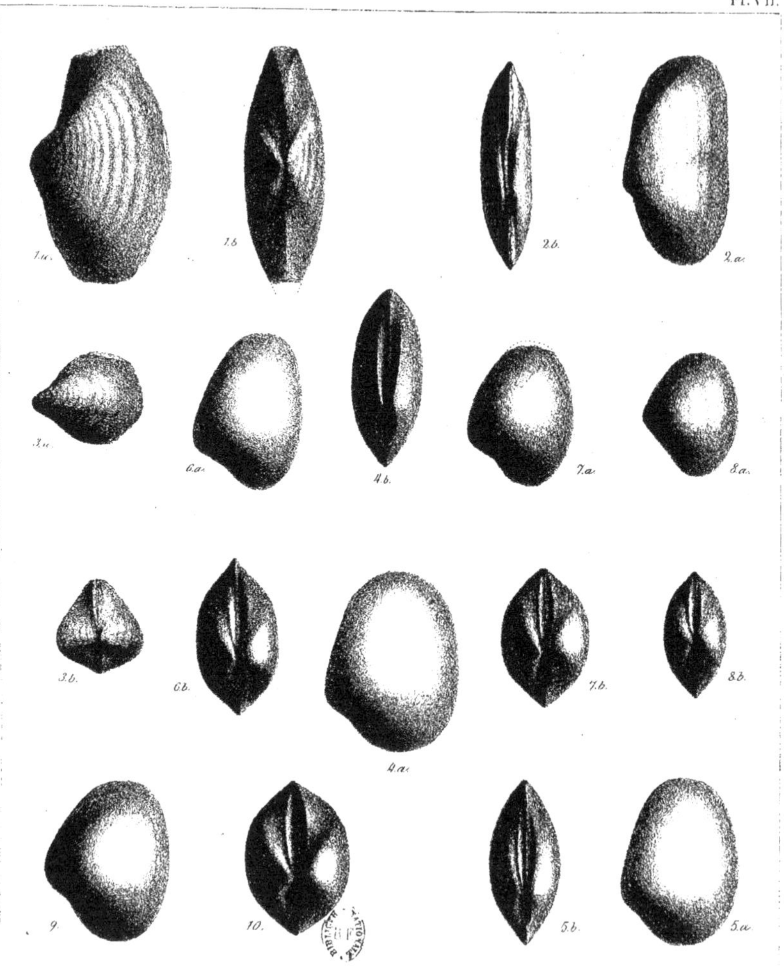

Fig. 1. ANATINA Orbignana, de Loriol.- Fig. 2. TELLINA Carteroni, d'Orb.- Fig. 3. PHOLADOMYA minuta, de Loriol.-
Fig. 4 et 5. VENUS Sub Brongniartina, d'Orb.- Fig. 6 et 7. VENUS Cornueliana, d'Orb.- Fig. 8. VENUS Varapensis, de Loriol.-
Fig. 9 et 10. VENUS Escheri, de Loriol.-

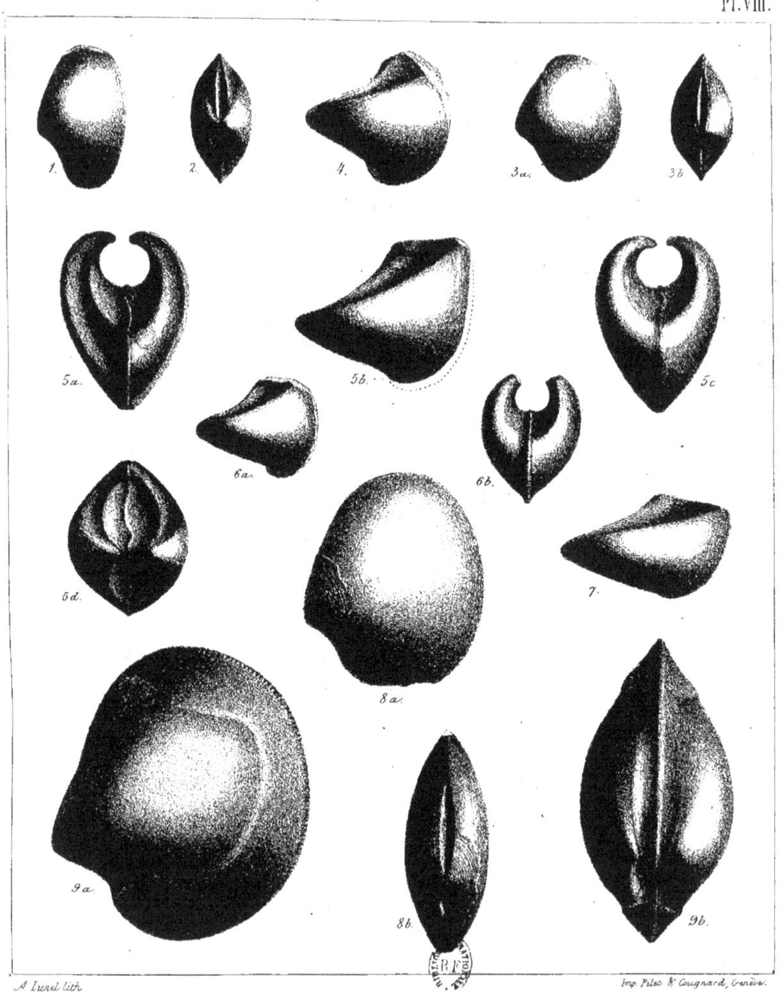

A. Lunel lith.

Imp. Pilet & Cougnard, Genève.

Fig.1.2. VENUS Thurmani, de Loriol - Fig.3. VENUS Vendoperana *(Leym)*, d'Orb - Fig.4.5.6.7. OPIS Desori, de Loriol.
Fig.8. ASTARTE pseudostriata, d'Orb - Fig.9. ASTARTE transversa, d'Orb.

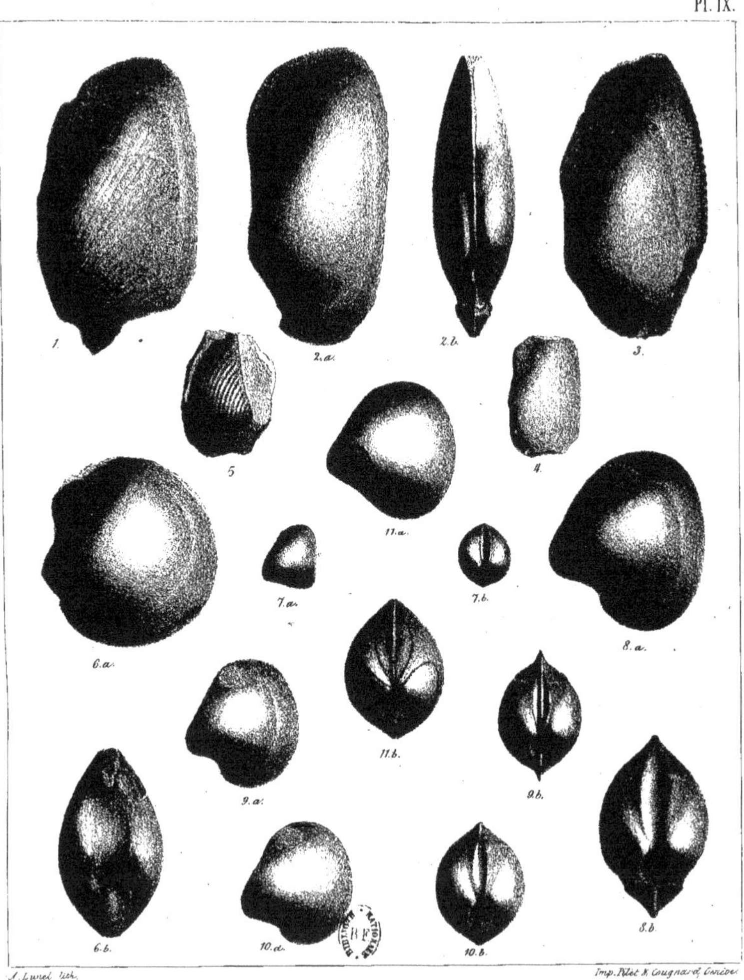

A. Lunel lith.

Imp. Pilet & Cougnard, Genève

Fig. 1,2,3,4 CRASSATELLA neocomiensis, de Loriol.- Fig. 5. TRIGONIA longa, Agassiz.- Fig. 6. TRIGONIA rotundata de Loriol.-
Fig. 7. CARDITA neocomiensis, d'Orbigny.- Fig. 8. CYPRINA Bernensis, Leymerie.- Fig. 9 et 10. CYPRINA Marcousana, de Loriol.-
Fig. 11. THETIS Renevieri de Loriol.-

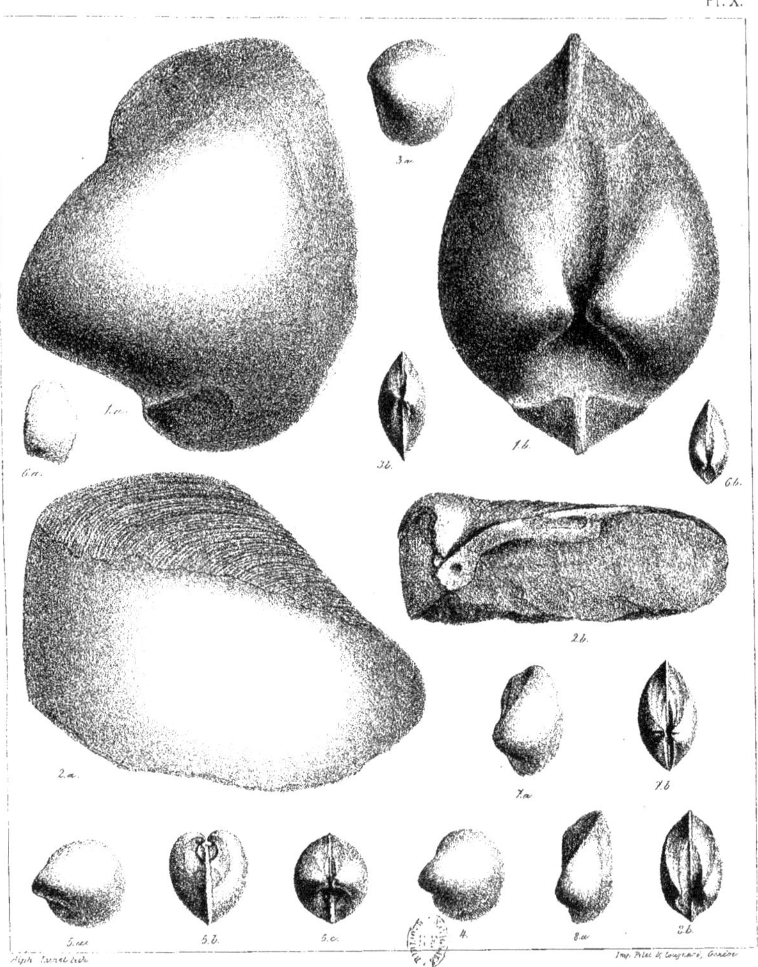

Fig. 1.2. CYPRINA Deshayesiana, de Loriol.-Fig. 3. LUCINA Dupiniana, d'Orb.— Fig. 4. CARDIUM Subhillanum, d'Orb.—
Fig. 5. ISOCARDIA Studeri de Loriol.-Fig. 6. NUCULA Cornueliana, d'Orb.-Fig. 7. ARCA Cornueliana, d'Orb.-Fig. 8. ARCA Securis, d'Orb.-

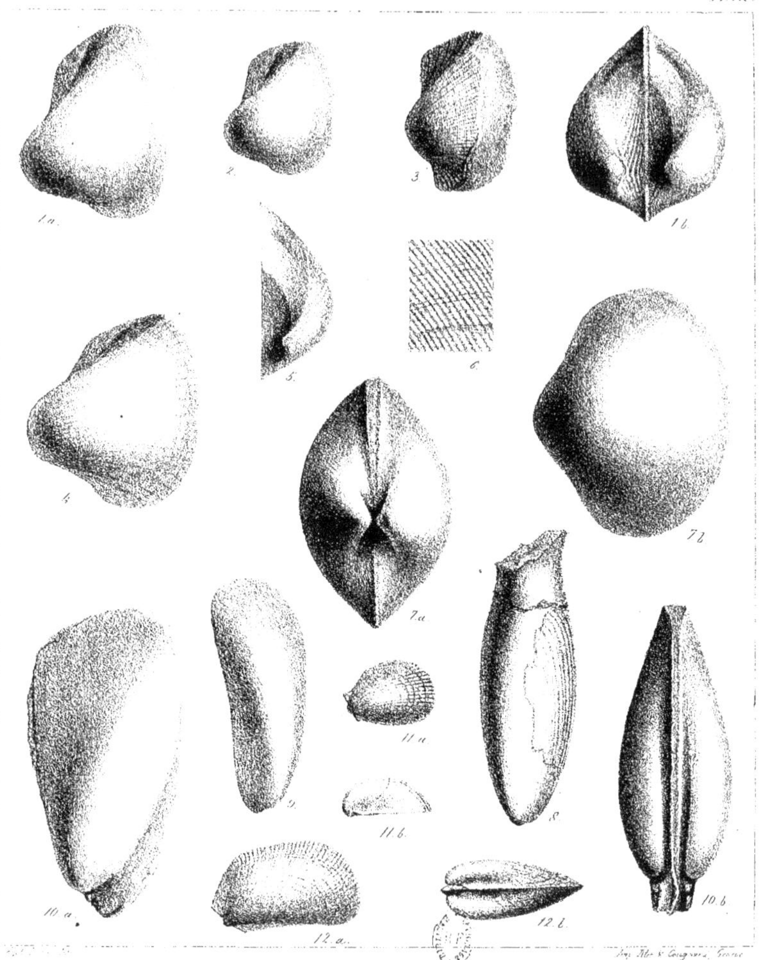

Fig. 1.2.3. ARCA Gresslyi, de Loriol _ Fig. 4.5.6. ARCA Saleviana, de Loriol _ Fig. 7. UNICARDIUM inornatum, d'Orb _ Fig. 8. LITHO-
DOMUS amygdaloïdes, d'Orb _ Fig. 9. MYTILUS subsimplex, d'Orb _ Fig. 10. MYOCONCHA Sabaudiana, de Loriol _ Fig. 11. LIMA Tombeckiana, d'Orb _ Fig. 12. LIMA Carteroniana, d'Orb._

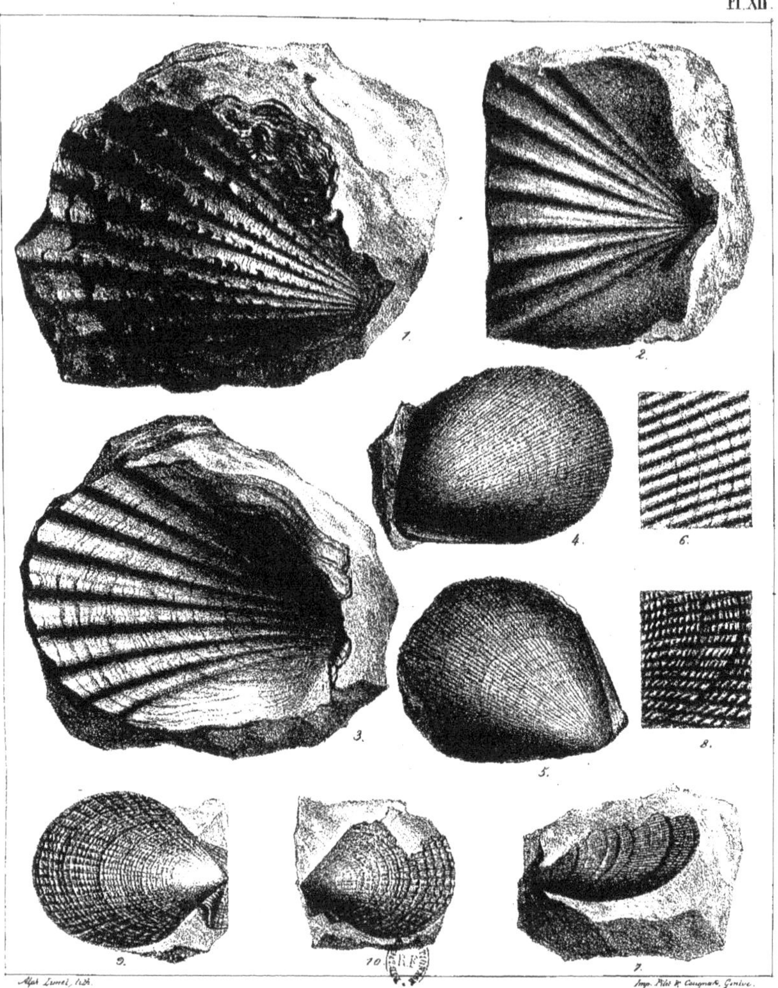

Fig. 1. 2. 3. LIMA Picteti, de Loriol._ Fig. 4. 5. 6. LIMA Varapensis, de Loriol._ Fig. 7. 8. LIMA undata Desh._ Fig. 9.10. PECTEN Robinaldinus, d'Orb._

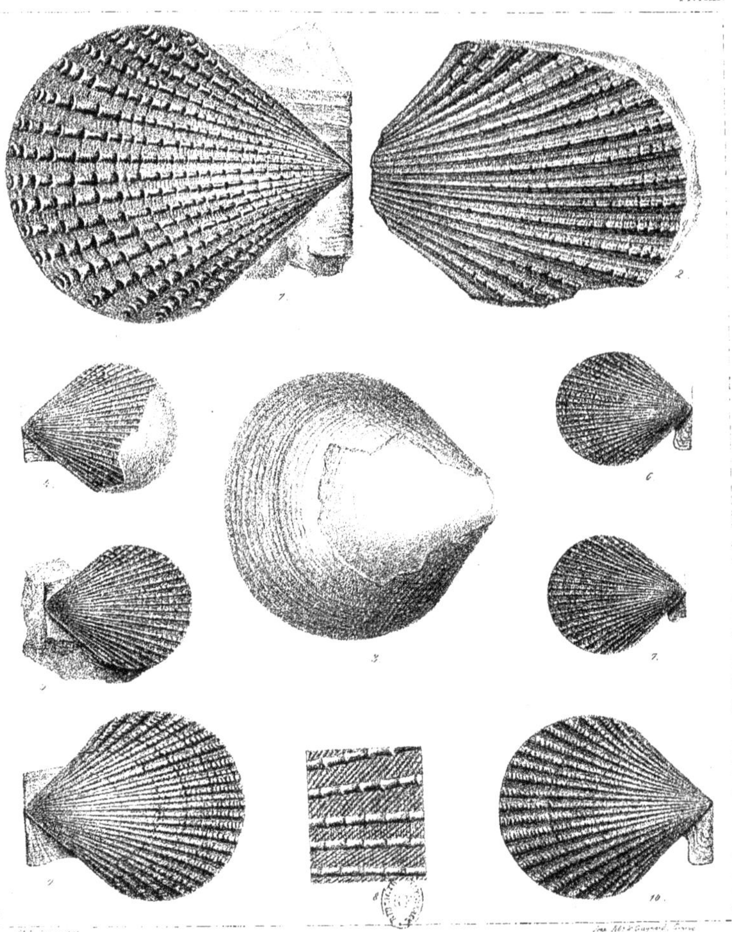

Fig. 1.2. PECTEN Goldfussii, Desh.— Fig. 3. PECTEN Cottaldinus, d'Orb.— Fig. 4.5.6.7.8. PECTEN Oosteri, de Loriol.— Fig. 9.10. PECTEN Carteronianus, d'Orb.—

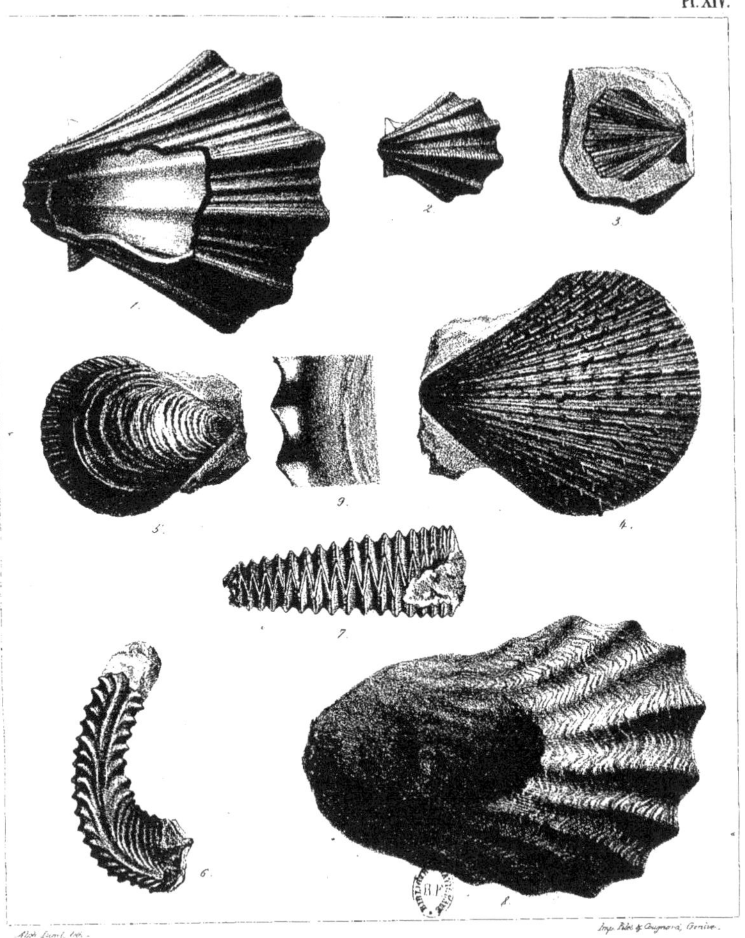

Fig.1. JANIRA atava, Rœmer._ Fig.2.3. JANIRA neocomiensis, d'Orb._ Fig.4.5. SPONDYLUS Rœmeri, Desh._
Fig.6.7. OSTREA rectangularis, Rœmer._ Fig.8.9. OSTREA Boussingaultii, d'Orb._

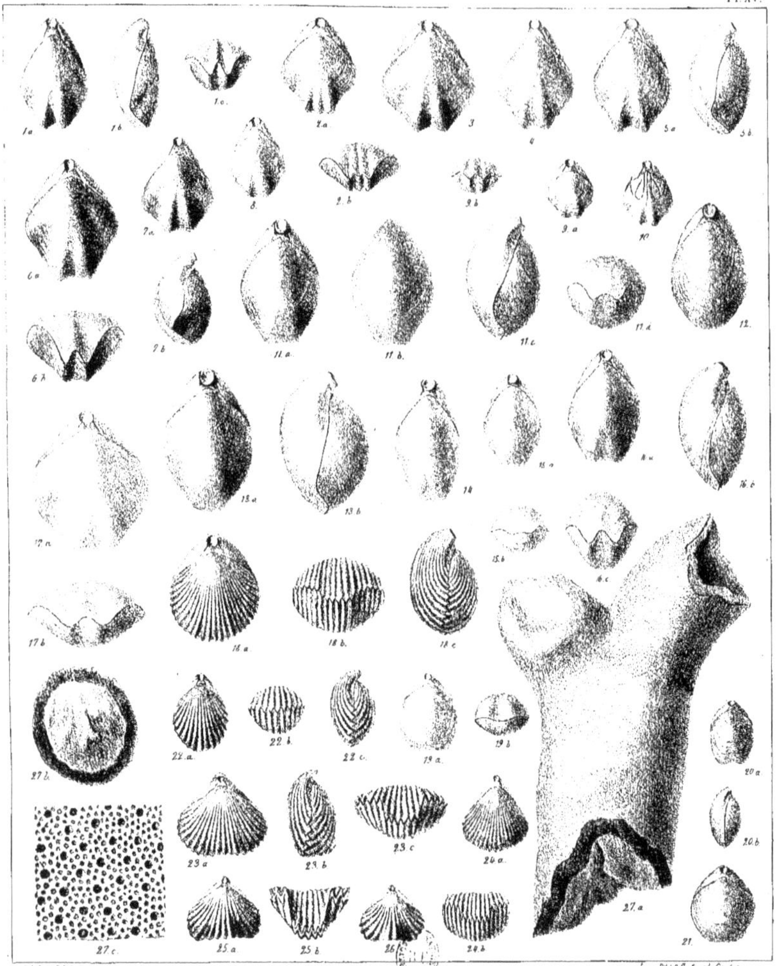

Alph. Lunel, lith.

Imp. Pilet & Cougnard, Genève

Fig. 1-10. TEREBRATULA acuta, Quenstedt - Fig. 11-16. TEREBRATULA Salevensis, de Loriol.- Fig. 17. TEREBRATULA sella, Sow.- Fig. 18. TEREBRATULA semistriata, Defrance.- Fig. 19-21. TEREBRATULA pseudojurensis, Leymerie.- Fig. 22. TEREBRATELLA oblonga, d'Orb.- Fig. 23-26. RHYNCHONELLA multiformis, Rœmer.- Fig. 27. SEMICRESCIS ramosa, de Loriol

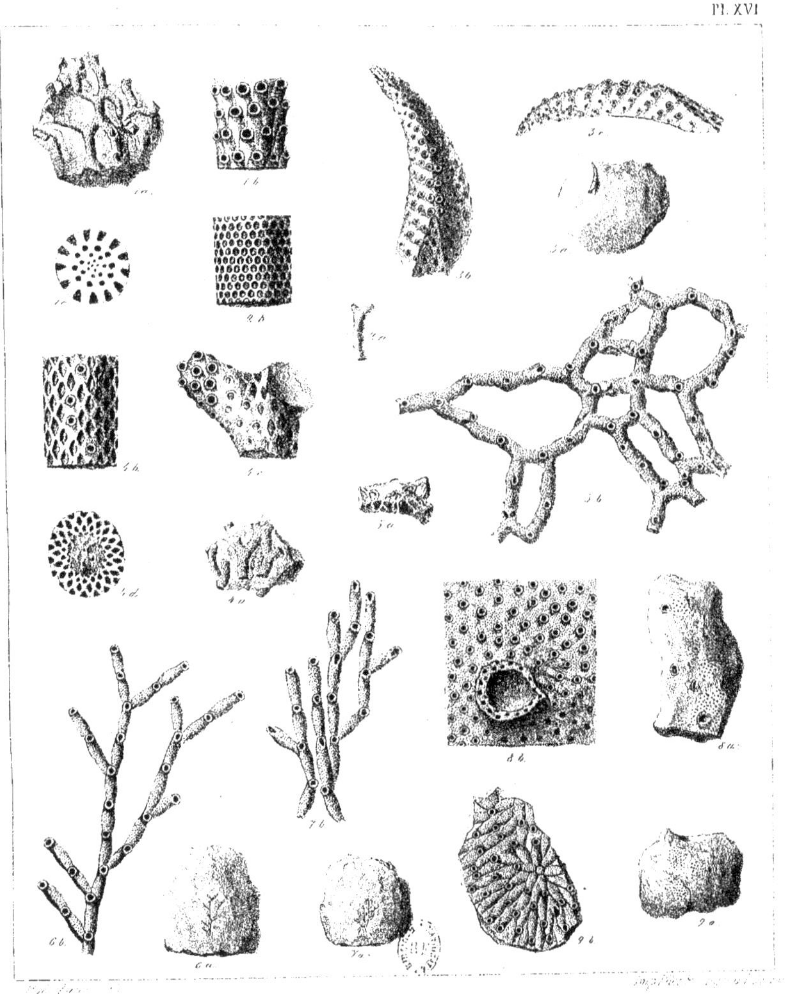

Fig 1. LATEROTUBIGERA Varapensis, de Loriol. Fig. 2 L. néocomiensis, d'Orb. Fig 3. REPTOTUBIGERA simplex, de Loriol.
Fig. 4. ENTALOPHORA Salevensis, de Loriol. Fig 5 STOMATOPORA incrassata, d'Orb. Fig. 6. et 7. S. filiformis, de Loriol.
Fig. 8. DIASTOPORA Blainvilleana de Loriol, Fig 9 BERENICEA pulchella, de Loriol.

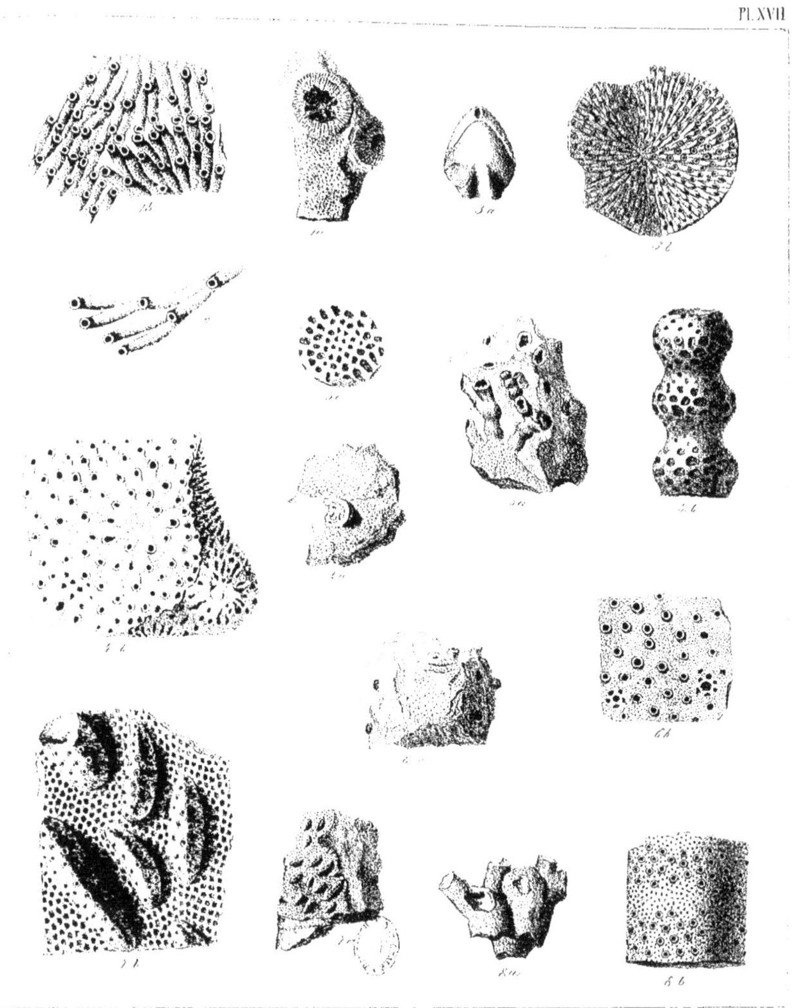

Fig 1.2. BERENICEA flabelliformis, (Rœmer) d'Orb. Fig. 3. B. polystoma, (Rœmer) d'Orb.
Fig 4. REPTOMULTISPARSA Haimeana, de Loriol. Fig 5. SPIROCLAUSA néocomiensis, de Loriol.
Fig 6. REPTOMULTICLAUSA Orbignyana, de Loriol. Fig 7. REPTOCLAUSA neocomiensis, d'Orb.
Fig. 8. MULTIZONOPORA ramosa d'Orb.

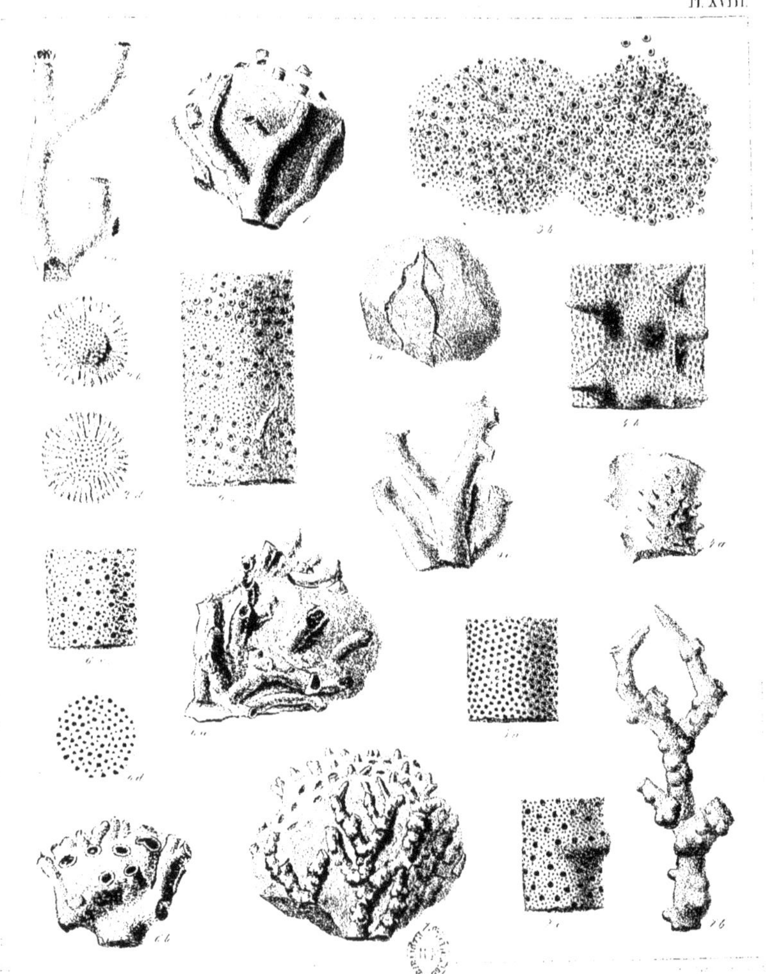

Fig. 1.2. MULTICAVEA néocomiensis, de Loriol. Fig.3 RADIOPORA heteropora, (Rœmer) d'Orb.
Fig. 4. ECHINOCAVA Salevensis, de Loriol. Fig. 5. CERIOCAVA Lamourouxiana, de Loriol. Fig. 6. HETEROPORA Buskana, de Loriol.
Fig. 7. NODICRESCIS Edwardsiana, de Loriol.

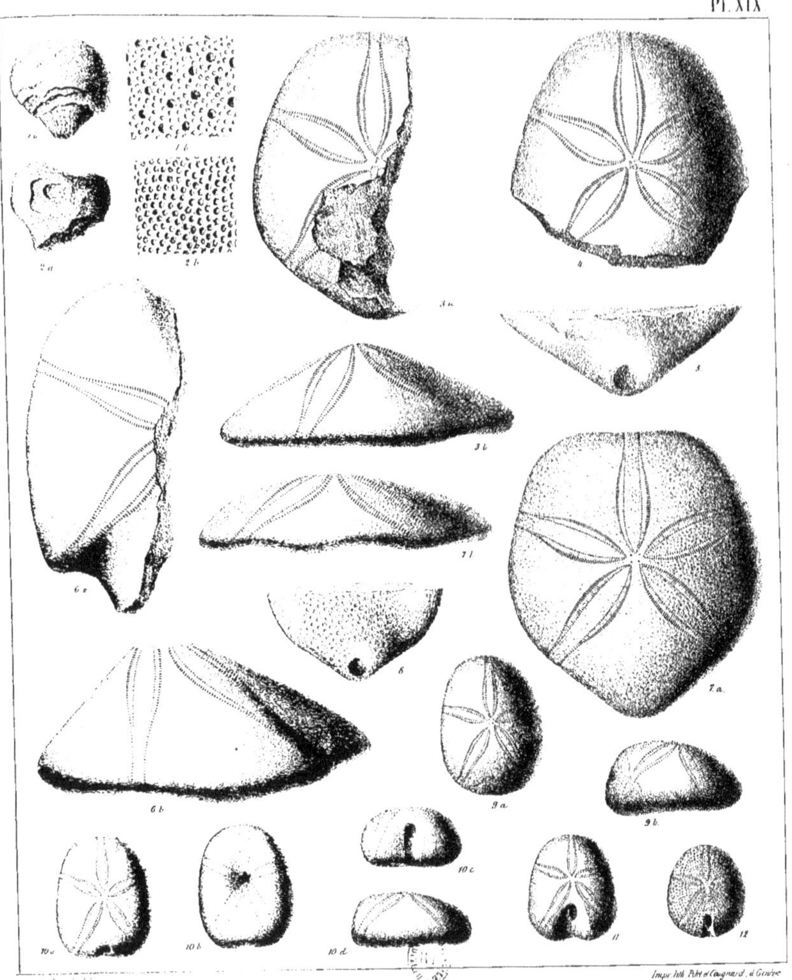

Fig. 1. REPTOMULTICRESCIS neocomiensis, de Loriol. – Fig. 2. REPTOMULTICAVA micropora, (Roem.) d'Orb. – Fig. 3,4,5 PYGURUS Salevensis, de Loriol.
Fig. 6. P. Montmollini, Agassiz. – Fig. 7. 8. P. Gillieroni. Desor. – Fig. 9. PHYLLOBRISSUS alpinus, (Ag.) Desor. –
Fig. 10. P. Duboisii. Desor. – Fig. 11. ECHINOBRISSUS subquadratus, (Ag.) d'Orb. – Fig. 12. E. Olfersii, (Ag.) d'Orb. –

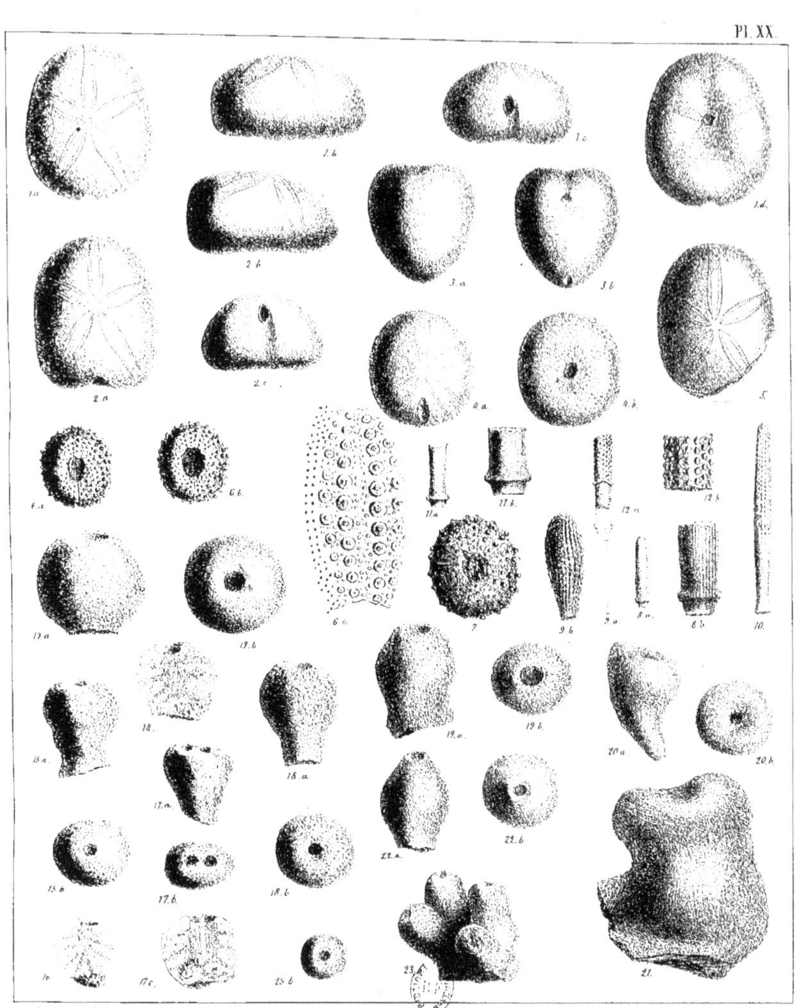

Fig. 1. PHYLLOBRISSUS Renaudi (Agass.) Desor - Fig. 2. P. neocomiensis (Ag.) Desor - Fig. 3. COLLYRITES ovulum (Desor) d'Orb -
Fig. 4. PYRINA incisa (Ag.) d'Orb - Fig. 5. PYGAULUS Lorioli, Desor - Fig. 6 PSEUDODIADEMA Picteti, Desor - Fig. 7. P. Bourgueti (Ag.) Desor -
Fig. 8. P. incertum. de Loriol - Fig. 9. CIDARIS punctatissima, Agassiz. Fig. 10.11.12. C. Salevensis Desor - Fig. 13.14 SIPHONEUDEA neocomiensis. de Loriol
Fig. 15.16. S. truncata, de Loriol - Fig. 17. STENEUDEA Varapensis, de Loriol - Fig. 18. SIPHONOCŒLIA neocomiensis. E. de From. .
Fig. 19. S. oblonga . de Loriol - Fig. 20. S. excavata (Roemer) E. de Fromentel - Fig. 21. S. expansa . de Loriol -
Fig. 22. DISCŒLIA Perroni . E. de From - Fig. 23. D. glomerata , E. de From -

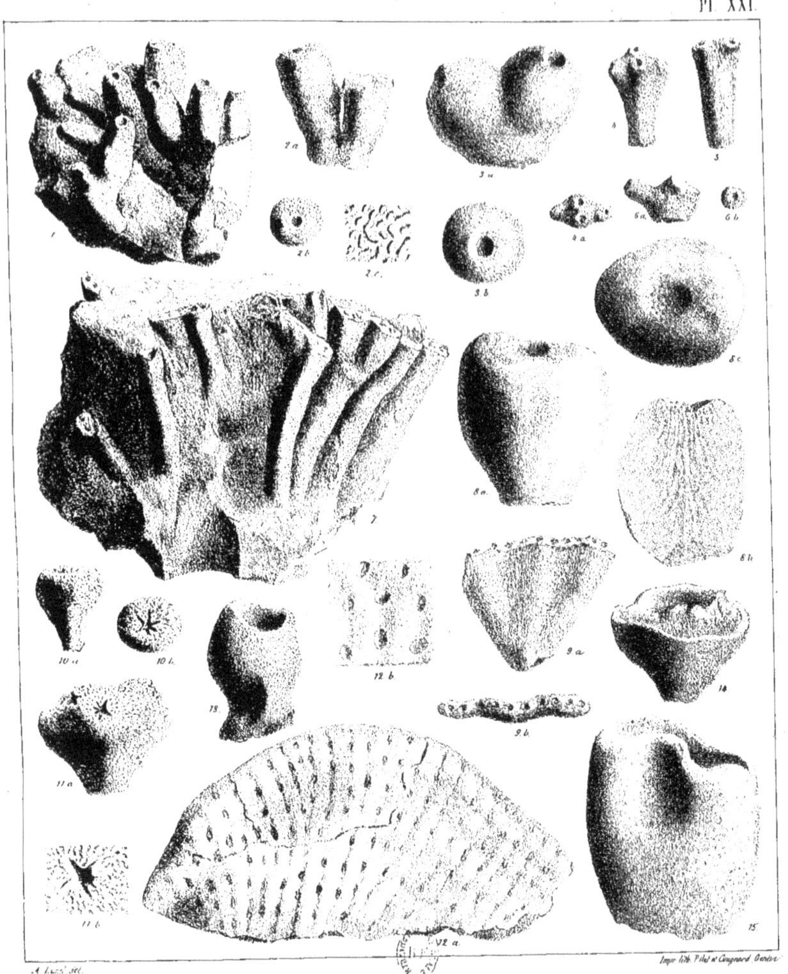

Fig 1. DISCŒLIA Icaunensis (d'Orb.) E. de From.- Fig 2. D. monilifera (Rœmer) de Loriol- Fig 3. D. Salevensis, de Loriol.-
Fig. 4 5. D. subfurcata (Rœmer) E. de From.- Fig. 6. D. porosa, E. de From.- Fig. 7. STENOCŒLIA flabelliformis, de Loriol.-
Fig 8. JEREA Fromenteliana, de Loriol.- Fig 9. ELASMOJEREA Sequana, E. de From.- Fig 10. MONOTHELES stellata, E. de From.-
Fig 11. STELLISPONGIA Salevensis, de Loriol- Fig 12. POROSTOMA Fromenteliana, de Loriol- Fig 13. CUPULOCHONIA angusta, de Loriol-
Fig. 14. C. Sabaudiana, de Loriol- Fig 15 CRIBROSCYPHIA sinuata, de Loriol.-

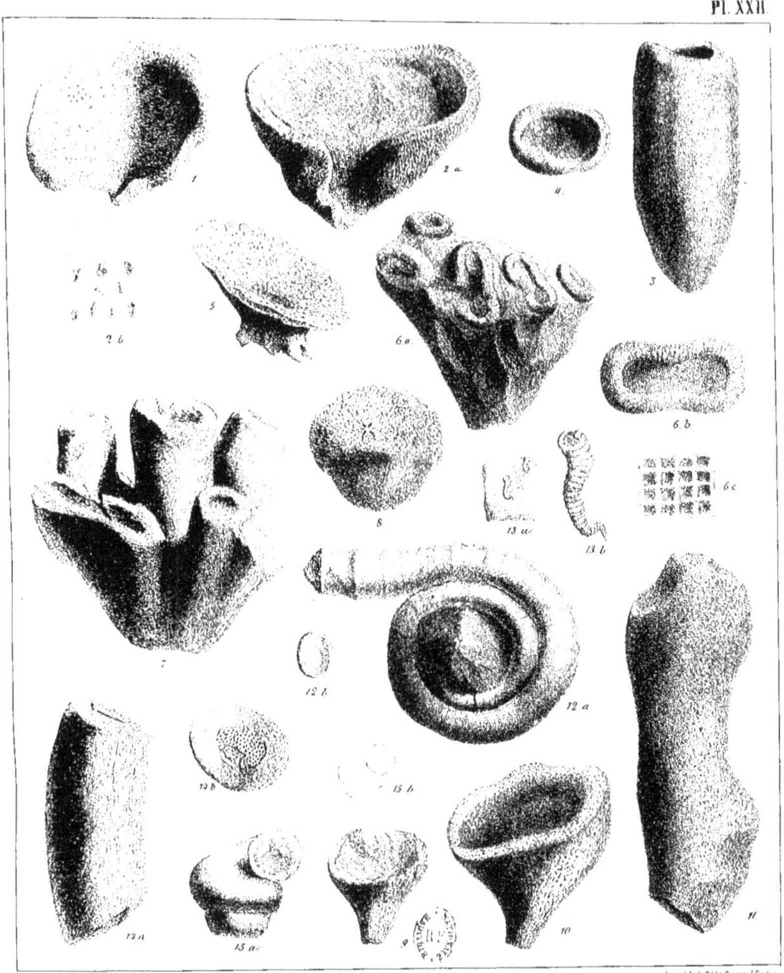

Fig. 1.2. ELASMOSTOMA neocomiensis, de Loriol.- Fig. 3.4. CUPULOCHONIA elongata, de Loriol.- Fig. 5. C. tenuicula, E. de Fromentel.-
Fig. 6.7. DISCHONIA Salevensis, de Loriol. - Fig. 8. ACTINOFUNGIA porosa, E. de Fromentel.-
Fig. 9.10. CUPULOCHONIA cupuliformis, E. de Fromentel.- Fig. 11. AMORPHOFUNGIA cylindrica, de Loriol.- Fig. 12. SERPULA antiquata, Sow.-
Fig. 13. S. parvula, Münster. - Fig. 14. GALEOLARIA neocomiensis, de Loriol.- Fig. 15. SPIRORBIS Phillipsii, Rœmer.-